Walter Eversheim

Organisation in der Produktionstechnik 3

Springer-Verlag Berlin Heidelberg GmbH

Walter Eversheim

Organisation in der Produktionstechnik 3

Arbeitsvorbereitung

4., bearbeitete und korrigierte Auflage

Mit 148 Abbildungen

Prof. Dr.-Ing. Dr. h.c. Dipl.-Wirt. Ing. Walter Eversheim
RWTH Aachen
WZL Laboratorium für Werkzeugmaschinen
und Betriebslehre
Steinbachstraße 53
52074 Aachen

ISBN 978-3-642-62640-1

Die Deutsche Bibliothek – CIP-Einheitsaufnahme
Eversheim, Walter:
Organisation in der Produktionstechnik / Walter Eversheim. Bd. Arbeitsvorbereitung. – 4., bearb. u. korr. Aufl. (VDI-Buch) – Berlin ; Heidelberg ; New York ; Barcelona ; Hongkong ; London ; Mailand ; Paris ; Tokio: Springer, 2002
Literaturangaben. – Früher im VDI-Verl., Düsseldorf
ISBN 978-3-642-62640-1   ISBN 978-3-642-56336-2 (eBook)
DOI 10.1007/978-3-642-56336-2

Dieses Werk ist urheberrechtlich geschützt. Die dadurch begründeten Rechte, insbesondere die der Übersetzung, des Nachdrucks, des Vortrags, der Entnahme von Abbildungen und Tabellen, der Funksendung, der Mikroverfilmung oder der Vervielfältigung auf anderen Wegen und der Speicherung in Datenverarbeitungsanlagen, bleiben, auch bei nur auszugsweiser Verwertung, vorbehalten. Eine Vervielfältigung dieses Werkes oder von Teilen dieses Werkes ist auch im Einzelfall nur in den Grenzen der gesetzlichen Bestimmungen des Urheberrechtsgesetzes der Bundesrepublik Deutschland vom 9. September 1965 in der jeweils geltenden Fassung zulässig. Sie ist grundsätzlich vergütungspflichtig. Zuwiderhandlungen unterliegen den Strafbestimmungen des Urheberrechtsgesetzes.

http://www.springer.de

© Springer-Verlag Berlin, Heidelberg 2002
Originally published by Springer-Verlag Berlin Heidelberg New York in 2002
Softcover reprint of the hardcover 1st edition 2002

Die Wiedergabe von Gebrauchsnamen, Handelsnamen, Warenbezeichnungen usw. in diesem Werk berechtigt auch ohne besondere Kennzeichnung nicht zu der Annahme, daß solche Namen im Sinne der Warenzeichen- und Markenschutz-Gesetzgebung als frei zu betrachten wären und daher von jedermann benutzt werden dürften.

Sollte in diesem Werk direkt oder indirekt auf Gesetze, Vorschriften oder Richtlinien (z.B. DIN, VDI, VDE) Bezug genommen oder aus ihnen zitiert worden sein, so kann der Verlag keine Gewähr für Richtigkeit, Vollständigkeit oder Aktualität übernehmen. Es empfiehlt sich, gegebenenfalls für die eigenen Arbeiten die vollständigen Vorschriften oder Richtlinien in der jeweils gültigen Fassung hinzuziehen.

Einband-Entwurf: Struve & Partner, Heidelberg
Satz: medio Technologies AG, Berlin

Gedruckt auf säurefreiem Papier   SPIN: 10833926   68/3020/kk – 5 4 3 2 1 0

Vorwort zum Kompendium
„Organisation in der Produktionstechnik"

Die Wettbewerbsfähigkeit und die Rentabilität industrieller Unternehmen, insbesondere im Bereich der Investitionsgüterindustrie, wird in entscheidendem Maß durch gezielte Anwendung rationeller Produktionstechniken zur wirtschaftlichen Herstellung von Produkten bestimmt. Vor allem die zunehmende Belastung der Unternehmen durch steigende Personal-, Material- und Energiekosten machen es erforderlich, einerseits das in den Bereichen Konstruktion, Arbeitsvorbereitung, Fertigung und Montage vorhandene technische und organisatorische Potential effektiver zu nutzen und andererseits die Produktionsqualität zu verbessern.

Voraussetzung dafür ist, daß in Konstruktion und Arbeitsvorbereitung moderne Methoden und Hilfsmittel eingesetzt werden, um eine bedarfsgerechte Produktgestaltung und einen zeit- und kostenoptimalen Produktionsablauf zu erzielen.

In der Fertigung und Montage ist hingegen die systematische Planung und Auswahl der geeigneten Produktionsmittel und des einzusetzenden Personals gerade bei angespannter Kapitalsituation von zentraler Bedeutung.

Die vier Bände zum Thema Organisation in der Produktionstechnik wenden sich sowohl an die Studierenden der Fachrichtung Produktionstechnik als auch an alle Fachleute aus der Praxis, die mit organisatorischen Aufgaben in den verschiedenen Produktionsbereichen von Industrieunternehmen beschäftigt sind.

Der Inhalt der vier Bände lehnt sich eng an meine Vorlesung Produktionsmanagement an der Rheinisch-Westfälischen Technischen Hochschule Aachen an und ist wie folgt gegliedert:

Grundlagen,
Konstruktion,
Arbeitsvorbereitung,
Fertigung und Montage.

Aachen, im April 1997   Walter Eversheim

Vorwort zu Band 3
„Arbeitsvorbereitung"

Zunehmende Kapitalintensität und abnehmender Facharbeiteranteil in der Fertigung unterstreichen die Bedeutung der Arbeitsvorbereitung. Aufgrund ihrer Funktion als Bindeglied zwischen Konstruktion und Fertigung kommt der Arbeitsvorbereitung eine besondere Rolle hinsichtlich der Sicherstellung einer wirtschaftlichen Fertigung zu. Darüber hinaus macht der sich in den Betrieben vollziehende technologische Wandel eine ständige Anpassung an sich verändernde Planungsgrundlagen und Planungsaufgaben erforderlich. Dies setzt neben einem breiten Erfahrungsschatz die Kenntnis über bewährte und neue Planungsmethoden, Planungshilfsmittel und Lösungswege voraus.

Dieser Band enthält eine umfassende Darstellung der Aufgaben sowie der anzuwendenden Methoden und Hilfsmittel im Bereich der Arbeitsvorbereitung. Er richtet sich an Studierende des Maschinenbaus und an Praktiker aus dem Bereich der Arbeitsvorbereitung. Aus diesem Grund werden einerseits das erforderliche Grundwissen vermittelt und andererseits die für den Praktiker interessanten Planungshilfsmittel und Planungsmethoden detailliert beschrieben. Darüber hinaus werden die Anbindungspunkte der Arbeitsplanung zur Konstruktion und Fertigung diskutiert und die Funktionalitäten der in der Arbeitsvorbereitung eingesetzten EDV-Hilfsmittel erläutert.

Der Band „Arbeitsvorbereitung" wurde für die 3. Neuauflage vollständig überarbeitet und für die 4. Neuauflage aktualisiert und korrigiert. Er umfaßt die neuesten Forschungsergebnisse und Erkenntnisse im Bereich der Arbeitsvorbereitung. Die gewählte Strukturierung entspricht der systematischen Vorgehensweise in der Arbeitsvorbereitung. Aufgrund ihrer steigenden Bedeutung werden die Themengebiete Arbeitssteuerung sowie Integration in die Unternehmensprozesse seit der 3. Neuauflage besonders berücksichtigt.

Der Band entstand unter Mitwirkung meiner Mitarbeiterinnen und Mitarbeiter Dipl.-Ing. St. Breit, Dipl.-Ing. J. Deuse, Dipl.-Ing. A. Haufe, Dipl.-Ing.

A. Korreck, Dipl.-Ing. G. Kubin, Dipl.-Ing. O. Moron, Dipl.-Ing. D. Much, Dipl.-Ing. Dipl.-Wirt. Ing. M. Munz, Dipl.-Ing. M. Mutz, Dipl.-Ing. P. Ritz, Dipl.-Ing. M. Schotten, Dipl.-Ing. M. Schramm, Dipl.-Ing. I. Schulten, Dipl.-Ing. F. Spennemann, Dipl.-Ing. D. Spielberg, Dipl.-Ing. Ch. Vogeler und Dipl.-Ing. L. Warnke. Für ihre Einsatzbereitschaft und die jeweiligen Beiträge bedanke ich mich an dieser Stelle ganz herzlich.

Aachen, im November 2001   Walter Eversheim

Inhalt

1	**Ziele und Gliederung der Arbeitsvorbereitung**	1
1.1	Stellung der Arbeitsvorbereitung im Unternehmen	3
1.1.1	Prozeßkette Produktentwicklung	4
1.1.2	Prozeßkette Auftragsabwicklung	5
1.2	Aufgaben der Arbeitsplanung	6
1.2.1	Arbeitsablaufplanung	7
1.2.2	Arbeitssystemplanung	11
1.3	Aufgaben der Arbeitssteuerung	13
2	**Arbeitsablaufplanung**	17
2.1	Aufgaben der Arbeitsablaufplanung	17
2.2	Planungsvorbereitung	20
2.3	Stücklistenverarbeitung	21
2.3.1	Stücklistenarten	22
2.3.2	Stücklistenverarbeitung in der Arbeitsvorbereitung	23
2.4	Prozeßplanerstellung	23
2.4.1	Ausgangsteilbestimmung	25
2.4.2	Prozeßfolgeermittlung	27
2.4.3	Fertigungsmittelauswahl	33
2.4.4	Vorgabezeitermittlung	39
2.4.5	Informationswesen in der Prozeßplanung	43
2.4.6	Fallbeispiel	44
2.5	Operationsplanung	50
2.6	Montageplanung	57
2.6.1	Ausprägungen der Montageablaufplanung	57
2.6.2	Hilfsmittel und Methoden zur Montageablaufplanung	60
2.7	Prüfplanung	61
2.7.1	Zielsetzung und Arten der Prüfplanung	62

2.7.2	Durchführung der Prüfplanung	66
2.7.3	Dokumente der Prüfplanung	68
2.8	Fertigungs- und Prüfmittelplanung	69
2.8.1	Werkzeugplanung	72
2.8.2	Vorrichtungsplanung	74
2.8.3	Prüfmittelplanung	76
2.9	NC-/ RC-Programmierung	78
2.9.1	Grundlagen	78
2.9.2	NC-Programmerstellung	81
2.9.3	MC/ RC-Programmerstellung	87
2.10	Kostenplanung/ Kalkulation	89
2.10.1	Ziele, Aufgaben und Einordnung	89
2.10.2	Kalkulationsverfahren für den wirtschaftlichen Verfahrensvergleich	91
2.10.3	Make-or-buy Entscheidungen	95
3	**Arbeitssystemplanung**	**97**
3.1	Aufgaben der Arbeitssystemplanung	98
3.2	Fertigungsmittelplanung	100
3.2.1	Auswahl der Bearbeitungsmaschinen	101
3.2.2	Planung der Anordnungsstruktur	104
3.3	Lager- und Transportplanung	106
3.4	Personalplanung	110
3.5	Flächenplanung	112
3.6	Investitionsrechnung	114
3.6.1	Statische Verfahren	115
3.6.2	Dynamische Verfahren	117
4	**Arbeitssteuerung**	**123**
4.1	Aufgaben der Arbeitssteuerung	123
4.2	Produktionsprogrammplanung	125
4.2.1	Absatzplanung	128
4.2.2	Bestandsplanung	130
4.2.3	Primärbedarfsplanung	131
4.2.4	Ressourcengrobplanung (auftragsanonym)	132
4.3	Produktionsbedarfsplanung	133
4.3.1	Bruttosekundärbedarfsermittlung	134
4.3.2	Nettosekundärbedarfsermittlung	136

4.3.3	Beschaffungsartzuordnung	137
4.3.4	Durchlaufterminierung	137
4.3.5	Kapazitätsbedarfsermittlung	139
4.3.6	Kapazitätsabstimmung	139
4.4	Eigenfertigungsplanung und -steuerung	140
4.4.1	Losgrößenrechnung	144
4.4.2	Feinterminierung	144
4.4.3	Ressourcenfeinplanung	145
4.4.4	Reihenfolgeplanung	147
4.4.5	Verfügbarkeitsprüfung	147
4.4.6	Auftragsfreigabe	148
4.4.7	Auftragsüberwachung	148
4.4.8	Ressourcenüberwachung	149
4.5	Fremdbezugsplanung und -steuerung	149
4.5.1	Bestellrechnung	150
4.5.2	Angebotseinholung/-bewertung	151
4.5.3	Lieferantenauswahl	151
4.5.4	Bestellfreigabe und Bestellüberwachung	152
4.6	Auftragskoordination	152
4.6.1	Angebotsbearbeitung	154
4.6.2	Auftragsklärung	155
4.6.3	Auftragsgrobterminierung	155
4.6.4	Ressourcengrobplanung (auftragsbezogen)	156
4.6.5	Auftragsführung	156
4.7	Lagerwesen	157
4.7.1	Lagerbewegungsführung	158
4.7.2	Bestandssteuerung	158
4.7.3	Lagerort- und Lagerplatzverwaltung	159
4.7.4	Chargenverwaltung	160
4.7.5	Lagerkontrolle	160
4.7.6	Inventur	161
4.8	PPS-Controlling	161
4.8.1	Informationsaufbereitung	162
4.8.2	Informationsbewertung	163
4.8.3	Konfiguration	164
4.9	Ausprägungen der Arbeitssteuerung	165
4.9.1	Morphologie	165
4.9.2	Auftragsfertiger	167

4.9.3	Rahmenauftragsfertiger	173
4.9.4	Variantenfertiger	179
4.9.5	Lagerfertiger	183
4.10	Ausgewählte Strategien und Verfahren im Rahmen der Produktionsplanung und -steuerung	187
4.10.1	Übersicht	188
4.10.2	Management Resources Planning	190
4.10.3	Kanban	191
4.10.4	Fortschrittszahlenkonzept	193
4.10.5	Belastungsorientierte Auftragsfreigabe	194
4.10.6	Optimized Production Technology	195
4.10.7	Einordnung und Bewertung	197
5	**Integration der Arbeitsplanung in die Unternehmensprozesse**	**199**
5.1	Integration von Konstruktion und Arbeitsplanung	199
5.1.1	Motivation und Zielsetzung	200
5.1.2	Integrationsansätze	200
5.2	Integration von Arbeitsplanung und Fertigung	204
5.2.1	Motivation und Zielsetzung	205
5.2.2	Integrationsansätze	206
5.2.3	Organisatorische Integration	210
6	**EDV-Systeme in der Arbeitsvorbereitung**	**213**
6.1	Tätigkeitsspezifische EDV-Unterstützung	213
6.1.1	Rationalisierungsmöglichkeiten durch EDV-Einsatz in der Arbeitsplanung	213
6.1.2	Vorgehensweise zur Rationalisierung der Arbeitsplanung	215
6.1.3	Vorgehensweise zur Einführung von EDV-Systemen	219
6.2	Feature-Technologie	221
6.2.1	Grundbegriffe der Feature-Technologie	221
6.2.2	Anwendungsfelder der Feature-Technologie	222
6.3	Prozeßplanungssysteme	224
6.3.1	Funktionalitäten aktueller Prozeßplanungssysteme	225
6.3.2	CAPP-Systeme	228
6.3.3	Nutzung von Programmierumgebungen für die Prozeßplanung	229

6.4	Prüfplanungssysteme	231
6.4.1	EDV-Systeme zur Prüfplanung	231
6.4.2	Funktionsumfänge	232
6.4.3	Schnittstellen zu anderen EDV-Systemen	233
6.5	NC-Verfahrenskette	234
6.5.1	Funktionalitäten aktueller NC-Programmiersysteme	237
6.5.2	Verfügbare NC-Programmiersysteme	241
6.6	RC-Verfahrenskette	242
6.6.1	Elemente der RC-Verfahrenskette	242
6.6.2	Schnittstellen in der NC-Verfahrenskette	243
6.6.3	Funktionsumfang moderner Off-line-Programmiersysteme	244
6.6.4	RC-Verfahrenskette am Beispiel Bahnschweißen	247
6.7	Betriebsmittelverwaltungssysteme	249
6.7.1	Grundfunktionen von Betriebsmittelverwaltungssystemen	251
6.7.2	Tool-Managementsysteme	253
6.8	PPS-Systeme	254
6.8.1	Übersicht	255
6.8.2	Systemtechnik von PPS-Systemen	256
6.8.3	Leistungsumfang von PPS-Systemen	258
6.8.4	Auswahl und Einführung von PPS-Systemen	261
6.9	Integration von EDV-Systemen	263
6.9.1	Argumente für „Computer Integrated Manufacturing"	263
6.9.2	Realisierung von CIM	266
6.9.3	Integrationsschwerpunkte in der Forschung	271
7	**Zusammenfassung**	273
8	**Literaturverzeichnis**	275
9	**Sachwortverzeichnis**	287

1 Ziele und Gliederung der Arbeitsvorbereitung

Die fortschreitende Spezialisierung der Betriebe, der Einsatz neuer Technologien und nicht zuletzt die steigende Komplexität der Produkte setzte zu Beginn des 20. Jahrhunderts der Überschaubarkeit der Fertigung für den „Meister" Grenzen. Hieraus ergab sich für die Unternehmen die Notwendigkeit, die „Arbeit vorzudenken" [1] bzw. „die Durchführung der Arbeit zu planen". Den Planungsabteilungen kommt die Aufgabe zu, die Fertigung und Montage der Produkte im einzelnen vorzudenken und festzulegen sowie die terminliche Durchführung zu planen und zu überwachen.

Je nach Art der Fertigung (z. B. Einzel- und Serienfertigung), Kosten der Fertigungsmittel, Automatisierungsgrad, Mitarbeiterqualifikation und anderer Größen müssen die in der Arbeitsvorbereitung zu erzeugenden Informationen mehr oder weniger detailliert sein, um der Zielsetzung einer wirtschaftlichen Produktion zu entsprechen [1]. Sowohl Aufwand als auch Ergebnisqualität der Arbeitsplanung werden im wesentlichen durch die Anzahl und den Detaillierungsgrad der zu planenden Arbeitsschritte bestimmt. Da die Erstellung entsprechender Arbeitspläne erhebliche Kosten verursacht, ist es von Bedeutung, die für den jeweiligen Betrieb optimalen Planungstiefen zu kennen [2].

Eine wirtschaftliche Lösung dieser Aufgaben ist jedoch nur dann möglich, wenn Planer mit dem erforderlichen Fachwissen eingesetzt und entsprechende Planungsunterlagen und -hilfsmittel bereitgestellt werden können. Unter dem Einfluß ständiger betrieblicher Veränderungen, z. B. durch Diversifizierung von Produkten, Einsatz neuer Technologien usw., ergibt sich für die Unternehmen gerade in der Arbeitsvorbereitung immer wieder das Problem, eine bezogen auf die Aufgabenstellung möglichst aktuelle und dem neuesten Wissensstand entsprechende Planung zu realisieren.

Diese Situation wird in zunehmendem Maße aufgrund allgemeiner Wachstums- und Automatisierungstendenzen im Bereich der Produktion verschärft. Mit dem Einsatz z. B. von numerisch gesteuerten Maschinen ist eine Aufgabenerweiterung innerhalb der Arbeitsvorbereitung verbunden, da neben der Planung einzelner Fertigungsschritte zusätzlich die zur Durchführung notwendigen Steuerinformationen erstellt werden müssen.

Aufgrund der Vielzahl der zur Fertigung einzusetzenden Verfahren und gleichzeitig verschärfter Forderungen nach einer hohen Produktqualität, kurzen Herstellungszeiten und niedrigen Kosten kommt damit der Arbeitsvorbereitung eine wichtige Rolle zur Sicherung der Wettbewerbsfähigkeit eines Unternehmens zu.

Diese Kostenverantwortung der Arbeitsvorbereitung innerhalb des Unternehmens wird durch empirische Untersuchungen bestätigt. Analysen über die Festlegung bzw. die Verursachung von Produktkosten in einzelnen Unternehmensbereichen zeigen, daß nach der Produktkonstruktion die in der Arbeitsvorbereitung erzielten Ergebnisse den zweitgrößten Einfluß auf die späteren Produktkosten haben. Mehr als 15 % der Kosten werden in der Arbeitsvorbereitung vor Beginn der Produktion festgelegt [3].

In der Praxis sind für den Bereich der Arbeitsvorbereitung viele Begriffe gebräuchlich, wie z. B. „Fertigungsplanung", „Fertigungssteuerung", „Planung", „Fertigungsplanungsvorbereitung", „Fertigungsvorbereitung", „technologische Fertigungsvorbereitung" (ehemalige DDR) usw. Den folgenden

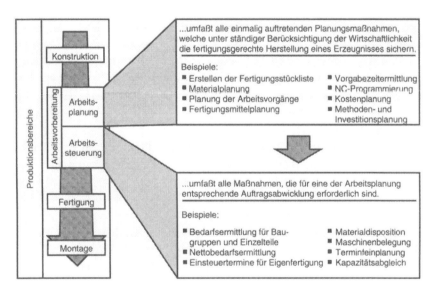

Bild 1-1. Gliederung der Arbeitsvorbereitung [4]

Ausführungen soll daher eine Definition des Ausschusses für Wirtschaftliche Fertigung (AWF) e.V. zugrunde gelegt werden (Bild 1-1) [4,5].

Danach wird der Produktionsbereich „Arbeitsvorbereitung" in die Teilbereiche „Arbeitsplanung" und „Arbeitssteuerung" untergliedert.

Im Rahmen der Arbeitsplanung wird somit festgelegt:

      WAS,   WIE,   WOMIT

hergestellt werden soll. Aufgaben der Arbeitssteuerung sind, eindeutig vorzugeben,

      WIEVIEL,   WANN,   WO und   durch WEN

herzustellen ist.

1.1
Stellung der Arbeitsvorbereitung im Unternehmen

Die Arbeitsvorbereitung nimmt in produzierenden Unternehmen mit ihrer Brückenfunktion zwischen Konstruktion und Fertigung eine zentrale Stellung ein. Abhängig von der Art der Auftragsauslösung unterscheiden sich die Prozeßketten innerhalb produzierender Unternehmen und damit auch Stellung und Aufgaben der Arbeitsvorbereitung (Bild 1-2).

Während bei einer kundenanonymen Produktentwicklung der Entwicklungs- und Planungsprozeß durch Marktindikatoren angestoßen wird, erfolgt die kundenspezifische Auftragsabwicklung auf eine konkrete Kundenanfrage hin.

Die beiden Prozeßketten unterscheiden sich neben ihren Ausprägungen auch hinsichtlich der verfolgten Ziele. Eine wesentliche Zielgröße in der Produktentwicklung ist die Verkürzung der Produktentwicklungszeit, das heißt die Zeit bis zum Markteintritt („Time to Market"). Bei der kundenspezifischen Auftragsabwicklung hingegen wird eine Reduzierung der Auftragsdurchlaufzeit sowie die Einhaltung von Lieferterminen angestrebt [6].

In den meisten produzierenden Unternehmen sind beide Prozeßketten vorhanden. Im Rahmen der kundenanonymen Produktentwicklung werden neue Produkte oder neue Produktbaureihen entwickelt, die gegebenenfalls bei der Auftragsabwicklung kundenspezifisch modifiziert werden. Eine Aus-

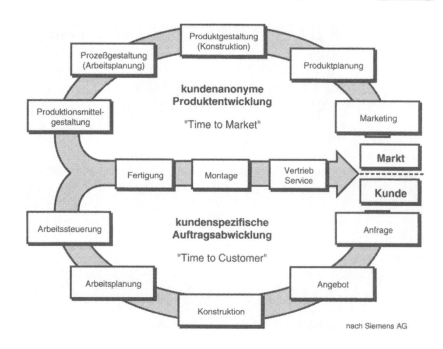

Bild 1-2. Funktionen der Arbeitsvorbereitung in Produktentwicklung und Auftragsabwicklung

nahme bilden Sortimentfertiger, die nach vorgegebenem Produktionsprogramm fertigen und deren Produkte konstruktiv keine Anpassung an individuelle Kundenwünsche erfordern. Demgegenüber dominiert bei einem Unikatfertiger, wie beispielsweise bei Werkzeugbaubetrieben, die auftragsspezifische Prozeßkette.

1.1.1
Prozeßkette Produktentwicklung

Die Prozeßkette der kundenanonymen Produktentwicklung wird anhand von Marktindikatoren durch das Unternehmensmarketing initiiert. Aufbauend auf den Vorgaben des Marketing können dann geeignete Produkte geplant werden. Bei der Produktgestaltung werden die Produktkonzepte detailliert ausgearbeitet und konstruktiv festgelegt.

Aufbauend auf den Produktspezifikationen übernimmt die Arbeitsvorbereitung innerhalb der Prozeßgestaltung die Planung der zur Produktherstel-

1.1 Stellung der Arbeitsvorbereitung im Unternehmen

lung erforderlichen Fertigungs- und Montageprozesse. Sind diese Prozesse sowie ihre Reihenfolge festgelegt, so werden bei der Produktionsmittelgestaltung die erforderlichen Fertigungsmittel und -strukturen zugeordnet. Charakteristisch für die Arbeitsvorbereitung in der Produktentwicklung ist dabei der große zulässige Spielraum bei der Planung und dem Aufbau der Produktion. Es wird zwar angestrebt, möglichst viele vorhandene Komponenten einer bestehenden Fertigung wiederzuverwenden, jedoch bestehen aufgrund der Zielsetzung, eine kosten-, zeit- und qualitätsoptimale Produktion aufzubauen, große Handlungsfreiheiten (Bild 1-3).

1.1.2
Prozeßkette Auftragsabwicklung

Im Gegensatz zur Produktentwicklung wird die Auftragsabwicklung durch eine Kundenanfrage und damit durch einen konkreten Kundenwunsch angestoßen. Auf Basis der Anfrage wird ein Angebot erstellt, mit dem einem Kunden eine technische Lösung seiner Problemstellung sowie ein zugehöriger Preis vorgeschlagen werden. Ist der Kunde damit zufrieden und erteilt er den Auftrag, so beginnt die Konstruktion, die vorgeschlagene Lösung auszuarbeiten. Dabei wird in der Regel auf bestehende Erfahrungen mit bereits hergestellten, ähnlichen Produkten zurückgegriffen. Die Entwicklung eines vollständig neuen Produkts ist dabei eher die Ausnahme.

Aufgrund der Randbedingung, daß in der Regel nur Teile der konstruktiven Lösung neuartig sind oder aber nur eine Variante eines bestehenden

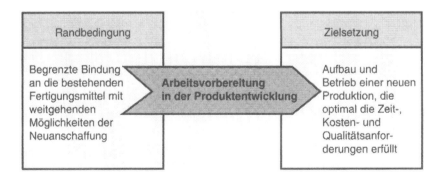

Bild 1-3. Arbeitsvorbereitung in der Produktentwicklung

Produkts hergestellt werden soll, sind die Produktionsmittel zur Fertigung meistens für das vollständige Produktspektrum bereits vorhanden. Durch das Vorhalten flexibler Fertigungsverfahren wird gewährleistet, Aufträge möglichst ohne Neuinvestitionen für Produktionsmittel abwickeln zu können.

Ausgehend von den Produktspezifikationen übernimmt die Arbeitsplanung damit die Aufgabe, die Produktion zeit-, kosten- und qualitätsoptimal für die bestehenden Produktionsmittel zu planen, wobei Neuinvestitionen für Betriebsmittel häufig nur im Rahmen einer langfristigen Optimierung der eigenen Fertigung vorgenommen werden (Bild 1-4). Die Arbeitssteuerung ist schließlich für termingerechte Durchführung der bei der Arbeitsplanung festgelegten Fertigungsfolgen verantwortlich.

1.2
Aufgaben der Arbeitsplanung

Die Aufgaben der Arbeitsplanung lassen sich hinsichtlich verschiedener Kriterien, z. B. hinsichtlich der Fristigkeit, unterteilen. In der Regel wird innerhalb der kurzfristigen *Planungsaufgaben* die wirtschaftliche Fertigung und Montage der Produkte bzw. derer Komponenten festgelegt, während das Ziel der langfristigen Planungsaufgaben darin besteht, geeignete Maßnahmen für die wirtschaftliche Gestaltung und Auslegung der Bereiche Fertigung und Montage zu entwickeln. Die Gliederung in kurz- und langfristige Planungsaufgaben hängt dabei wesentlich von der Art der Gesamtprozeßkette ab. Durch die unterschiedlichen Formen der Auftragsauslösung werden in den

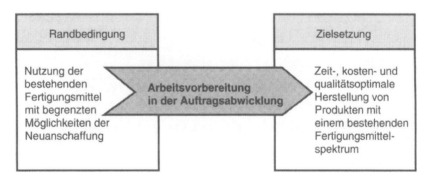

Bild 1-4. Arbeitsvorbereitung in der Auftragsabwicklung

1.2 Aufgaben der Arbeitsplanung

Prozeßketten Produktentwicklung und Auftragsabwicklung die Merkmale festgelegt, die unter Beachtung wirtschaftlicher Randbedingungen beeinflußt werden können. Nach einer REFA-Definition [7] lassen sich die Aufgaben der Arbeitsplanung allgemeingültig der Arbeitsablaufplanung (Prozeßgestaltung) und der Arbeitssystemplanung (Produktionsmittelgestaltung) zuordnen (Bild 1-5). Während bei einem typischen Kleinserienhersteller die Arbeitssystemplanung produktneutral durchgeführt wird, um für das Produktspektrum möglichst flexible Fertigungs- und Montagesysteme vorzuhalten, wird sie bei hohen Stückzahlen zunehmend produktspezifisch bearbeitet.

1.2.1 Arbeitsablaufplanung

Entsprechend der oben genannten Definition werden die kurz- bis mittelfristigen Tätigkeiten der Arbeitsplanung innerhalb der *Arbeitsablaufplanung* zusammengefaßt, wobei im Rahmen der Produktentwicklung in der Regel der Begriff Prozeßgestaltung verwendet wird (Bild 1-6).

Innerhalb der Planungsvorbereitung (s. Abschn. 2.2) werden die in der Konstruktion erstellten Zeichnungen und Stücklisten hinsichtlich einer fertigungs- und montagegerechten Ausführung geprüft und gegebenenfalls geändert. Eine Berücksichtigung fertigungs- und montagegerechter Kon-

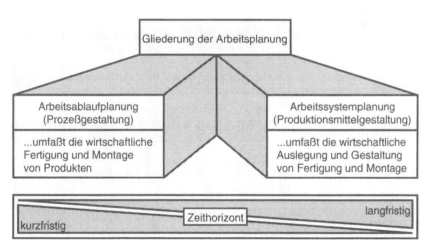

Bild 1-5. Gliederung der Arbeitsplanung

struktionen sollte dabei bereits konstruktionsbegleitend in Form einer Beratung unterstützt werden [6]. Zusätzlich können mit Hilfe einer Grobplanung z. B. die für die detaillierte Planung erforderlichen Unterlagen zusammengestellt sowie eine mögliche Wiederverwendung vorhandener Unterlagen überprüft werden. Darüber hinaus können zeitkritische Planungsaufgaben, wie die Konstruktion von Sonderwerkzeugen und -vorrichtungen, rechtzeitig erkannt und eingeleitet werden.

Aufgabe der Stücklistenverarbeitung (s. Abschn. 2.3) ist, aus den funktional strukturierten Konstruktionsstücklisten fabrikationsbezogene Stücklisten abzuleiten. Dazu werden im wesentlichen Eigenfertigungs-, Kaufteil-, Montage- und Reparaturstücklisten für die Bereiche Fertigung, Einkauf, Montage bzw. Service / Vertrieb erstellt. Abhängig vom Wiederverwendungsgrad einzelner Baugruppen können unterschiedliche Stücklistenarten, wie z. B. Baukastenstücklisten, Verwendung finden.

In der Prozeßplanung (s. Abschn. 2.4) werden alle für die vollständige Bearbeitungsaufgabe erforderlichen Arbeitsvorgänge (Bearbeitungsprozesse)

Arbeitsablaufplanung (Prozeßgestaltung)		
Planungsvorbereitung ■Beratung der Konstruktion ■Grobplanung ■	Stücklistenverarbeitung ■Erstellen von Fertigungs- und Montagestücklisten ■	Prozeßplanung ■Ausgangsteilbestimmung ■Prozeßfolgeermittlung ■Fertigungsmittelauswahl
Operationsplanung ■Spannlagenbestimmung ■Werkzeugauswahl ■Operationsreihenfolge ■	Montageplanung ■Grobablaufplanung ■Feinablaufplanung ■	Prüfplanung ■Prüfplanerstellung ■Prüfanweisungserstellung ■
Fertigungs- und Prüfmittelplanung ■Entwicklung von Sonderwerkzeugen und -vorrichtungen ■	NC-/RC-Programmierung ■NC-Programmerstellung ■RC-Programmerstellung ■	Kostenplanung/Kalkulation ■Kalkulation ■Verfahrensvergleich ■Wirtschaftlichkeitsprüfung

Legende: NC - Numerical Control
RC - Robot Control

Bild 1-6. Aufgaben der Arbeitsablaufplanung

sowie deren Reihenfolge festgelegt. Mit einem Arbeitsvorgang werden alle Tätigkeiten und die dafür benötigten Maschinen und Vorrichtungen zusammengefaßt, die jeweils von einem Werker bzw. einer Arbeitsgruppe an einem Arbeitsplatz zusammenhängend auszuführen sind [8].

Zu Beginn der Prozeßplanung sind die Art und die Abmessungen des Rohteils zu bestimmen, das durch schrittweise Veränderung in den Zustand des Fertigteils überführt wird. Dabei kann entweder auf im Lager vorhandene Halbzeuge zurückgegriffen werden oder es sind Teile extern zu bestellen. Anschließend werden im Rahmen der Prozeßfolgeermittlung die einzelnen Arbeitsvorgänge und ihre Reihenfolge auf der Detaillierungsebene der Fertigungsverfahren festgelegt sowie Maschinen oder Vorrichtungen ausgewählt. Eine weitere Aufgabe innerhalb der Prozeßplanung ist häufig die Ermittlung von Vorgabezeiten für die Bearbeitungsschritte. Diese können zur Entlohnung oder als Kalkulationsgrundlage genutzt werden. Die Ergebnisse der Prozeßplanung werden in einem Arbeitsplan dokumentiert (Bild 1-7). Tätigkeitsanalysen zeigen, daß die Erstellung der Arbeitspläne vielfach den Schwerpunkt der Planungstätigkeiten in der Arbeitsplanung bildet [4].

Im Rahmen der Operationsplanung (s. Abschn. 2.5) werden die Arbeitsvorgänge weiter detailliert und eine Folge der einzelnen Operationen gebildet [9]. Eine Operation läßt sich als Bearbeitung einer zusammenhängenden Bearbeitungsstelle am Werkstück mit einem Werkzeug auf einer Maschine definieren [10]. Die Operationen werden somit durch Spannlagen und Werkzeugwechsel begrenzt. Zur Durchführung der Operationsplanung müssen daher u. a. die Spannlagen und Werkzeuge bestimmt, Bearbeitungsbereiche und -strategien ausgewählt sowie Schnittwerte festgelegt werden.

Während in der Prozeß- und Operationsplanung die Teilebearbeitung geplant wird, werden diese Aufgaben für die Teilemontage unter dem Begriff der Montageplanung (s. Abschn. 2.6) zusammengefaßt. Analog zu der Unterscheidung in Prozeß- und Operationsplanung kann die Montageplanung in eine Grob- und eine Feinplanung differenziert werden. Aufgaben der Montageplanung sind z. B. die Festlegung der Montageschritte und -folge, die Auswahl benötigter Montagemittel und die Ermittlung von Vorgabezeiten.

Die Prüfplanung (s. Abschn. 2.7) wird definiert als „Planung der Qualitätsprüfung" und soll die vorgegebenen Qualitätsanforderungen gewährleisten. Ausgehend von den Qualitätsmerkmalen der Erzeugnisse werden die zu prüfenden Merkmale abgeleitet [11]. Tätigkeiten im Rahmen der Prüfplanung sind neben der Auswahl von Prüfmerkmalen die Bestimmung der

Blatt: 1 von 1	Datum: 19.07.96		Auftrags-Nr.:			**Arbeitsplan**		
	Bearbeiter: W. Müller							
Stückzahl:	Bereich: 1-20		Benennung: Antriebswelle			Zeichnungs-Nr.: 170-0542		
Werkstoff: St 50			Rohform und -abmessungen: Rundmaterial ⌀ 60 mm			Rohgew.: 7,6 kg	Fertiggew.: 4,6 kg	
AVG Nr.	Arbeitsvorgangs- beschreibung		Kosten- stelle	Lohn- gruppe	Masch.- gruppe	Fertigungs- hilfsmittel	t_r [min]	t_e [min]
10	Rundmaterial auf 345 mm Länge sägen		300	04	4101	-	10	5,0
20	Rundmaterial auf 340 mm ablängen und zentrieren		340	06	4201	1001 1051	15	2,0
30	Welle komplett drehen		360	08	4313	1101/1121/ 1131	20	2,6
40	Gewindelöcher bohren und Gewinde M6x20 schneiden		350	07	4407	1201/1231/ 1233	20	5,2
50	Paßfedernut fräsen		400	09	4751	3104	30	4,7
60	Lagersitze schleifen		510	07	4908	-	20	6,7
70	Fertigteilkontrolle		900	-	9002	-	10	3,8

Bild 1-7. Aufbau eines Arbeitsplans

Prüfzeitpunkte, an denen die Merkmale innerhalb des Produktionsablaufs zu prüfen sind, die Festlegung der Prüfart und die Bestimmung der Prüfumfänge, z. B. einer Stichprobengröße [15]. Darüber hinaus können das Prüfpersonal und die Prüfmittel ausgewählt sowie zusätzliche Prüfanweisungen erstellt werden.

In der Fertigungs- und Prüfmittelplanung werden einerseits Sonderbetriebsmittel (z. B. Spezialvorrichtungen) geplant, konstruiert und gefertigt bzw. beschafft und andererseits auch ganze Fertigungs- bzw. Montagesysteme ausgelegt und realisiert. Während die letztgenannte Aufgabe einen langfristigen Planungshorizont hat und als Aufgabe der Arbeitssystemplanung (s. Abschn. 3.2) betrachtet wird, wird die Herstellung und Beschaffung von Sonderwerkzeugen und -vorrichtungen den kurzfristigen Aufgaben der Fertigungs- und Prüfmittelplanung (s. Abschn. 2.8) zugeordnet. Aufgrund der in der Regel hohen Durchlaufzeiten für die Herstellung und den Bezug von Sonderbetriebsmitteln muß diese Tätigkeit dem eigentlichen Auftrag zeitlich vorgezogen werden, um vereinbarte Termine einhalten zu können.

Wird für die Herstellung eines Werkstücks oder die Montage einer Baugruppe eine numerisch gesteuerte Maschine (NC-Maschine) oder ein

1.2 Aufgaben der Arbeitsplanung

Handhabungsgerät (z. B. ein Industrieroboter) eingesetzt, müssen im Rahmen der NC-/RC-Programmierung (s. Abschn. 2.9) die erforderlichen Anwendungsprogramme für diese Betriebsmittel erstellt werden. Dazu werden bei der NC-/RC-Programmerstellung auf Grundlage des Operationsplans die Bearbeitungsoperationen in einzelne Arbeitsbewegungen zerlegt [8]. Jede Arbeitsbewegung ist durch eine gleichbleibende Bewegung des entsprechenden Werkzeugs charakterisiert und entspricht einem im NC-Programm codierten Verfahrweg. Darüber hinaus werden z. B. Schnittdaten oder Werkzeugwechsel im Programmcode berücksichtigt.

Eine wesentliche Aufgabe der Kostenplanung/Kalkulation (s. Abschn. 2.10) ist die produktbezogene Vor- und Nachkalkulation. Während bei der Vorkalkulation die voraussichtlichen Kosten abgeschätzt und als Zielvorgabe genutzt werden, gibt die Nachkalkulation Aufschluß über die tatsächlich angefallenen Produktkosten. Des weiteren befaßt sich die Kostenplanung/Kalkulation mit wirtschaftlichen Verfahrensvergleichen, die eine Unterstützung bei der Entscheidung zwischen alternativen Produktionsverfahren bieten. Ferner werden mit der Wirtschaftlichkeitsrechnung Fertigungsverfahren auf ihre Zweckmäßigkeit geprüft, Entscheidungen über generelle Fremdvergaben von Bearbeitungs- oder Montageaufgaben gefällt und somit die eigene Fertigungstiefe determiniert.

1.2.2
Arbeitssystemplanung

Die mittel- bis langfristigen Aufgaben der Arbeitsplanung können unter dem Begriff der *Arbeitssystemplanung* zusammengefaßt werden (Bild 1-8). Für die Produktentwicklung wird an dieser Stelle der Begriff Produktionsmittelgestaltung verwendet. Arbeitssystemplanung und Produktionsmittelgestaltung unterscheiden sich nur insofern, daß bei der Produktentwicklung in der Regel größere Freiheitsgrade zur Umgestaltung vorliegen als bei der Auftragsabwicklung und die Arbeitssystemplanung einen höheren Produktbezug aufweist.

Im Gegensatz zu der Planung von Sonderbetriebsmitteln werden bei der Fertigungsmittelplanung (s. Abschn. 3.2) Fertigungs- und Montagesysteme mit dem Ziel einer nachhaltigen wirtschaftlichen Gestaltung der produzierenden Bereiche ausgelegt. Ausgehend von einer Analyse der Bearbeitungsaufgaben können die Art und die Eigenschaften der benötigten Fertigungsmittel bestimmt werden. Die Abschätzung des Maschinenbedarfs mündet schließlich in der Ausarbeitung einer Anordnungsstruktur.

Die Lager- und Transportplanung (s. Abschn. 3.3) befaßt sich mit der Aufgabe, die vorhandenen Arbeitsplätze in Fertigung und Montage mit Werkstücken, Vorrichtungen und Hilfsstoffen zu versorgen [12]. In Abhängigkeit von Bestimmungsgrößen, wie Lagergut, Lagermenge oder Lagerfrequenz, sind die Lagerarten und die räumliche Anordnung (z. B. zentral, dezentral) der Lager zu bestimmen. Zur Verkettung der Arbeitsstationen sind weiterhin geeignete Transportmittel auszulegen. Beeinflußt durch die zu produzierenden Stückzahlen und die Wiederholhäufigkeit der Abläufe können z. B. flexible Fertigungssysteme oder fest verkettete Transferstraßen eingesetzt werden.

Liegen die Fertigungs-, Lager- und Transportmittel fest, so ist das erforderliche Personal einzuplanen. Im Rahmen der Personalplanung (s. Abschn. 3.4) werden zunächst Qualifikationsprofile für die verschiedenartigen Arbeitsplätze bestimmt. In einem weiteren Schritt ist schließlich der konkrete Personalbedarf festzulegen.

Auf den bisherigen Ergebnissen der Arbeitssystemplanung aufbauend kann die Flächen- und Gebäudeplanung (s. Abschn. 3.5) durchgeführt wer-

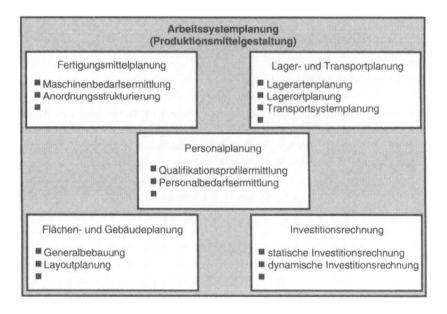

Bild 1-8. Aufgaben der Arbeitssystemplanung

den. Die Betrachtung der Anordnungsstruktur der Maschinen, der verkettenden Transportsysteme und des eingeplanten Personals führt zu einer detaillierten Layoutplanung. Im Rahmen einer Neuplanung kann so der Flächenbedarf bei der Planung neuer Gebäude berücksichtigt werden. Im häufiger vorkommenden Fall einer Umplanung der Strukturen werden bestehende Gebäude oder deren Teilbereiche betrachtet.

Die Investitionsrechnung (s. Abschn. 3.6) dient der Wirtschaftlichkeitsüberprüfung von Lösungen. Ziel ist, bei möglichst geringem Mitteleinsatz bestmögliche Ergebnisse zu erreichen [13]. Im Gegensatz zur Kalkulation bei der Arbeitsablaufplanung finden hier langfristig wirkende Investitionsvorhaben Berücksichtigung. Zur Bewertung der Wirtschaftlichkeit eines geplanten Arbeitssystems oder alternativer Lösungen können verschiedene Methoden eingesetzt werden. Abhängig von der Betrachtung der Zahlungszeitpunkte können z. B. die statische und die dynamische Investitionsrechnung differenziert werden.

1.3
Aufgaben der Arbeitssteuerung

Die *Arbeitssteuerung* umfaßt die Maßnahmen, die zur Abwicklung von Aufträgen entsprechend der Ergebnisse der Arbeitsplanung erforderlich sind [4]. Das wesentliche Unterscheidungskriterium zur Arbeitsplanung besteht in dem Bezug der Arbeitssteuerung zu einem konkreten Auftrag. Eine scharfe Abgrenzung von Ausprägungen der Arbeitssteuerung kann allerdings allein anhand dieses Kriteriums nicht getroffen werden. Vielmehr wirkt sich eine Reihe von Einflußfaktoren auf die Gestaltung der Arbeitssteuerung aus (s. Abschn. 4.9). Einer dieser Einflußfaktoren ist die Art der Auftragsauslösung, die bereits bei der Unterscheidung der Prozeßketten Produktentwicklung und Auftragsabwicklung berücksichtigt wurde. Darüber hinaus werden die Aufgaben der Arbeitssteuerung aber auch durch die Erzeugnisse, die Beschaffung, die Abläufe in Fertigung und Montage oder die Kundeneinflüsse während der Fertigung beeinflußt (Bild 1-9).

Unabhängig von der Ausprägung der jeweiligen, unternehmensspezifischen Einflußfaktoren können jedoch in einem allgemeingültigen Ansatz gemeinsame Kernaufgaben und Querschnittsaufgaben der Arbeitssteuerung identifiziert werden [14]. Den Kernaufgaben werden dabei die Produktionsprogrammplanung, die Produktionsbedarfsplanung, die Eigenfertigungsplanung und -steuerung sowie die Fremdbezugsplanung und -steuerung zugeordnet (Bild 1-10).

Im Rahmen der Produktionsprogrammplanung (s. Abschn. 4.2) wird ein Abgleich zwischen gewünschten Absatz- bzw. Produktionsmengen und den vorhandenen Fertigungskapazitäten vorgenommen, der eine Überlastung von Werkstätten und Komplikation bei der Werkstattsteuerung verhindern

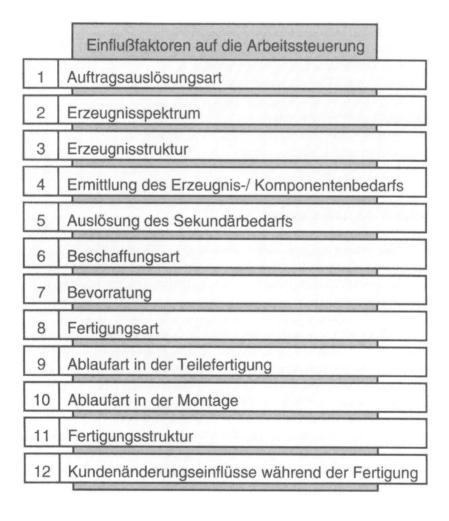

Bild 1-9. Einflußfaktoren auf die Aufgaben der Arbeitssteuerung

1.3 Aufgaben der Arbeitssteuerung

soll [15]. Auf Basis der Absatzplanung können Produktionspläne erarbeitet werden, die die benötigten Erzeugnisse mit Mengen und Zeitpunkten spezifizieren. Die Produktionspläne dienen wiederum einer frühzeitigen, auftragsanonymen Ermittlung der benötigten Ressourcen in der Fertigung.

Die Produktionsbedarfsplanung (s. Abschn. 4.2) hat die Aufgabe, die mittelfristig erforderlichen Ressourcen zu bestimmen. Als Ressourcen werden in diesem Zusammenhang Betriebsmittel, Material (Sekundärbedarfe), Personal oder Transportmittel betrachtet. Mit Hilfe einer Auftragsdurchlaufterminierung können ferner die Bedarfszeitpunkte innerhalb eines Bedarfsprogramms spezifiziert werden.

Das Beschaffungsprogramm als Ergebnis der Produktionsbedarfsplanung läßt sich in ein Eigenfertigungs- und ein Fremdbezugsprogramm aufteilen [14]. Die Fremdbezugsplanung (s. Abschn. 4.4) befaßt sich mit der Beschaffung der im Fremdbezugsprogramm festgelegten Mengen zu den entsprechenden Terminen. Dazu sind Angebote einzuholen und zu bewer-

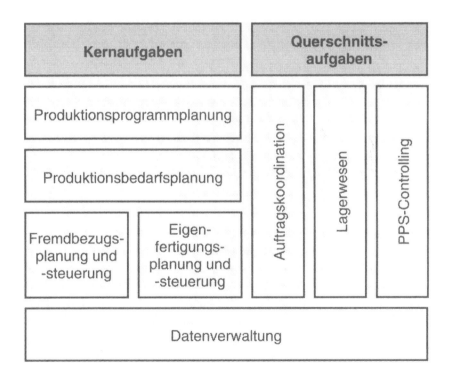

Bild 1-10. Aufgaben der Arbeitssteuerung

ten, Lieferanten auszuwählen und schließlich die Bestellung freizugeben und zu überwachen.

Das Eigenfertigungsprogramm dient als Eingangsinformation für die Eigenfertigungsplanung und -steuerung (s. Abschn. 4.5). Während in der Produktionsbedarfsplanung erforderliche Ressourcen auf einem groben Niveau eingeplant werden, erfolgt bei der Eigenfertigungsplanung und -steuerung eine detailliertere Betrachtung der benötigten Mengen und der zur Verfügung stehenden Ressourcen. Es werden zunächst Losgrößen bestimmt und eine Feinterminierung vorgenommen. Abschließend werden Aufträge freigegeben und überwacht.

Die Auftragskoordination zählt zusammen mit dem Lagerwesen und dem Controlling zu den Querschnittsaufgaben der Produktionsplanung und -steuerung. Die Auftragskoordination (s. Abschn. 4.6) umfaßt die Aufgaben der kundenbezogenen Auftragsplanung, -steuerung und -überwachung. Abhängig vom Unternehmenstyp beinhaltet diese Aufgabe z. B. entweder die Anfertigung einer kundenspezifischen Variante aus einem bestehenden Produktprogramm bei einer programmgebundenen Produktion oder die Konstruktion und Anfertigung eines komplett durch den Kunden spezifizierten Produkts bei einer auftragsorientierten Produktion [15].

Innerhalb des Lagerwesens (s. Abschn. 4.7) werden die verwaltenden Tätigkeiten der Lagerführung zusammengefaßt. Es werden Lagerorte und -plätze zugewiesen und die Bestände geführt und kontrolliert. Ferner wird im Lagerwesen die Inventur durchgeführt.

Das PPS-Controlling (s. Abschn. 4.8) ist für die Überprüfung der Zielerreichung innerhalb der Produktionsplanung und -steuerung zuständig. Parallel zum eigentlichen Betrieb können mit Kennzahlen und Kennzahlensystemen die aktuellen Zustände beschrieben, bewertet und Maßnahmen zur Verbesserung ergriffen werden.

Die Datenverwaltung bildet im Rahmen des beschriebenen Aufgabenmodells schließlich das Fundament der Produktionsplanung und -steuerung, wobei sämtliche Kern- und Querschnittsaufgaben auf diese Funktion zugreifen [14].

2 Arbeitsablaufplanung

In diesem Kapitel wird zunächst ein zeitlicher Überblick über die Abfolge der Aufgaben innerhalb der Arbeitsablaufplanung gegeben und es werden die hierbei zur Anwendung kommenden Arbeitsplanungsarten beschrieben (s. Abschn. 2.1). Anschließend werden die einzelnen Aufgaben weiter detailliert (s. Abschn. 2.2 – 2.10).

2.1 Aufgaben der Arbeitsablaufplanung

Die Aufgaben der Arbeitsablaufplanung besitzen im Gegensatz zur Arbeitssystemplanung einen kurz- bis mittelfristigen Charakter. Je nach Auftragsauslösungsart fallen die Tätigkeiten entweder im Rahmen der kundenanonymen Produktentwicklung oder der kundenspezifischen Auftragsabwicklung an. Hinsichtlich des zeitlichen Ablaufs können dabei vier parallele Stränge unterschieden werden (vgl. Bild 2-1). Als Unterstützung und Kontrolle der Planung von Fertigung und Montage (Strang 1) werden die Kosten geplant (Strang 2). Solche Kalkulationen dienen z. B. als Grundlage zum Vergleich alternativer Fertigungsfolgen. Parallel zur Prozeß- und Operationsplanung, Montageplanung sowie NC-/RC-Programmierung werden die Prüfabläufe, -methoden und -hilfsmittel geplant (Strang 3). Ausgehend von der Planungsvorbereitung werden bei Bedarf zusätzlich Sonderwerkzeuge und Vorrichtungen geplant (Strang 4).

Die Planung von Fertigung und Montage gliedert sich in sechs Schritte. Ausgangspunkt der Planungstätigkeiten stellt die Planungsvorbereitung dar (s. Abschn. 2.2). Die hier gesammelten Informationen aus Konstruktion und Arbeitsplanung werden teilweise in der Stücklistenverarbeitung (s. Ab-

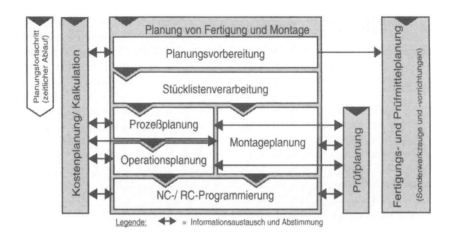

Bild 2-1. Zeitlicher Ablauf der Tätigkeiten innerhalb der Arbeitsablaufplanung

schn. 2.3) und teilweise in der Prozeßplanung (s. Abschn. 2.4) benötigt. Die in den einzelnen Schritten erarbeiteten Zwischenergebnisse werden stets an den jeweils nachfolgenden Arbeitsschritt weitergeleitet. Die Schritte Prozeßplanung, Operationsplanung (s. Abschn. 2.5) und NC-/RC-Programmierung (s. Abschn. 2.9) zeichnen sich durch einen zunehmenden Detaillierungsgrad der Planungsergebnisse aus [16]. Der insgesamt erforderliche Ausarbeitungsgrad, die sog. *Planungstiefe*, muß entsprechend der unternehmensspezifischen Randbedingungen und Zielsetzungen im voraus festgelegt werden [17]. Parallel zur Prozeß- und Operationsplanung kann bereits die Montage von Baugruppen, Modulen und schließlich des Produkts geplant werden (s. Abschn. 2.6).

Je nach Neuheitsgrad der vorliegenden Aufgabe besitzen die Tätigkeiten der Arbeitsablaufplanung unterschiedlich hohe Arbeitsumfänge. Besteht eine hohe fertigungstechnische Ähnlichkeit des zu planenden Werkstücks mit einer bereits durchgeführten Planungsaufgabe, so können Adaptionspotentiale genutzt werden und es müssen nur noch Teilbereiche der Planungsunterlagen überprüft und angepaßt werden. In Abhängigkeit vom *Erstellungsaufwand, Neuheitsgrad* und *fertigungstechnischer Ähnlichkeit* lassen sich analog zu den Konstruktionsarten [18] vier *Arbeitsplanungsarten* unterscheiden (Bild 2-2).

Eine *Neuplanung* liegt vor, wenn noch kein fertigungstechnisch ähnliches Werkstück geplant worden ist und der gesamte Arbeitsplan neu erstellt wer-

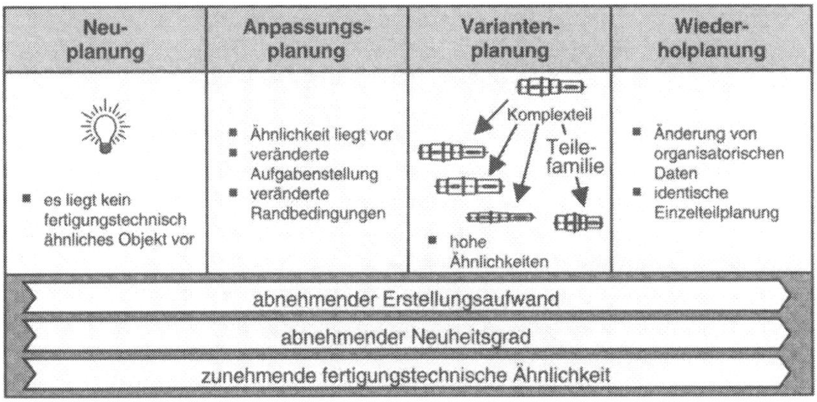

2.1 Aufgaben der Arbeitsablaufplanung

Neu-planung	Anpassungs-planung	Varianten-planung	Wieder-holplanung
• es liegt kein fertigungstechnisch ähnliches Objekt vor	• Ähnlichkeit liegt vor • veränderte Aufgabenstellung • veränderte Randbedingungen	Komplexteil / Teile-familie • hohe Ähnlichkeiten	• Änderung von organisatorischen Daten • identische Einzelteilplanung
abnehmender Erstellungsaufwand ▶			
abnehmender Neuheitsgrad ▶			
◀ zunehmende fertigungstechnische Ähnlichkeit			

Bild 2-2. Arbeitsplanungsarten

den muß. Dies trifft in der Regel für den Fall einer Neukonstruktion zu oder bei einer Verfahrenssubstitution für ein schon konstruiertes Werkstück oder Produkt.

Charakteristisch für eine *Anpassungsplanung* ist eine gegenüber dem vorliegenden Arbeitsplan veränderte Aufgabenstellung bzw. veränderte Randbedingungen [19]. Dies kann z. B. eine andere Bestellmenge sein, die eine Änderung des Arbeitsplans erfordert. Aufgrund der fertigungstechnischen Ähnlichkeit werden bei einer Anpassungsplanung Teilbereiche des Arbeitsplans neu geplant, während andere übernommen werden.

Einer *Variantenplanung* liegt die Bildung von Teileklassen zugrunde, deren Merkmale in einem Komplexteil zusammengefaßt werden. Der einmalige Neuplanungsaufwand einer Variantenplanung übersteigt in der Regel den Aufwand einer üblichen Neuplanung und läßt sich nur durch entsprechend hohe Stückzahlen rechtfertigen. Bei einer Variantenplanung wird aus einem Standardarbeitsplan, der eine gesamte Teilefamilie fertigungstechnisch beschreibt, ein aktuelles Arbeitsprogramm zusammengestellt. Da die Variantenplanung auf der Bildung von Teilefamilien basiert, ist eine höhere fertigungstechnische Ähnlichkeit als bei einer Anpassungsplanung Voraussetzung.

Bei einer *Wiederholplanung* erübrigt sich die eigentliche Arbeitsplanerstellung im Sinne einer Prozeß-, Operations-, Montageplanung und NC-/ RC-Programmierung, da das gleiche Teil auf die gleiche Weise gefertigt wird. Es erfolgen lediglich organisatorische Tätigkeiten, wie die Suche nach bereits vorliegenden Arbeitsplänen und das Ergänzen von auftragsspezifischen Daten.

In der Literatur existieren darüber hinaus noch weitere Definitionen von *Arbeitsplanungsarten* [19-24], die vor dem Hintergrund spezieller Aufgabenstellungen, wie Rationalisierung oder EDV-Einsatz in der Arbeitsplanung, oder ausgewählter Betrachtungsfelder getroffen worden sind.

2.2
Planungsvorbereitung

Im Rahmen der *Planungsvorbereitung* werden die für die einzelnen Aufgaben der Arbeitsablaufplanung benötigten Informationen gebündelt, überprüft und bereitgestellt. Da ein Großteil der erforderlichen Informationen aus der Konstruktionsabteilung stammt, kann die Planungsvorbereitung gleichzeitig als Koordinationsstelle zwischen den Abteilungen Konstruktion und Arbeitsplanung fungieren. Vor der eigentlichen Planung wird darüber hinaus der *Neuheitsgrad* der vorliegenden Planungsaufgabe geprüft. Bei einem geringen Neuheitsgrad des zu planenden Einzelteils werden Planungsunterlagen von *fertigungstechnisch ähnlichen Teilen* und *Wiederholteilen* gesucht und zur Verfügung gestellt. Neben der Informationsbereitstellung wird innerhalb der Planungsvorbereitung bei Bedarf die Fertigungs- und Prüfmittelkonstruktion und -planung angestoßen (s. Abschn. 2.8). In Bild 2-3 werden die Arbeitsinhalte der Planungsvorbereitung zusammengefaßt.

Ausgangspunkt der Arbeitsablaufplanung muß stets die Beschaffung und Kontrolle der erforderlichen Eingangsinformationen sein. Die aus der Konstruktion stammenden Informationen werden hinsichtlich der vorliegenden Aufgabe, wie z. B. ihrer Fertigungs- und Montagegerechtheit, und hinsichtlich ihrer Vollständigkeit überprüft. Falls erforderlich, werden konstruktive

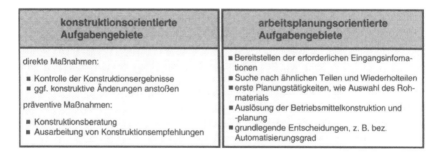

Bild 2-3. Arbeitsinhalte der Planungsvorbereitung

Änderungen eingeleitet. Gleichzeitig werden präventive Maßnahmen zur Qualitätsverbesserung der Konstruktionsergebnisse durchgeführt, wie die *Konstruktionsberatung* oder die Ausarbeitung von Konstruktionsempfehlungen. Langfristiges Ziel ist es hierbei, die Qualität der Konstruktionsergebnisse zu steigern und somit unnötige, spätere Änderungen zu vermeiden und die Durchführung der Arbeitsablaufplanung zu erleichtern. Die Abstimmung mit der Konstruktionsabteilung sollte frühzeitig angestoßen werden und über die gesamte Arbeitsablaufplanung hinweg aufrechterhalten werden (s. Abschn. 5.1).

Zusätzlich zu den aus der Konstruktion stammenden Informationen werden Arbeitsplanungsunterlagen zu bereits geplanten, ähnlichen Teilen oder Wiederholteilen gesucht. Auf dieser Basis kann entschieden werden, ob eine Anpassungs-, Varianten- oder Wiederholplanung durchgeführt wird.

Schließlich müssen im Rahmen der Planungsvorbereitung ggf. bestehende Engpässe erkannt und behoben werden. Indem erste Tätigkeiten der Arbeitsablaufplanung, wie die Planung der erforderlichen Arbeitsvorgänge, durchgeführt werden, kann z. B. der Bedarf an Sonderbetriebsmitteln bestimmt werden und die Abteilung Beschaffung oder Fertigungs- und Prüfmittelkonstruktion und -planung eingebunden werden.

Die Planungsvorbereitung muß im Unternehmen nicht notwendigerweise in Form einer eigenen Stelle oder Abteilung institutionalisiert sein, sondern kann aufbauorganisatorisch auch in die übrigen Aufgabengebiete eines Arbeitsplaners integriert werden. Wichtig ist jedoch, daß die planungsvorbereitenden Tätigkeiten zeitlich den eigentlichen Planungstätigkeiten vorgezogen werden.

2.3
Stücklistenverarbeitung

Die Ergebnisse der Konstruktion sind einerseits Zeichnungen, in denen vorwiegend geometrische Informationen dokumentiert sind, und andererseits *Stücklisten*, die die Struktur des konstruierten Erzeugnisses widerspiegeln. Die durch den Konstrukteur erstellte Stückliste ist ein wichtiges Eingangsdokument für mehrere Aktivitäten der Arbeitsplanung, wie zum Beispiel Bedarfsermittlung oder die Festlegung der Fertigungsverfahren.

Nach REFA ist die Stückliste „ein für den jeweiligen Zweck vollständiges, formal aufgebautes Verzeichnis für einen Gegenstand, das alle zugehörigen

Gegenstände unter Angabe von Bezeichnung (Benennung, Sachnummer), Menge und Einheit enthält" [24].

2.3.1
Stücklistenarten

Abhängig vom Verwendungszweck können in der Konstruktion in bezug auf die Struktur drei *Stücklistenarten* unterschieden werden (Bild 2-4). Die *Mengenstückliste* zeigt für jedes Bauteil, wie oft es in dem jeweiligen Erzeugnis enthalten ist, ohne auf den Verwendungsort oder die Hierarchiestufe in der Produktstruktur zu verweisen. Sie ist also, wie der Name sagt, ein

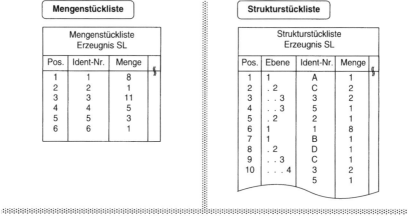

Bild 2-4. Mengen-, Struktur- und Baukastenstückliste

Nachweis, in welcher Menge das jeweilige Bauteil im Produkt vorhanden ist.
Die *Strukturstückliste* enthält zusätzlich zu den Angaben, die in der Mengenstückliste enthalten sind, Angaben über die Hierarchieebene, in der die jeweilige Baugruppe beziehungsweise das Einzelteil verwendet wird. Hierdurch kann es jedoch zur Mehrfachnennung einer Position kommen.

Für komplizierte Erzeugnisse und bei Wiederverwendung von Baugruppen in anderen Produkten wird in der Regel eine *Baukastenstückliste* erstellt. Baugruppen mit mehreren Hierarchieebenen werden nicht bis zur letzten Ebene aufgelöst, sondern es wird auf eigenständige Stücklisten für mehrfach verwendete Unterbaugruppen verwiesen.

2.3.2
Stücklistenverarbeitung in der Arbeitsvorbereitung

Durch Modifikation der *Konstruktionsstückliste* und Ergänzung um Fertigungsinformationen und Auftragsdaten, wie z. B. Rohteildaten oder Betriebsmittelzuordnung, wird in der Arbeitsplanung die auftragsspezifische Fertigungsstückliste erstellt. Die *Fertigungsstückliste* ist auf die Bedürfnisse der Fertigung abgestimmt und dient als Hilfsmittel zur organisatorischen Vorbereitung und Abwicklung von Fertigungsaufträgen. Außerdem dient sie zur Unterstützung der Abrechnung der Fertigungsvorgänge [26].

Da die Stückliste eine systematische Zusammenstellung aller in einem Erzeugnis oder einer Baugruppe verwendeten Einzelteile ist, wird sie auch zur Ermittlung des Bedarfs an Rohstoffen, Halbzeugen und Zukaufteilen genutzt. Die entsprechende Stückliste heißt dann *Bedarfsermittlungsstückliste*. In ihr sind zusätzlich Angaben zum Bestellvorgang enthalten.

Zur Planung der Montage wird zusätzlich eine *Montagestückliste* erstellt. Sie enthält Informationen zum Arbeitsplatz, an dem die Montage erfolgt, um die Bereitstellung der gefertigten Einzelteile und Zukaufteile zu sichern.

2.4
Prozeßplanerstellung

Im Rahmen der Arbeitsvorbereitung stellt die *Prozeßplanerstellung* den ersten Schritt zur Umsetzung der von der Konstruktion übergebenen Gestalts- und Technologieanforderungen des Werkstücks für eine zeit- und

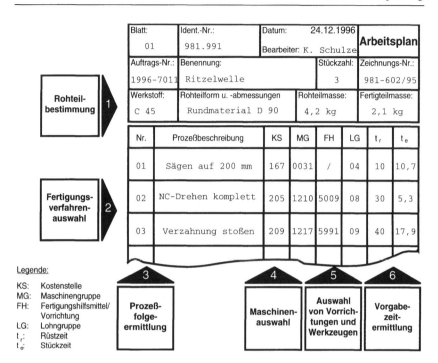

Bild 2-5. Aufgaben der Arbeitsplanerstellung

kostengünstige Fertigung dar. Der Begriff der *Prozeßplanung*, der sich in Anlehnung an die englischsprachige Fachliteratur (process planning) ergibt, wird zunehmend synonym zum bislang verwendeten Begriff *Arbeitsplanung* genutzt.

Innerhalb der Prozeßplanung wird festgelegt, welche Bearbeitungsschritte ein Werkstück zu durchlaufen hat. Damit ist die Prozeßplanung von der folgenden Operationsplanung und NC-Programmierung abgegrenzt [27], die sich mit der detaillierten Bearbeitungsplanung auf einer Maschine befassen (s. Abschn. 2.5). Durch die Prozeßplanung wird einzelnen Arbeitsvorgängen (Prozessen) eine Maschine bzw. ein Arbeitsplatz zugeordnet, während durch die Operationsplanung den einzelnen Teilarbeitsvorgängen (Operationen) ein Werkzeug zugeordnet wird.

Basierend auf der Konstruktionszeichnung als wichtigster Eingangsinformation wird durch die Prozeßplanung der *Arbeitsplan* als zentrales Planungsdokument erstellt. Dieser Arbeitsplan dient dazu, die notwendigen Bearbeitungsschritte (Prozesse) für ein Werkstück zu dokumentieren, um so den Fertigungsablauf lenken zu können. Für die einzelnen Planungsarten

(s. Abschn. 2.1) werden unterschiedliche Formen eines Arbeits- bzw. Prozeßplans erstellt. Die im folgenden dargestellten *Prozeßpläne* werden im Rahmen der Neuplanung genutzt und dokumentieren nur jeweils eine Planungsalternative. Dagegen werden Standardprozeßpläne für die Variantenplanung eingesetzt. Sie gelten für eine Teilefamilie und enthalten mehrere Prozeßalternativen im Hinblick auf die Anforderungen der Teilefamilie und bezüglich verschiedener Losgrößen.

Im einzelnen umfaßt die Prozeßplanung die Ausgangsteilbestimmung, die Prozeßfolgeermittlung und für jeden Prozeß die Zuordnung von Maschinen, Vorrichtungen sowie die Ermittlung von Lohngruppe und Vorgabezeit (Bild 2-5).

In den folgenden Abschnitten werden mögliche Vorgehensweisen und Hilfsmittel zur Prozeßplanung vorgestellt und anhand von Beispielen erläutert.

2.4.1
Ausgangsteilbestimmung

Die *Ausgangsteilbestimmung*, d.h. die Festlegung von Rohteilart und -abmessungen, wird unter Berücksichtigung der Anforderungen des Werkstücks im Rahmen der Arbeitsplanerstellung durchgeführt. Die Festlegung wesentlicher Kriterien zur Ausgangsteilbestimmung, wie z.B. der Werkstückgestalt und der Anforderungen an das Werkstück, erfolgt bereits während der Konstruktion.

Die bei der Ausgangsteilbestimmung zu berücksichtigenden Kriterien können in die Gruppen technologische, wirtschaftliche und zeitliche gegliedert werden, Bild 2-6. [28].

Die technologischen Kriterien resultieren aus den verfahrensspezifischen Eigenschaften der unterschiedlichen *Rohteilarten*. In der Regel wird der Werkstoff bei der Konstruktion festgelegt, da Werkstückfestigkeit, Korrosionsbeständigkeit u.ä. entscheidend von den Werkstoffeigenschaften abhängen. So muß z.B. je nach Beanspruchungsgrad eines Zahnrads die Entscheidung getroffen werden, aus welchem Werkstoff das Zahnrad zu fertigen ist und ob ggfs. ein Schmiedevorgang zur Erzeugung einer Gefügeänderung erforderlich ist. Für Ausgangsteile, die als Guß- oder Sinterrohling sowie als Schweißgruppen vorliegen, werden Form und Abmessung während der Konstruktion ermittelt und in den Zeichnungen und Stücklisten dokumentiert. Dagegen wird bei Rohteilarten, die als Halbzeug vorliegen, im allge-

Bild 2-6. Kriterien zur Ausgangsteilbestimmung

meinen nur die Werkstoffbezeichnung von der Konstruktion vorgegeben, während die Bestimmung der Rohteilform und -abmessungen in der Arbeitsplanung durchzuführen ist. Ein Überblick über mögliche Rohteilarten ist in Bild 2-7 dargestellt.

Die Herstellkosten eines Einzelteils beinhalten sowohl die Fertigungskosten als auch die Rohteilkosten. Art und Abmessungen des Ausgangsteils haben Einfluß auf die Fertigungsfolge zur Herstellung des Fertigteils und legen damit die Fertigungskosten fest. Die *Rohteilkosten* werden bestimmt aus den Kosten für die Rohteilherstellung, d. h. Material-, Lohn- Maschinenkosten und einmaligen Kosten für die Betriebsmittelherstellung. Aufgrund dieser Randbedingungen ergeben sich stückzahlabhängige Kostenunterschiede beim Vergleich unterschiedlicher Ausgangsteile für eine zerspanende Bearbeitung. Da ein exakter Kostenvergleich in vielen Fällen wirtschaftlich nicht vertretbar ist, benötigt der Arbeitsplaner zur Bestimmung der kostengünstigen Rohteilart entsprechende Hilfsmittel. So wird z. B. durch den Einsatz von *Relativkostenkatalogen*, in denen Kostenverläufe der unterschiedlichen Rohteilarten in Abhängigkeit der relevanten Einfluß-

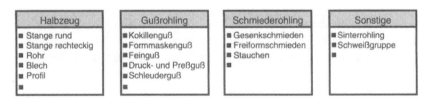

Bild 2-7. Rohteilarten

2.4 Prozeßplanerstellung

größen enthalten sind, eine schnelle Kostenabschätzung ermöglicht. So kann bspw. abgelesen werden, ab welcher Stückzahl die Kosten für die Erstellung eines Schmiedegesenks durch die erhöhten Zerspanungskosten von ungeschmiedeten Rohteilen aufgehoben werden.

Neben den technologischen und wirtschaftlichen Gesichtspunkten sind außerdem zeitliche Kriterien bei der Festlegung des Ausgangsteils zu beachten. Terminbestimmend für die Durchlaufzeit von Produkten sind häufig Beschaffungszeiten für Halbzeuge sowie Guß- und Schmiedeteile; besonders wenn die erforderlichen Vorrichtungen und Werkzeuge zur Vorbereitung noch nicht vorhanden sind. Aus diesem Grund sind die Ausgangsteile im Rahmen der Auftragsabwicklung möglichst früh, d.h. im Rahmen der Planungsvorbereitung oder Stücklistenauflösung zu bestimmen.

Als Hilfsmittel der Ausgangsteilbestimmung werden häufig *MRP-Systeme* eingesetzt. Diese Systeme zeigen den verfügbaren Bestand an lagerhaltigen Rohmaterialien, Halbzeugen und Normteilen an und bieten somit eine Entscheidungshilfe bei der Ausgangsteilbestimmung.

2.4.2 Prozeßfolgeermittlung

Durch die *Prozeßfolge* wird die Reihenfolge beschrieben, durch die ein Stoff oder Körper über schrittweises Verändern der Gestalt und/oder der Werkstoffeigenschaften vom Roh- in einen Fertigzustand überführt wird [29]. Für die mechanische Fertigung bedeutet dies z. B., daß Rohteile schrittweise mit Hilfe der zur Verfügung stehenden Fertigungsmittel in die herzustellenden Einzelteile umgewandelt werden [30].

Mit dem Begriff *Prozeß* wird diejenige Arbeit bezeichnet, die im Rahmen des organisatorischen Ablaufs jeweils von einem Werker oder einer Werkergruppe an einem Arbeitsplatz zusammenhängend durchgeführt wird. In der Regel entspricht die Prozeßfolge der Arbeitsplatzfolge [31].

Durch die Festlegung der Prozesse und ihrer Reihenfolge werden Fertigungskosten, -zeit und -qualität entscheidend beeinflußt. Dies geschieht durch die Prozeßauswahl, wodurch z. B. die Maschine bestimmt wird. Damit ist gleichzeitig ein Maschinenstundensatz festgelegt, auf dem die Kostenberechnung basiert. Die Bearbeitungsgenauigkeit der ausgewählten Maschine wirkt sich auf die Werkstückqualität aus. Die Aufteilung in Prozesse korreliert mit der Anzahl notwendiger Rüstvorgänge und resultiert folglich in längeren oder kürzeren Durchlaufzeiten. Die Reihenfolgebildung übt Einfluß auf Transportvorgänge zwischen den Arbeitsstationen aus, die dementsprechend zu berücksichtigen sind.

Die Prozeßfolgeermittlung basiert auf produkt-, prozeß- und auftragsbezogenen Informationen. Je nach vorliegender Bearbeitungsaufgabe (einzuhaltende Toleranzen, Oberflächengüten etc.) und bereitstehenden Ressourcen (Werkzeugmaschinen, Handarbeitsplätzen etc.) kann es dabei zu verschiedenen Prozeßfolgen kommen. In Bild 2-8 ist die Prozeßfolgeermittlung am Beispiel einer Welle skizziert.

In einem ersten Schritt der Prozeßfolgeermittlung werden alle Bearbeitungsprozesse eingegrenzt, die die Anforderungen an die Werkstückqualität erfüllen können. Dabei muß der ermittelte Prozeß die Fertigteilgestalt erzeugen sowie die geforderten Randbedingungen hinsichtlich Form- bzw. Lagetoleranzen und Oberflächengüte einhalten können. Bild 2-9 zeigt dazu Beispiele zur Verfügung stehender Hilfsmittel, die in DIN 4766 bereitgestellt

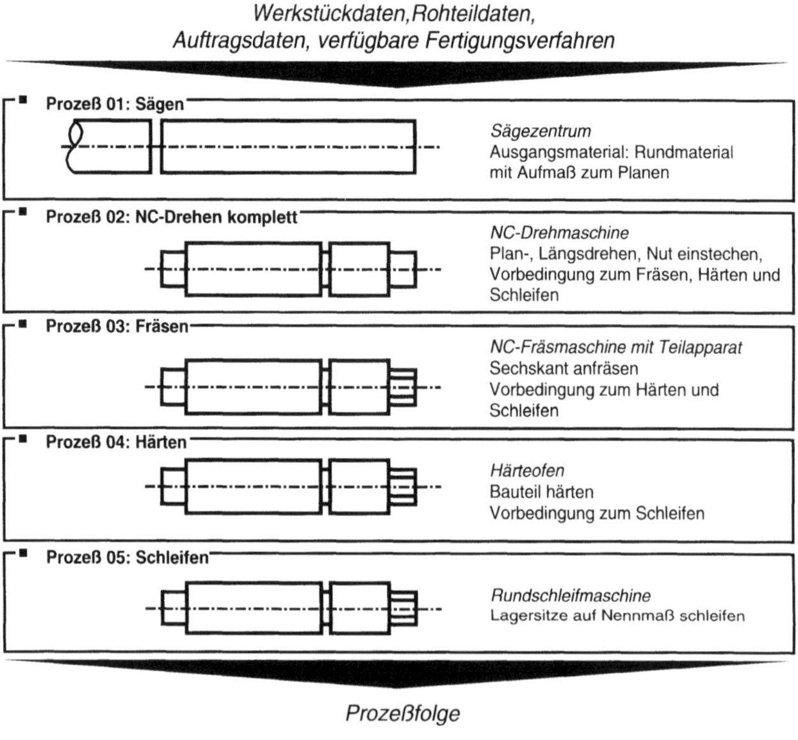

Werkstückdaten, Rohteildaten,
Auftragsdaten, verfügbare Fertigungsverfahren

- **Prozeß 01: Sägen**
  Sägezentrum
  Ausgangsmaterial: Rundmaterial
  mit Aufmaß zum Planen

- **Prozeß 02: NC-Drehen komplett**
  NC-Drehmaschine
  Plan-, Längsdrehen, Nut einstechen,
  Vorbedingung zum Fräsen, Härten und
  Schleifen

- **Prozeß 03: Fräsen**
  NC-Fräsmaschine mit Teilapparat
  Sechskant anfräsen
  Vorbedingung zum Härten und
  Schleifen

- **Prozeß 04: Härten**
  Härteofen
  Bauteil härten
  Vorbedingung zum Schleifen

- **Prozeß 05: Schleifen**
  Rundschleifmaschine
  Lagersitze auf Nennmaß schleifen

Prozeßfolge

Bild 2-8. Prozeßfolgeermittlung am Beispiel einer Welle

2.4 Prozeßplanerstellung

werden. Durch Diagramme werden die erzielbaren Toleranzen nach IT-Reihen mit den zerspanenden Bearbeitungsverfahren in Beziehung gesetzt. Für die erreichbaren Oberflächengüten werden ebenfalls Diagramme genutzt, die eine Auswahl der Bearbeitungsprozesse ermöglichen.

Der im Unternehmen vorhandene Maschinenpark grenzt die möglichen Prozeßalternativen (z. B. Fräsen, Erodieren oder Tiefschleifen zur Herstellung einer Nut) weiter ein. Nur wenn ein Bearbeitungsprozeß für die Werkstückfertigung unverzichtbar ist, weil kein anderer Prozeß die geforderte Gestalts- oder Eigenschaftsänderung des Werkstücks bewirken kann, sind auch zusätzliche, extern durchzuführende Prozesse vorzusehen.

Die verbleibenden Prozesse werden nach ökonomischen und technologischen Kriterien ausgewählt. Dazu werden weitere Informationen benötigt, beispielsweise das zu erwartende Stückzahlspektrum und das zu beachtende Optimierungskriterium (z. B. zeit- oder kostenoptimale Fertigung).

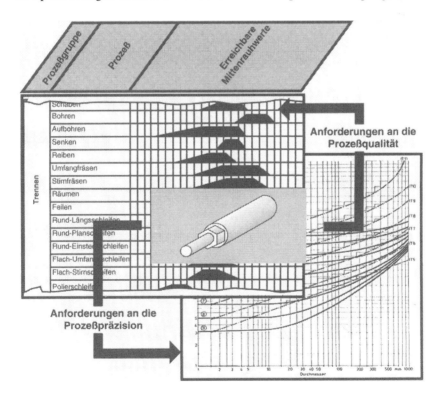

Bild 2-9. Erzielbare Werkstückqualität zerspanender Bearbeitungsverfahren

Zunächst werden die für ein Werkstück zur Verfügung stehenden Fertigungsmöglichkeiten analysiert. Diese können schon von einer unterschiedlichen *Ausgangsteilbestimmung* initiiert werden und drücken sich in *verschiedenen Bearbeitungsmöglichkeiten* aus, die jeweils verschiedenen Maschinen zugeordnet sind (Bild 2-10).

Bei der *Ausgangsteilbestimmung* ist zu berücksichtigen, in welchen Stückzahlen das Teil später gefertigt wird. Es können für verschiedene Stückzahlbereiche Alternativen angegeben werden. Beispielsweise ist es für die in Bild 2-10 skizzierte Welle nur für kleine Stückzahlen sinnvoll, Stangenmaterial zu verwenden. Für große Lose kann ein Schmiedeteil verwendet werden, so daß der Absatz bereits vorbearbeitet vorliegt. Das hat zur Folge, daß die Schmiedebearbeitung in den Prozeßplan aufgenommen werden muß. Ähnliches gilt für den Fall, daß – um das Zerspanvolumen zu senken – Teile vorgegossen werden oder als Schweißteil gefertigt werden. Hier müssen ebenfalls zusätzliche Prozesse vorgesehen werden (siehe Abschn. 2.4.1).

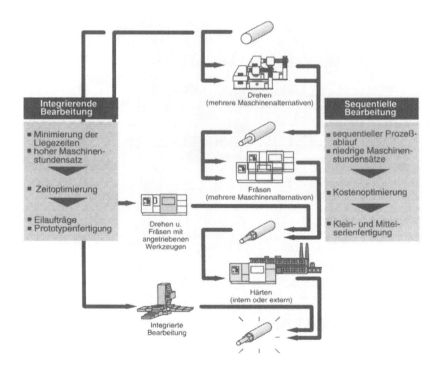

Bild 2-10. Verschiedene Bearbeitungsmöglichkeiten am Beispiel einer Welle

Verschiedene Bearbeitungsmöglichkeiten durch differenzierte Prozeßaufteilung ergeben sich aus den unterschiedlichen zur Verfügung stehenden Maschinenkonfigurationen und wirken sich auf Kosten und Durchlaufzeiten aus. Eine sequentielle Bearbeitung auf mehreren spezialisierten Maschinen bzw. Arbeitsplätzen führt zu Verzögerungen, weil die Teile oft im Eingangspuffer vor der Maschine liegen und jede Maschine wieder für das Teil gerüstet werden muß. Dagegen sind die Maschinenstundensätze dieser einfachen Maschinen geringer, so daß die Kostenbilanz für die *sequentielle Bearbeitung* günstig ausfällt. Eine *integrierte Bearbeitung* auf einer oder wenigen Maschinen muß gerade vor dem Hintergrund der zur Verfügung stehenden verfahrensintegrierenden Maschinen analysiert werden. Eine integrierte Fräs- und Drehbearbeitung ist bereits Stand der Technik [32, 33]. Zukünftig werden auch vermehrt thermische Verfahren mit zerspanenden Prozessen integriert, beispielsweise eine Drehbearbeitung mit dem Laserhärten [34, 35]. Durch die mögliche Komplettbearbeitung werden Rüstvorgänge eingespart, Liegezeiten werden verkürzt, weil nur noch ein Eingangspuffer durchlaufen wird. Dagegen sind die Maschinenstundensätze verfahrensintegrierender Maschinen hoch, so daß die Bearbeitung verteuert wird. Die resultierenden Auswahlkriterien für sequentielle und integrierende Bearbeitung sind in Bild 2-10 zusammengefaßt.

Neben der Möglichkeit, die Prozesse unterschiedlich zusammenzufassen, bestehen für die überwiegende Anzahl von Prozessen alternative Bearbeitungsmöglichkeiten, die mit unterschiedlichen Methoden zum gleichen, geforderten Prozeßergebnis führen. So kann eine Paßbohrung z. B. durch Ausspindeln, Zirkularfräsen oder Tauchfräsen hergestellt werden. Für eine Härtebearbeitung besteht häufig die Möglichkeit einer unternehmensinternen Bearbeitung oder Vergabe an einen Lohnfertiger. Die Kosten für die jeweilige Prozeßalternative können deterministisch über Maschinenstundensätze und Bearbeitungszeiten bestimmt werden. Der damit verbundene hohe Planungsaufwand lohnt sich jedoch nur für größere Stückzahlen. Für die Einzel- und Kleinserienfertigung wurden daher Methoden zur Kostenabschätzung entwickelt, mit denen eine schnelle und einfache ökonomische Bewertung von Prozeßalternativen möglich ist [36, 37, 38]. In firmenspezifischen Relativkostenkatalogen beispielsweise werden für Bearbeitungsaufgaben Prozeßalternativen aufgezeigt und abhängig von ihren charakteristischen Parametern bewertet (Bild 2-11). Die in diesem Beispiel beschriebene Paßbohrung läßt sich anhand des Länge/Durchmesser (L/D)-Verhältnisses bewerten. Relativkosten sind folglich über dieser Kenngröße aufgetragen.

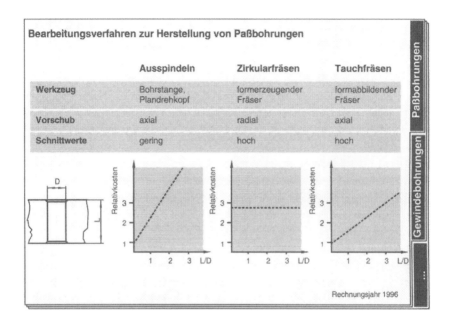

Bild 2-11. Firmenspezifischer Relativkostenkatalog, Beispiel Paßbohrung

Der Aufwand für die Prozeßauswahl und Prozeßfolgeermittlung kann gesenkt werden, indem vorhandene Planungsergebnisse wiederverwendet werden. Dazu müssen einmal geplante Prozesse systematisch aufbereitet und dokumentiert werden. Ein Beispiel für die Systematisierung der Prozeßplanung für unterschiedliche Varianten ist die Bildung von Teilefamilien und Nutzung von Standardprozeßplänen für dieses eingegrenzte Werkstückspektrum. Die Prozeßauswahl und Reihenfolgebildung ist in diesem Fall für alle notwendigen Bearbeitungen der Teilefamilie vorgenommen. Dabei werden Alternativprozesse mit den zugehörigen Auswahlkriterien aufgeführt (z.B. „Nut fräsen" für Stückzahlen kleiner 15 und „Nut räumen" für höhere Stückzahlen). Im Standardprozeßplan werden diese Auswahlkriterien für das zu planende Werkstück nur noch abgeprüft und daraufhin der Prozeß ausgewählt.

2.4.3
Fertigungsmittelauswahl

Zu jedem im Arbeitsplan festgelegten Prozeß müssen die notwendigen Fertigungsmittel festgelegt werden. Im Rahmen der Prozeßplanung gehören dazu
- die Maschinenauswahl,
- die Vorrichtungsauswahl und
- die Werkzeugauswahl.

Die Vorrichtungs- und Werkzeugauswahl beschränkt sich dabei auf solche Komponenten, die nicht ständig einer Maschine zugeordnet sind, also beispielsweise einem Teilapparat, der auf mehreren Fräsmaschinen eingesetzt wird. Dagegen werden z. B. einzelne Fräswerkzeuge im Verlauf der Operationsplanung den Bearbeitungsoperationen zugeordnet.

Maschinenauswahl
Im Rahmen der Stückgutfertigung werden überwiegend Werkzeugmaschinen genutzt. Unter Werkzeugmaschinen werden dabei nach DIN 69651 „…mechanisierte und mehr oder weniger automatisierte Fertigungseinrichtungen, die durch relative Bewegungen zwischen Werkzeug und Werkstück eine vorgegebene Form oder Veränderung am Werkstück erzeugen", verstanden. Die Gliederung der Werkzeugmaschinen ist direkt an die Unterteilung der verschiedenen Fertigungsverfahren in DIN 8580 angelehnt.

Eine Maschinenauswahl erfolgt aber nicht nur auf Basis technologischer Kriterien (Bild 2-12). Die Ausführungen zur Prozeßfolgeermittlung haben gezeigt, daß hier Losgrößen und zu beachtende Zwangsfolgen zur Fertigung des Werkstücks eine Rolle spielen.

Unter den technologischen Kriterien werden die
- Arbeitsraummaße,
- Leistungsdaten,
- Maschinenfähigkeit und
- Einsatzschwerpunkte der Maschine

herangezogen, um zu beurteilen, ob das betreffende Werkstück mit dem geplanten Prozeß auf der Maschine bearbeitet werden kann. Dazu werden aus der Werkstückzeichnung und der ermittelten Prozeßfolge zunächst die Anforderungen an die Maschine formuliert, so daß diese mit den o. g. technologischen Kriterien abgeglichen werden können. Zu diesem Zweck wurden Diagramme entwickelt, die Größen, die aus der Bearbeitungsaufgabe re-

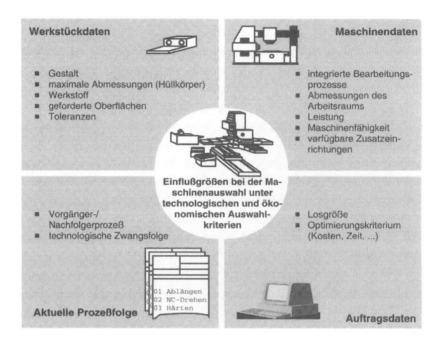

Bild 2-12. Kriterien der Maschinenauswahl

sultieren, mit abfragbaren Maschinendaten in Verbindung setzen. Bild 2-13 zeigt dazu das Beispiel der Verknüpfung von Zeitspanvolumen und Maschinenleistung. Derartige Diagramme werden beispielsweise von Maschinen- und Werkzeugherstellern veröffentlicht.

Die hier erforderlichen Maschinendaten werden mit verschiedenen Hilfsmitteln bereitgestellt. Eine konventionelle Methode der Maschinendatenbereitstellung stellen die vom *Ausschuß für wirtschaftliche Fertigung e. V.* entwickelten und in der Praxis bewährten Maschinenkarten (AWF-Karten) dar (Bild 2-14). Diese Karten sind maschinentypgebunden aufgebaut und leicht erweiterbar.

Eine Verarbeitung der AWF-Karten durch rechnergestützte Systeme ist allerdings aufgrund des maschinentypgebundenen Aufbaus und der variablen Eingabeformatierung sehr aufwendig. Zur rechnerinternen Abbildung von Maschinendaten wurden daher relationale bzw. objektorientierte Datenmodelle entwickelt, die einen rechnergestützten, schnellen Zugriff auf die Maschinendaten zulassen. Häufig sind solche Systeme in einem Betriebsmittelverwaltungssystem integriert, welches z. B. auch Werkzeuge und Vor-

2.4 Prozeßplanerstellung

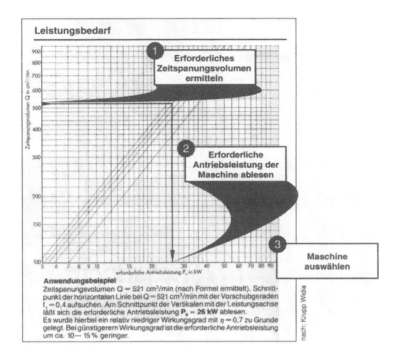

Bild 2-13. Beispiel zur Ermittlung der erforderlichen Maschinenleistung

richtungen abbildet. Das Konzept eines solchen Systems ist im folgenden Abschnitt skizziert.

Auswahl von Vorrichtungen und Werkzeugen
Im Rahmen der Arbeitsplanerstellung müssen für die Maschinen, die den einzelnen Prozessen zugeordnet sind, notwendige Werkzeuge und Vorrichtungen bestimmt und im Arbeitsplan dokumentiert werden. Dabei handelt es sich nur um solche Werkzeuge und Vorrichtungen, die nicht an der Maschine vorhanden sind, also z. B. im Kettenmagazin der Werkzeugmaschine.

Je nachdem, ob ein Werkzeug für verschiedene oder nur für spezifische Bearbeitungsaufgaben einsetzbar ist, wird zwischen Standard- und Sonderwerkzeugen unterschieden.

Standardwerkzeuge können für verschiedene Bearbeitungsaufgaben auf mehreren Maschinen eingesetzt werden. Ihre Bauform ist produktneutral. Beispiele hierfür sind Fräser, Drehmeißel und Spiralbohrer. Dagegen werden Sonderwerkzeuge produktspezifisch angefertigt und weisen dementspre-

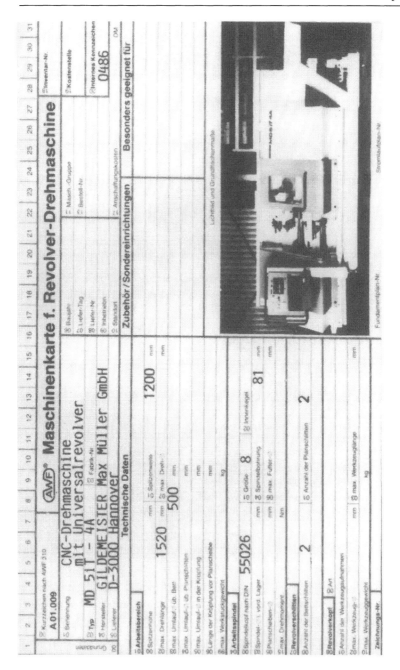

Bild 2-14. AWF-Karte

2.4 Prozeßplanerstellung

chend eine geringere Einsatzflexibilität auf. Es handelt sich z.B. um Räumnadeln, Gesenke oder Spritzgießwerkzeuge.

Die *Werkzeugauswahl* steht in einem engen Zusammenhang mit dem Stückzahlbereich, in dem ein Werkstück produziert wird. Für eine Einzelfertigung sollten möglichst vorhandene Standardwerkzeuge eingesetzt werden, die später auch für andere Werkstücke genutzt werden können. Eventuelle Zeitnachteile, die sich z.B. ergeben, weil für eine komplexe Kontur zwei Standardwerkzeuge statt eines formabbildenden Sonderwerkzeugs eingesetzt werden, so daß ein Werkzeugwechsel erforderlich ist, machen sich bei Einzelfertigung nicht bemerkbar. Dagegen muß bei höheren Stückzahlen geprüft werden, ob sich der Einsatz eines Sonderwerkzeugs rentiert. Dabei können sich die hohen Investitionskosten für ein solches Werkzeug durch Zeitvorteile (kombinierte Operationen, weniger Werkzeugwechsel; Verkürzung der Hauptzeit durch speziellen Schneidstoff etc.) amortisieren.

Beschreibungs-verfahren	Beschreibung durch Verwendungsnachweis	Beschreibung der Einsatzgrenzen	Verbale Eigenschafts-beschreibung	Klassifizierende Eigenschafts-beschreibung
	 unternehmensintern geführte Verwendungsnachweise	 verarbeitungsgerecht dokumentierte Einsatzgrenzen	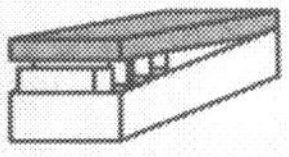 AWF-Karten IWF-Karten Erfassungsbögen	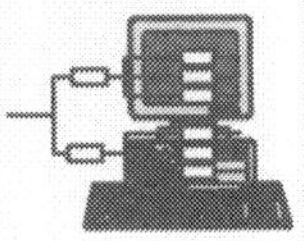 Klassifizierungssystem, klassifizierter Vorrichtungsbestand
Einsatzbereich	Wiederholteile	Varianten	alle Vorrichtungen	alle Vorrichtungen
Beschreibungsaufwand	sehr gering	sehr hoch	hoch	gering
Handhabung	manuell, rechnerunterstützt	manuell, rechnerunterstützt	manuell	manuell, rechnerunterstützt
Aussagekraft	sehr gering	gering	sehr hoch	hoch
Zugriff	nicht möglich	sehr gut	sehr schlecht	gut
Anwendungsbereich	häufig wiederkehrende, identische Teile	häufig wiederkehrende Variantenteile	kleines Vorrichtungsspektrum	Vielzahl unterschiedlicher Vorrichtungen

Bild 2-15. Möglichkeiten zur Beschreibung von Vorrichtungen

Bei der *Vorrichtungsplanung* wird analog zur Werkzeugplanung zwischen Standard- und Sondervorrichtungen unterschieden. Insbesondere der Einsatz von Vorrichtungsbaukästen ermöglicht eine hohe Flexibilität. Damit ist der Aufwand zur Vorrichtungsplanung gering. Falls der Einsatz von Sondervorrichtungen unumgänglich ist, sollte die Möglichkeit geprüft werden, vorhandene Vorrichtungen anzupassen. Dazu müssen Vorrichtungen im Betrieb systematisch dokumentiert sein, um diese Suche zu ermöglichen. In Bild 2-15 sind die dazu vorhandenen Möglichkeiten abgebildet.

Wie bereits im vorhergehenden Abschnitt erläutert wurde, werden für die Betriebsmittelverwaltung zunehmend rechnergestützte Hilfsmittel eingesetzt. Derartige Systeme sind häufig nicht auf eine Betriebsmittelgruppe, z. B. Maschinen oder Werkzeuge, beschränkt. Vielmehr werden alle im Unternehmen vorhandenen Betriebsmittel klassifiziert und dokumentiert.

Bild 2-16 zeigt die Konzeption eines solchen Systems zur Betriebsmittelverwaltung. Unter einem Auswahlmenü sind alle verfügbaren Komponenten eines Betriebsmittelverwaltungssystems dargestellt. Das für einen Prozeß erforderliche Betriebsmittel wird über Sachmerkmale gesucht. Die Ein- und Ausgabeprozeduren sind für alle Betriebsmittel standardisiert, so daß ein hoher Inte-

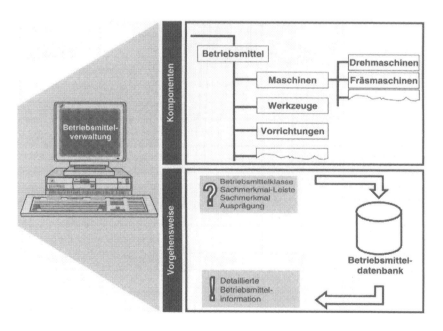

Bild 2-16. Konzeption eines rechnergestützten Betriebsmittelverwaltungssystems

grationsgrad für alle Betriebsmittel bezüglich einer einheitlichen Darstellung und Verarbeitung erzielt wird. Aus der Betriebsmitteldatenbank werden die erforderlichen Betriebsmittelinformationen in detaillierter Form ausgegeben.

Eine solche rechnerunterstützte Betriebsmittelverwaltung muß ständig aktualisiert und gepflegt werden. Gerade der Aufwand zur korrekten Eingabe aller im System abgelegten Betriebsmittelinformation sollte nicht unterschätzt werden. Dabei müssen häufig nicht nur neue, sondern auch vorhandene – bislang konventionell dokumentierte – Betriebsmittel erfaßt und verarbeitet werden.

Von den Herstellern werden mittlerweile elektronische Kataloge auf CD-ROM angeboten, in denen technische Informationen z. B. über Standardwerkzeuge verfügbar sind. Diese können dann direkt über eine Schnittstelle in das Betriebsmittelverwaltungssystem eingelesen werden.

2.4.4
Vorgabezeitermittlung

Die Vorgabezeitermittlung ist Voraussetzung dafür, einen Prozeß ökonomisch bewerten und ggf. Alternativen suchen zu können. Dazu wird die Soll-Zeit eines Prozesses bestimmt bzw. abgeschätzt. Damit ist die Voraussetzung geschaffen für
- eine Termin- und Kapazitätsplanung,
- eine Kostenberechnung,
- eine Angebotskalkulation,
- eine Investitionsplanung für ggf. erforderliche zusätzliche Betriebsmittel und
- die Entlohnung, z. B. nach Akkord- oder Prämienlohn.

Die Vorgabezeitermittlung wird auf Prozeßplanungsebene unter Nutzung von Erfahrungswerten bzw. früher aufgenommenen Zeitreihen durchgeführt. Im Rahmen der Operationsplanung und NC-Programmierung wird die Zeitermittlung weiter detailliert, weil dort exakte Schnittwerte und Vorschübe bekannt sind, so daß die Hauptzeit konkret kalkuliert werden kann.

Eine Übersicht über Methoden zur Vorgabezeitermittlung gibt Bild 2-17:
Die Vorgehensweise zur Ermittlung der Vorgabezeiten ist einerseits vom Zeitpunkt der Durchführung (vor oder nach Fertigungsbeginn) und andererseits von der Art und geforderten Genauigkeit der jeweils zu bestimmenden Zeiten abhängig. In der Serienfertigung ist beispielsweise eine Bestimmung der Vorgabezeiten in der Planungsphase nur zur Taktabstimmung er-

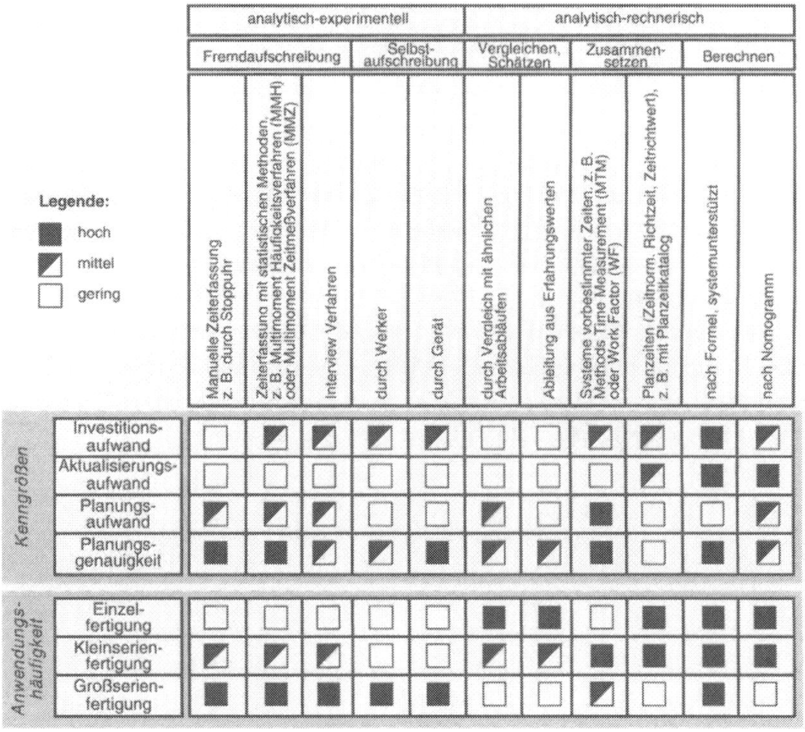

Bild 2-17. Verfahren zur Vorgabezeitermittlung (in Anlehnung an Luczak [39])

forderlich. In der Regel werden die tatsächlichen Bearbeitungszeiten bei Anlauf der ersten Serie gemessen. In der Einzel- und Kleinserienfertigung ist dagegen meist aufgrund der geringen Stückzahlen eine Vorgabezeitermittlung vor Fertigungsbeginn erforderlich, um z. B. einen Kapazitätsabgleich mit anderen Aufträgen durchführen zu können.

Bei der Vorgabezeitbestimmung sind eine Vielzahl von Einflußgrößen zu berücksichtigen. Darunter fallen beispielsweise
- Werkstückeigenschaften,
- Betriebsmitteleigenschaften und
- Arbeitsplatzbedingungen.

In Bild 2-18 ist der grundlegende Aufbau der Vorgabezeiten nach REFA mit den jeweiligen Begriffsinhalten sowie den allgemeingültigen Vorgehensweisen zur Ermittlung der Zeitanteile dargestellt.

2.4 Prozeßplanerstellung

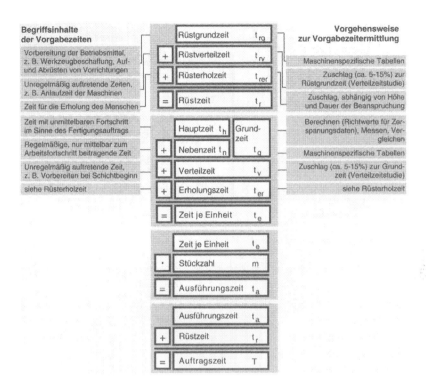

Bild 2-18. Aufbau und Ermittlung von Vorgabezeiten

Die differenzierten Methoden zur Vorgabezeitermittlung zeigen, daß eine deterministische Bestimmung aller erforderlichen Zeiten oft sehr aufwendig ist. Eine Unterstützung bietet die Abbildung der in Bild 2-18 dargestellten Beziehungen in einem Rechnersystem und die Verknüpfung mit einem Datenbanksystem, welches die erforderlichen Daten der Maschinen enthält.

Eine vereinfachte Möglichkeit zur Darstellung auch mehrstufiger Kausalzusammenhänge, also beispielsweise Zeit- und Kostenverzehr, bietet die Darstellung in Nomogrammen [40]. Hier werden betriebsspezifisch für häufig genutzte Prozesse und Bearbeitungsaufgaben die Wirkzusammenhänge in Diagrammen dargestellt, so daß für die spezifische Bearbeitungsaufgabe in Abhängigkeit von maßgeblichen Einflußgrößen, also z. B. Anzahl von Bohrungen und ihre Tiefe bei einer Bohrbearbeitung, der Kosten- und Zeitverzehr abgelesen werden kann (Bild 2-19). Dagegen ist der Aufwand für das Erstellen und Aktualisieren von Nomogrammen sehr hoch, wodurch ein

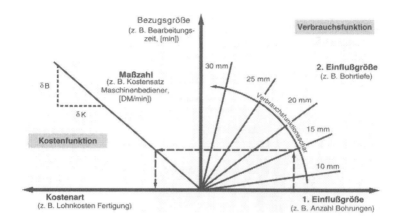

Bild 2-19. Aufbau von Nomogrammen

wirtschaftlicher Einsatz nur bei einer hohen Wiederholhäufigkeit gewährleistet ist.

Eine automatische, rechnergestützte Ermittlung von Vorgabezeiten und resultierenden Kosten ist häufig in Computer Aided Process Planning (CAPP)-Systemen realisiert und bietet somit die Möglichkeit zum Vergleich von Prozeßalternativen (siehe Abschn. 6.3).

Neben den Vorgabezeiten müssen für die einzelnen Arbeitsvorgänge im Arbeitsplan Lohnart und Lohngruppe vorgegeben werden, da diese Angaben zur Entlohnung der Arbeitnehmer benötigt werden. Die wichtigsten *Lohnarten* für gewerbliche Arbeitnehmer sind:

– *Zeitlohn (Stundenlohn, Monatsgehalt o.ä.)*
Dieses rein arbeitszeitbezogene Entgelt wird i. allg. für hochqualifizierte Arbeiten und Tätigkeiten gewählt, für die eine genaue Vorgabezeitermittlung nicht möglich oder unwirtschaftlich ist. Die Vorgabezeiten werden also in diesem Fall nicht für die Entlohnung benötigt. Diese Form der Entlohnung wird auch dann angewandt, wenn eine hohe Fertigungsqualität gefordert ist, die noch wichtiger als eine kurze Durchlaufzeit ist.

– *Akkordlohn*
Dieses sogenannte Arbeitsmengenentgelt schafft einen Zusammenhang zwischen dem Leistungseinsatz des Menschen und dem Entgelt. Akkordlohn wird in allen Teilen der Fertigung und Montage angewandt. Der Verdienst der Arbeitnehmer wird durch Multiplikation des Akkordrichtsatzes mit dem

2.4 Prozeßplanerstellung

Zeitgrad berechnet. Hierbei wird durch den Akkordrichtsatz der Arbeitswert der durchzuführenden Tätigkeiten charakterisiert. Der Zeitgrad, d.h. das Verhältnis Vorgabezeit zu tatsächlich benötigter Zeit kennzeichnet den Leistungseinsatz des Menschen. Aufgrund des leistungsbezogenen Charakters wird eine Akkordentlohnung i. allg. nur dann durchgeführt, wenn die zur Ausführung der Arbeiten benötigte Zeit durch die Mitarbeiter beeinflußt werden kann. So ist beispielsweise der Einsatz dieser Lohnart nicht sinnvoll, wenn der überwiegende Anteil der Vorgabezeit durch Maschinenlaufzeiten fest vorgegeben ist.

– *Prämienlohn*
Diese Entgeltform kann durch verschiedene Beziehungen zwischen Sachleistung und Entgelt je nach Zielsetzung speziell gestaltet werden. So kann beispielsweise eine geringe Ausschußquote mit einer besonderen Qualitätsprämie verknüpft werden. Durch die steigenden Anforderungen an die Produktqualität sowie den verstärkten Einsatz kapitalintensiver Fertigungsmittel und hochwertiger Werkstoffe gewinnt die Prämienentlohnung zunehmend an Bedeutung. Diese Lohnart ist z.B. dann einzusetzen, wenn die Senkung der Ausschußrate oder der Maschinenstillstandszeiten einen hohen wirtschaftlichen Nutzen verspricht. Auch moderne organisatorische Konzepte, z.B. Gruppenarbeit oder Inselfertigung, sind mit Prämienentlohnung verknüpft, um die Leistungsfähigkeit des Teams zu fördern.

Wegen des betriebs- bzw. tarifspezifischen Charakters der Richtlinien zur Ermittlung der Lohnart bzw. Lohngruppe wird in diesem Zusammenhang auf die entsprechenden Tarif- und Betriebsvereinbarungen hingewiesen.

2.4.5
Informationswesen in der Prozeßplanung

Der Arbeitsplan weist als zentrales Planungsdokument Verbindungen zu weiteren Dokumenten der Planung und Steuerung auf.

Die Arbeitsplannummer ist fest mit dem Auftrag verknüpft und schafft damit den Bezug der Planung zum PPS-System. Den einzelnen Prozessen, die im Arbeitsplan aufgeführt sind, werden Operationspläne bzw. NC-Programme direkt zugeordnet. Das bedeutet, daß für jeden Arbeitsplan, der mehrere Prozesse enthält, ein Set von Operationsplänen existiert, die jeweils die nächste Detaillierungsstufe darstellen.

Der Arbeitsplan ist darüber hinaus mit den entsprechenden Dokumenten der Konstruktion verknüpft, also Zeichnungen und Stücklisten. Gerade bei der rechnergestützten Arbeitsplanung, auf die im Abschn. 6.3 eingegangen wird, besteht eine starke Verbindung zur Konstruktion, wenn über eine CAD-Datei eine gestaltsorientierte Planung ermöglicht wird.

2.4.6 Fallbeispiel

Die zuvor dargestellten Methoden der Arbeitsplanerstellung werden anhand des folgenden Fallbeispiels angewandt und erläutert:

Am Beispiel des in Bild 2-20 dargestellten Werkstücks soll die Prozeßplanung durchgeführt werden. Die einzelnen Schritte und die damit korrespondierenden Felder im Prozeßplan sind in Bild 2-20 gegenübergestellt.

Bild 2-21 zeigt die Vorgehensweise zur Rohteilbestimmung für das Beispielwerkstück. In diesem Falle bietet sich für den mit mehreren Absätzen versehenen Bolzen als Alternative zum Drehen von Stangenmaterial das Schmieden eines Rohteils mit Absätzen an. Damit werden das Zerspanvolumen gesenkt und die nachfolgende Drehbearbeitung verkürzt. Allerdings fallen hier höhere Werkzeugkosten an, so daß sich die Anfertigung eines Schmiedeteils erst bei höheren Stückzahlen lohnt.

Für das gewählte Ausgangsmaterial „Stange" wird im folgenden die Prozeßfolge ermittelt (Bild 2-22). Dabei müssen in erster Linie technologische Randbedingungen beachtet werden, wie z. B. Beschädigung von Lagersitzen durch Einspannen.

Die Maschinenauswahl wird anhand eines Diagramms vorgenommen, in dem die Fertigungskosten über der Stückzahl aufgetragen sind. Solche Diagramme werden unternehmensspezifisch bereitgestellt.

Die Bestimmung der Vorgabezeiten kann, wie im Beispiel dargestellt (Bild 2-24), mit Hilfe von Tabellenwerken ermittelt werden. Eine deterministische Ermittlung von Hauptzeiten erfolgt mit Hilfe von Hauptzeitformeln, für die ebenfalls auf einschlägige Tabellenbücher verwiesen wird. Vielfach sind diese formelmäßigen Zusammenhänge auch Bestandteil rechnerunterstützter Prozeßplanungssysteme bzw. können mit Tabellenkalkulationssystemen einfach erstellt werden.

2.4 Prozeßplanerstellung

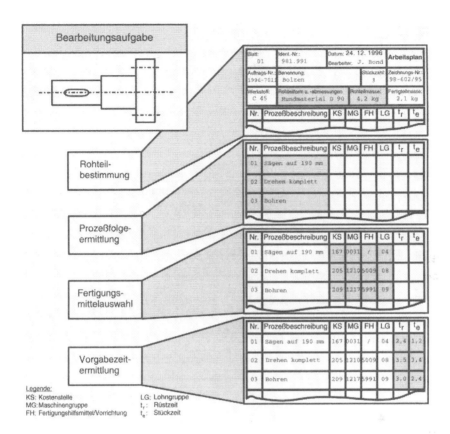

Bild 2-20. Ablauf der Prozeßplanerstellung

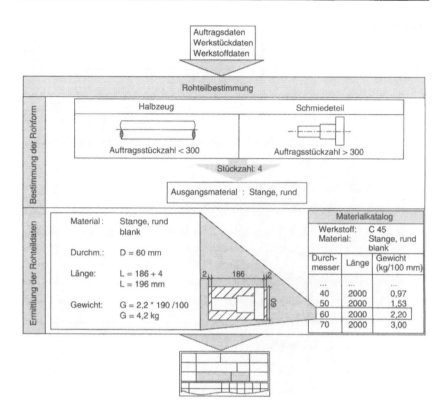

Bild 2-21. Rohteilbestimmung

2.4 Prozeßplanerstellung

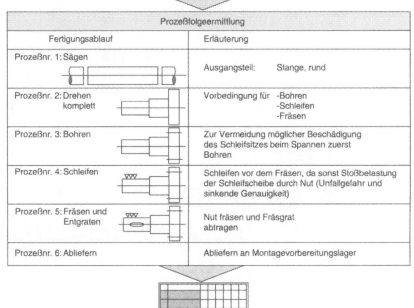

Bild 2-22. Prozeßfolgeermittlung

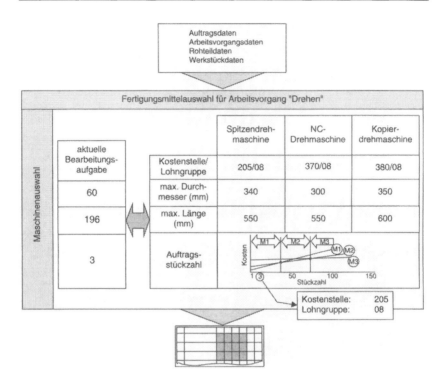

Bild 2-23. Maschinenauswahl

2.4 Prozeßplanerstellung

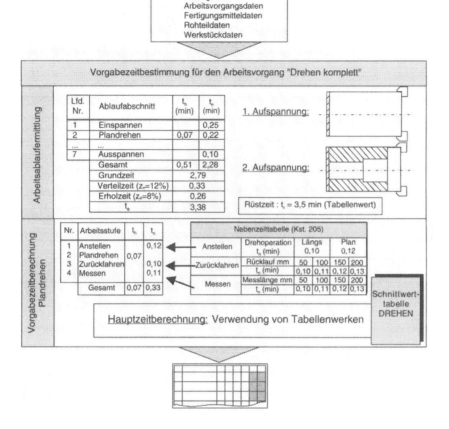

Bild 2-24. Prozeßfolgeermittlung

2.5
Operationsplanung

Im Rahmen der *Operationsplanung* werden die als Ergebnis der Prozeßplanung festgelegten Arbeitsvorgänge weiter detailliert, indem die Teilarbeitsvorgangsfolge ermittelt wird [15]. Diese Tätigkeit wird oft auch mit den Begriffen *Ermittlung der Teilarbeitsvorgangsfolge* [42] oder *Feinplanung* [15] beschrieben. Die Operationsplanung stellt damit das Bindeglied zwischen Prozeßplanung und NC-Programmierung dar.

Ergebnis der Operationsplanung ist die Zerlegung eines Arbeitsvorgangs (Prozeß) in Bearbeitungsoperationen. Als Bearbeitungsoperation wird der Teil eines Arbeitsvorgangs bezeichnet, der die Bearbeitung einer zusammenhängenden Bearbeitungsstelle am Werkstück mit einem Werkzeug auf einer Maschine beinhaltet [10]. Beispiele für Bearbeitungsoperationen sind z.B. das Vordrehen einer Stirnseite oder das Rundschleifen eines Absatzes.

Bei der Bearbeitung auf konventionellen Maschinen führt der Werker die Operationsplanung unmittelbar vor der Bearbeitung des Werkstücks durch, indem er sich einen Plan für die Fertigung des Werkstücks macht. In diesem Fall sind Operationsplanung und Bearbeitung als ein Arbeitsvorgang zu betrachten.

Eine explizite Operationsplanung ist dann erforderlich, wenn die Bearbeitung des Werkstücks auf einer NC-Maschine erfolgen soll. Die Aufgabe der Operationsplanung besteht darin, alle für die NC-Code-Generierung benötigten Informationen bereitzustellen. Dabei werden die in Bild 2-25 dargestellten Schritte durchgeführt. Der Aufwand und der Ort der Durchführung der Operationsplanung hängen stark von der Komplexität des Werkstücks, dessen Bearbeitung geplant wird, und von der Losgröße ab. Für die Einzel- und Kleinserienfertigung von Teilen mit niedriger Komplexität, d.h. bei geringer Wertschöpfung, wird die Operationsplanung üblicherweise dezentral vom Werker durchgeführt. Die Operationsplanung erfolgt dann oft in Verbindung mit der werkstattorientierten NC-Programmierung (WOP, vgl. Abschn. 2.9.2).

Für die Serienfertigung und bei komplexen Teilen, d.h. wenn mit der Fertigung eine hohe Wertschöpfung verbunden ist, wird die Operationsplanung in eine detaillierte, zentrale Arbeitsplanung integriert. Gegenüber der dezentralen Operatonsplanung wird bei der zentralen Operationsplanung üblicherweise mehr Planungszeit für die Optimierung aufgewen-

2.5 Operationsplanung

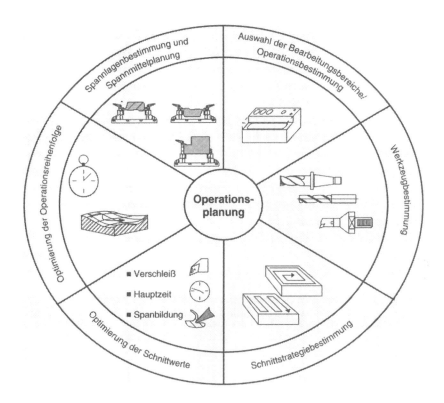

Bild 2-25. Aufgaben der Operationsplanung

det. Die höheren Kosten für die Optimierung werden in der Regel durch die Reduzierung der Haupt- und Nebenzeiten bei der Bearbeitung aufgewogen.

Zur EDV-technischen Unterstützung der Operationsplanung können handelsübliche maschinelle NC-Programmiersysteme eingesetzt werden. Als Leistungsumfang bieten diese Systeme Algorithmen zur Schnittstrategiebestimmung sowie Datenbanken für die Ermittlung von Technologiedaten. Der systemunterstützte Planungsablauf erfolgt hauptsächlich interaktiv, da nur wenige Funktionen automatisiert sind. Auf Basis der Ergebnisse der Operationsplanung können die Systeme häufig automatisch NC-Programme generieren.

Grundlage der Operationsplanung sind umfangreiche Geometrie- und Technologiedaten. Dazu gehört einerseits die Beschreibung der Geometrie des fertigen Werkstücks inklusive aller Toleranzangaben sowie zusätzlicher technologischer Daten, wie z. B. Werkstoff. Diese Daten werden in der Konstruktion festgelegt. Andererseits werden als Ergebnis der Prozeßplanung der Ausgangszustand bzw. Zwischenzustände des Werkstücks sowie Informationen über eventuell bereits vorhandene Spannflächen benötigt. Ferner muß das Zerspanvolumen festgelegt sein, für das die Operationen geplant werden sollen.

Basis für die Operationsplanung sind Werkstückdaten, die sowohl geometrische als auch technologische Daten oder Toleranzen enthalten. Da diese Daten im allgemeinen nicht EDV-technisch vorliegen, ist für eine systemunterstützte Operationsplanung eine Aufbereitung der Werkstückdaten erforderlich. Dies kann bereits im Rahmen der Prozeßplanung erforderlich sein. Eine exakte Zuordnung dieses Arbeitsschritts zu einer Planungsstufe ist deswegen nicht möglich.

Im Vorfeld der detaillierten Planung der einzelnen Operationen müssen die Spannlagen und die zugehörigen Spannmittel festgelegt werden. Im einzelnen sind für jede Spannlage Auflage-, Anschlag- und Spannflächen zu bestimmen

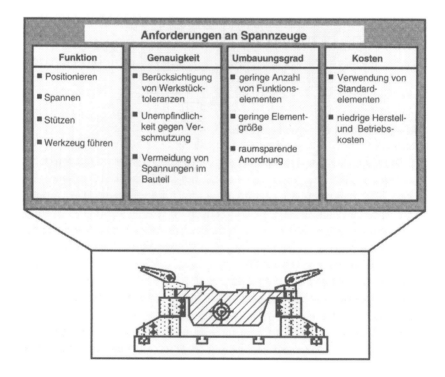

Bild 2-26. Anforderungen an Spannzeuge

2.5 Operationsplanung

sowie die Anforderungen an das Spannzeug hinsichtlich Funktion, Genauigkeit und Umbauungsgrad zu ermitteln (Bild 2-26). Dabei ist insbesondere zu beachten, daß durch die Spannmittel keine Spannungen ins Bauteil eingebracht werden, die eine Verformung des Bauteils nach sich ziehen und somit die Toleranzanforderungen nicht mehr eingehalten werden können.

Bei der *Spannlagenbestimmung* wird eine möglichst geringe Zahl von Umspannvorgängen angestrebt, um die Nebenzeit zu minimieren. Abhängig von der Losgröße und der durch eine Sondervorrichtung einzusparenden Bearbeitungszeit ist zu entscheiden, ob auf eine vorhandene, suboptimale Standardvorrichtung zurückgegriffen wird oder eine spezielle Vorrichtung wirtschaftlicher ist. Üblicherweise wird jedoch versucht, vorhandene Spannmittel zu verwenden. Ist dies nicht möglich, muß im Rahmen der Betriebsmittelplanung (vgl. Abschn. 2.8) eine anforderungsgerechte Vorrichtung konstruiert und bereitgestellt werden. Dabei wird entweder auf einen Vorrichtungsbaukasten zurückgegriffen oder eine Spezialvorrichtung hergestellt.

Parallel mit der Bestimmung der Spannlagen wird festgelegt, welche Zerspanvolumina in der jeweiligen Spannlage bearbeitet werden. Hier bestehen oft verschiedene Möglichkeiten, z.B. können Absätze sowohl umfangs- als auch stirngefräst werden. Die Zuordnung der Bearbeitungselemente zu den Spannlagen erfolgt in diesem Fall nach Optimalitätskriterien, z.B. Minimierung der Spannlagen oder Minimierung der benötigten Werkzeuganzahl.

Anschließend werden die Operationen festgelegt. Die Anzahl der möglichen Alternativen der Operationsbestimmung ist durch die Prozeßplanung und die damit einhergehende Festlegung der Maschine bereits stark eingeschränkt. Weiter eingegrenzt werden die möglichen Operationen durch Toleranzanforderungen bezüglich Geometrie und Oberflächenqualität. Häufig führen die genannten Anforderungen zu einer eindeutigen Bestimmung der Operation. Mehrere Alternativen können sich z.B. bei größeren Bohrungen ergeben, die sowohl mit dem passenden Bohrer ausgespindelt als auch zirkulargefräst werden können (Bild 2-27).

Die Auswahl der günstigsten Alternative erfolgt üblicherweise nach wirtschaftlichen Gesichtspunkten, d.h. Faktoren wie Hauptzeit und Anzahl der benötigten Werkzeuge werden gegeneinander aufgewogen.

Weiter detailliert werden die Operationen mit der Zuordnung eines Werkzeugs. Hier müssen insbesondere die Randbedingungen, die durch die Werkzeugmaschine vorgegeben sind, berücksichtigt werden. Festgelegt sind durch die Maschine u.a. die Spindelleistung, die Werkzeugaufnahme und die

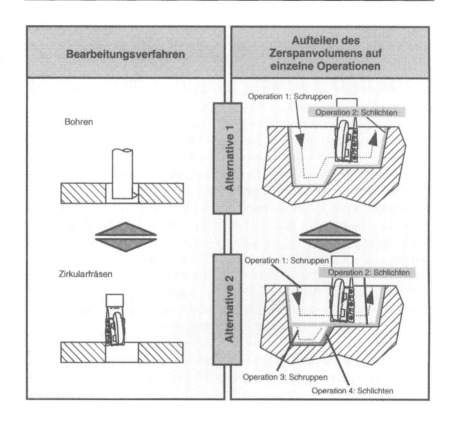

Bild 2-27. Alternativen bei der Operationsbestimmung

Anzahl der Magazinplätze. Weitere Einschränkungen ergeben sich durch technologische Randbedingungen und Kollisionsbetrachtungen. Vor allem bei der Einzel- und Kleinserienfertigung ist aus wirtschaftlichen Gründen darauf zu achten, daß möglichst Werkzeuge verwendet werden, die bereits vorhanden sind. Teure Sonderanschaffungen können in diesem Fall die eingesparte Hauptzeit oft nicht aufwiegen.

Mit der Bestimmung der Operation und des Werkzeugs sind die Eingangsdaten für die Ermittlung der *Schnittstrategie* vorhanden. Im Rahmen der Schnittstrategiebestimmung wird eine Bearbeitungsoperation in Anfahrt, Anschnitt, Überlauf- bzw. Schnittaufteilung, Austritt und Wegfahrt aufgeteilt [44, 45]. Die jeweiligen Bereiche werden detailliert geplant.

Die Anfahr- und Wegfahrbewegungen können sowohl vom und zum Werkzeugwechselpunkt als auch von und zu vorherigen oder nachfolgenden

2.5 Operationsplanung

Operationen mit dem gleichen Werkzeug erfolgen. Bei der Bestimmung dieser Wege sind möglichst kurze Verfahrzeiten unter Berücksichtigung der Kollisionsfreiheit zu realisieren.

Die Komplexität bei der Auslegung der Bearbeitungsbewegungen wächst mit der Anzahl der Freiheitsgrade bzw. Achsen. Beim Drehen wird in der Regel nur zwischen konstanter und maximaler Schnittiefe sowie zwischen achsparalleler und konturparalleler Schnittaufteilung unterschieden (Bild 2-28).

Komplexer ist die Schnittstrategiebestimmung aufgrund der mehrdimensionalen Bearbeitbarkeit beim Fräsen. Hier muß zunächst eine Anfahr- und Wegfahrstrategie festgelegt werden. Dabei wird, u. a. abhängig von der zu fräsenden Werkstückkontur und der Verfahrensvariante, zwischen einer linearen Verlängerung der ersten bzw. letzten Schnittbewegung, dem zirkularen und dem senkrechten Eintauchen unterschieden. Bei der Aufteilung des Werkzeugüberlaufs ist zunächst sicherzustellen, daß die

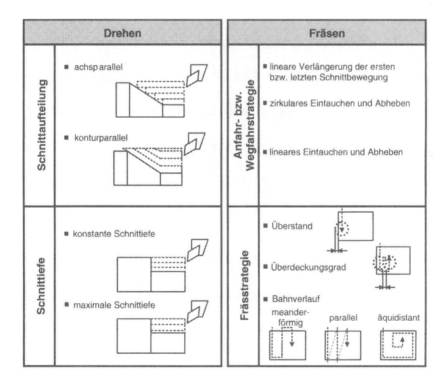

Bild 2-28. Parameter bei der Schnittwertermittlung

Anforderungen hinsichtlich Oberflächengüte eingehalten werden. Anschließend können die Parameter des Werkzeugüberlaufs nach wirtschaftlichen Gesichtspunkten, z. B. Minimierung der Hauptzeit, bestimmt werden. Die wichtigsten Parameter für das Dreiachsenfräsen sind in Bild 2-28 dargestellt. Mit der Bestimmung der Werkzeugbewegungen ist festgelegt, ob im Gleichlauf oder im Gegenlauf gefräst wird. Beim fünfachsigen Fräsen ergeben sich durch die zwei zusätzlichen Freiheitsgrade weitere Parameter, wie z. B. der Anstellwinkel.

Am wenigsten komplex ist die Schnittstrategiebestimmung aufgrund der eindimensionalen Bewegung beim Bohren, wo zumeist nur wenige Parameter festgelegt werden müssen. Dazu gehören z. B. Verweilzeit am Bohrungsgrund, Überlauf bei Durchgangsbohrungen und Tiefe zum Einleiten eines Ausspanvorgangs beim Tieflochbohren [45].

Zur vollständigen Spezifikation einer Operation müssen nach der Ermittlung der Schnittstrategie noch die Schnittwerte bestimmt werden. Hier ist zwischen Schrupp- und Schlichtbearbeitung zu unterscheiden. Für die Schlichtbearbeitung sind die Alternativen bei der *Schnittwertermittlung* durch Anforderungen an Oberflächengüte, Werkstücktoleranzen und sonstige Anforderungen an die Funktion bereits stark eingeschränkt. Im Gegensatz dazu sind die Schnittwerte für die Schruppbearbeitung so zu ermitteln, daß sich eine günstige Spanform, lange Werkzeugstandzeit und kurze Bearbeitungszeit ergibt.

Als Hilfsmittel zur Ermittlung und Optimierung der Schnittwerte können Richtlinien und Normen, Kataloge, Schnittwertempfehlungen der Werkzeughersteller oder auch Zerspandaten aus einer Schnittwertdatenbank (z. B. INFOS) genutzt werden [46]. Die Daten in Katalogen und Datenbanken sind i. a. an spezielle Randbedingungen geknüpft und können deshalb nur als Anhaltswert dienen. Einer firmeninternen Schnittwertesammlung kommt aus diesem Grund für eine optimale Schnittwertermittlung große Bedeutung zu.

Die Schnittstrategiebestimmung kann wie die Optimierung der Schnittwerte auch im Rahmen der NC-Programmerstellung erfolgen. In diesem Buch werden beide Planungsschritte nur im Kapitel Operationsplanung behandelt.

Wenn alle Operationen detailliert beschrieben sind, ist die Operationsreihenfolge zu bestimmen. Im allgemeinen wird hier zur Verkürzung der Nebenzeiten eine Minimierung der Werkzeugwechsel angestrebt, d. h. Operationen mit gleichem Werkzeug werden hintereinander bearbeitet.

Weitere Möglichkeiten zur Verkürzung der Bearbeitungszeit können mit einer iterativen Vorgehensweise bei der Planung ausgeschöpft werden. In diesem Rahmen kann z. B. untersucht werden, ob die Hauptzeiteinsparung durch die Wahl eines optimalen Werkzeugs die Nebenzeit für einen zusätzlichen Werkzeugwechsel aufwiegt. Der Aufwand für solche Optimierungen steigt jedoch mit der Zahl der betrachteten Kombinationen stark an und muß bei der Bewertung des Optimierungserfolgs berücksichtigt werden.

2.6 Montageplanung

Die Montageplanung ist als komplexer und mehrstufiger Vorgang zu betrachten, der aus funktionaler Sicht ein Teilgebiet der Arbeitsvorbereitung ist [47, 12]. Allerdings wird die Montageplanung in vielen Fällen organisatorisch von der Arbeitsplanung und -steuerung getrennt [49]. Ausgangspunkt der Montageplanung ist das gegebene Montageproblem, aus dem unter Beachtung gegebener Randbedingungen Einzelteile oder Baugruppen niedriger Ordnung zu Gebilden höherer Ordnung in eine funktionsfähige Einheit überführt werden [47, 50]. Um diese Aufgabe zu realisieren, wird die Montageplanung in zwei Teilbereiche strukturiert: Zum einen die *Montageanlagenplanung* und zum anderen die *Montageablaufplanung*. Die Montageanlagenplanung ist in der Regel nur für die Serienmontage relevant und beschäftigt sich mit der Auswahl, Konfiguration und Konstruktion von Betriebsmitteln aus dem Bereich der Montage [50, 51]. Die Aufgaben der Ablaufplanung werden im folgenden weiter spezifiziert.

2.6.1 Ausprägungen der Montageablaufplanung

Die *Montageablaufplanung* gliedert sich in eine auftragsneutrale und eine auftragsspezifische Planung (Bild 2-29). Sie kann sowohl für ein neues als auch für ein modifiziertes Arbeitssystem durchgeführt werden [49]. Sind Planungsaktivitäten für ein Bündel von Aufträgen gemeinsam durchzuführen, so wird von auftragsneutraler Planung gesprochen. Löst hingegen ein einzelner Auftrag Planungstätigkeiten aus, so liegt eine auftragsspezifische Planung vor. Diese Untergliederung ist eng mit dem Seriencharakter einer Produktion verbunden. Bei einer Großserienproduktion werden Arbeitspläne und andere Planungsunterlagen einmalig für mehrere Aufträge erstellt. Bei der *auftragsspezifischen Montageablaufplanung* (z. B. Sondermaschinenproduktion) dagegen müssen für jeden Auftrag sämtliche Unterlagen neu generiert werden, da Unterlagen von bereits geplanten Aufträgen nicht ohne weiteres genutzt werden können.

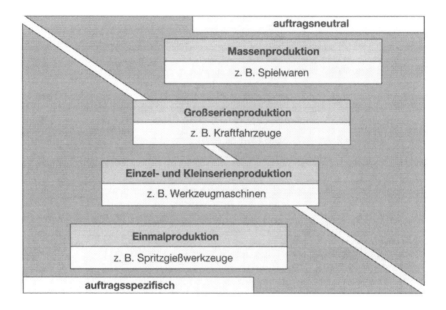

Bild 2-29. Auftragsspezifische und auftragsneutrale Planung

2.6 Montageplanung

Bei der *auftragsneutralen Montageablaufplanung* wird auf Basis von Stücklisten und Zusammenstellungszeichnungen die Montageaufgabe grob beschrieben. Für den zu erstellenden *Montagearbeitsplan* ist die Kennzeichnung der Vorgänger- und Nachfolgerbeziehungen notwendig, da der Zusammenbau der Teile und Baugruppen aufgrund ihres konstruktiven Aufbaus nur in bestimmten Reihenfolgen möglich ist.

Neben der Festlegung der optimalen *Montagereihenfolge* bei der Bildung von Baugruppen muß ebenfalls die Gliederungstiefe des Produkts beachtet werden. Sie legt die Anzahl der Strukturebenen in Hauptbaugruppen und unter Umständen in weitere Unterbaugruppen fest. Die Gliederungstiefe hat starken Einfluß auf die Wirtschaftlichkeit und die Flexibilität der Montage. Bei der Berücksichtigung von Varianten kann durch geeignete Baugruppenabgrenzungen ein nachteiliger Einfluß auf den Montageablauf verhindert werden. Zu geeigneten Maßnahmen gehören dabei u.a. die Bildung von variantenreichen und variantenarmen Baugruppen und die Änderung der Montagereihenfolge, so daß Standardteile früh und Variantenteile spät montiert werden.

Die auftragsspezifische Planung findet sich in der auftragsbezogenen Einzel- und Kleinserienproduktion von komplexen Produkten wieder, zu denen auch der Bereich des Werkzeugmaschinenbaus gehört. Im Rahmen der Auftragsplanung wird zunächst die Auftragsbeschreibung an die technische Auftragsklärung weitergeleitet. Dort erfolgt die Produktkonfiguration bis hinunter auf Einzelteilebene und das Trennen des Auftrags in auftragsneutrale und auftragsspezifische Anteile. Nach erfolgter Neu- oder Änderungskonstruktion wird die Auftragsstückliste an die Bestandsplanung weitergeleitet. Weitere Tätigkeiten innerhalb der Montageplanung sind die Materialbedarfsplanung und die Erstellung des Montageplans. Bei der *Materialbedarfsplanung* werden die Brutto- und Nettobedarfe des Materials bestimmt und die Bereitstellung über die Auftragsdurchlaufzeit terminiert. Der *Montageplan* enthält detaillierte Informationen über das Erzeugnis und das Betriebsmittel am jeweiligen Arbeitsplatz sowie über die Reihenfolge der konkreten Montagearbeitsvorgänge mit den dazugehörigen Vorgabezeiten [50, 52]. Der Montagearbeitsvorgang ist diejenige Tätigkeit, die zusammenhängend an einem Arbeitsplatz ausgeführt wird [50]. Im Rahmen der Montageplanung und -steuerung wird anschließend eine Kapazitäts- und Terminplanung der Ressourcen Personal, Fläche und Betriebsmittel für die Montage durchgeführt. Daraus werden alle zur Auftragsdurchführung notwendigen Unterlagen generiert.

Allgemeine Anforderungen an die Planung und Steuerung sind eine verzögerungsfreie Fertigstellung der gestarteten Aufträge durch Sicherstellung der Ressourcenverfügbarkeit (Material, Information, Fläche, Personal, Betriebsmittel), die Abbildung der Montagereihenfolge im Montageplan und die Schaffung der nötigen Transparenz für eine schnelle und gezielte Reaktion auf Störungen. Damit sollen kürzere Durchlaufzeiten, eine hohe, gleichmäßige Kapazitätsauslastung, ein geringerer Materialbestand im Montagebereich und eine schnelle Reaktion auf Ablaufstörungen erreicht werden.

2.6.2
Hilfsmittel und Methoden zur Montageablaufplanung

Mit Hilfe der *Netzplantechnik* bzw. eines *Vorranggraphs* können die zwischen den Montagevorgängen existierenden Reihenfolgebeziehungen, wie beispielsweise alternative Abläufe oder parallel durchführbare Vorgänge, übersichtlich abgebildet werden. Nach Vorgabe von Eckterminierungen durch die strategische Ebene können mit Hilfe der Netzplantechnik Pufferzeiten („frühester Anfang" und „spätestes Ende") für jeden Vorgang errechnet und in einem *Gantt-Diagramm* (Plantafel) dargestellt werden. Hierbei werden zusätzlich auch weitere Ecktermine innerhalb des Netzes, wie z.B. der aus der Materialverfügbarkeit resultierende früheste Starttermin eines Vorgangs, sowie minimale oder maximale Verknüpfungsdauern zwischen den Vorgängen berücksichtigt. Der Vorranggraph erlaubt darüber hinaus die stufenweise Detaillierung der Montagetätigkeiten und gibt an, welche Montagetätigkeiten Vorrang vor anderen Tätigkeiten haben, welche Teile benötigt werden und welche Montagetätigkeiten parallel bzw. in beliebiger Reihenfolge ausgeführt werden können (Bild 2-30).

Das Ziel der *Flächenplanung* ist es, den logischen Montageablauf in Beziehung mit den zur Verfügung stehenden Montagemitteln, wie Förder-, Lager-, Bereitstell- und Prüfeinrichtungen, unter Berücksichtigung funktionaler und technisch/wirtschaftlicher Randbedingungen in einen festgelegten räumlichen Zusammenhang zu bringen [12]. Die Flächenplanung spielt in der Montage besonders bei großvolumigen Produkten eine wichtige Rolle. Die Montagefläche ist oftmals eine Engpaßressource.

Bei der *Materialbereitstellung* werden dem Planer u.a. geeignete Informationen über die aktuelle Fehlteilsituation zur Verfügung gestellt. Eine am Mon-

2.7 Prüfplanung

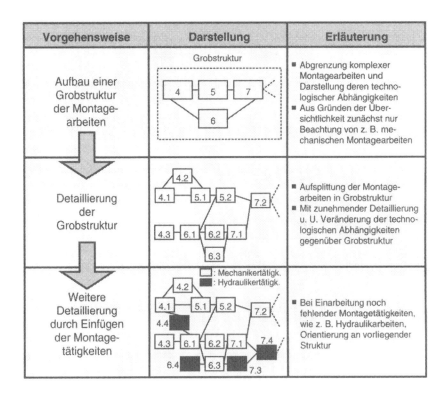

Bild 2-30. Detaillierungsstufen der Montageablaufplanung

tagefortschritt orientierte, stufenweise Materialbereitstellung hat die Reduzierung der Werkstattbestände zum Ziel. Als Grundlage für die stufenweise Materialbereitstellung kann zu jedem Element im Grobnetzplan (Montageauftrag) eine Stückliste verwaltet werden. Die in dieser Stückliste enthaltenen Bedarfspositionen werden zunächst in den Startvorgang des zugehörigen Feinnetzes zugeordnet. Hierdurch wird sichergestellt, daß Fehlteile in jedem Fall rechtzeitig erkannt werden und damit zu keiner Montagestörung führen.

2.7
Prüfplanung

Die Prüfplanung stellt die Schnittstelle zwischen der Arbeitsablaufplanung und dem unternehmensweiten Qualitätsmanagement dar. Ebenso wie die

Prozesse zur Erstellung eines Produkts geplant und gesteuert werden müssen, bedarf auch die Prüfung, ob die Erfordernisse des Kunden erfolgreich umgesetzt wurden, einer planerischen Unterstützung. Eine Prüfung kann ein eigenständiger Arbeitsvorgang, in den Ablauf eines Prozesses integriert oder automatisiert sein. Daher sollten die Prüfungen parallel zu den Prozessen zur Produkterstellung und in enger Abstimmung mit der übrigen Arbeitsablaufplanung geplant werden.

Um zu vermeiden, daß bereits fehlerhafte Zwischenprodukte die weitere Prozeßkette durchlaufen, sollte die Prüfung der nach und nach erzeugten Qualitätsmerkmale so früh wie möglich in der Prozeßkette angesetzt werden. Viele Produktmerkmale lassen sich allerdings erst am Ende der Prozeßkette beurteilen.

Im Rahmen der Prüfplanung sieht man sich dem Dilemma gegenüber, einerseits unnötige Prüfkosten vermeiden zu müssen und andererseits sicherzustellen, daß bereits fehlerhafte Zwischenprodukte frühzeitig ausgesondert und nicht etwa weiter bearbeitet oder gar ausgeliefert werden. Die Lösung dieses Zielkonflikts kann nur im Zusammenspiel aller beteiligten Unternehmensfunktionen vorgenommen werden.

Im folgenden werden die Zielsetzung und Arten der Prüfplanung ausgehend von einer Einordnung in den übergeordneten Prozeß des Qualitätsmanagements abgeleitet. Die Beschreibung der Durchführung der Prüfplanung mündet in einer kurzen Erläuterung der entstehenden Dokumente der Prüfplanung.

2.7.1
Zielsetzung und Arten der Prüfplanung

Die Deutsche Gesellschaft für Qualität (DGQ) definiert den Begriff „*Qualitätsmanagement*" als die „Gesamtheit der qualitätsbezogenen Tätigkeiten und Zielsetzungen" [53]. Es darf daher nicht als reine Führungsaufgabe mißverstanden werden. Vielmehr sind neben der übergeordneten Qualitätspolitik, dem Qualitätsmanagementsystem und dem überprüfenden Qualitätsaudit drei weitere Elemente zu nennen, die bis zur operativen Qualitätsbeeinflussung reichen (Bild 2-31):
– Qualitätsplanung,
– Qualitätsprüfung und
– Qualitätslenkung [3].

2.7 Prüfplanung

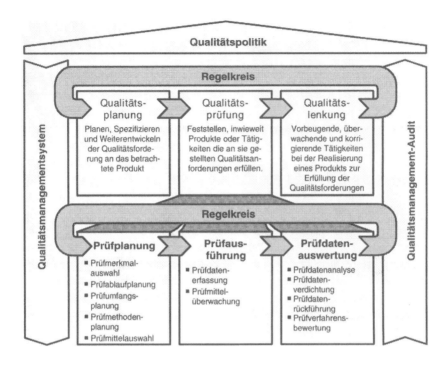

Bild 2-31. Regelkreise im Rahmen des Qualitätsmanagements

Sie bilden einen sogenannten *Qualitätsregelkreis*, der parallel zur gesamten Produkterstellung von der Entwicklung bis zur Auslieferung abläuft.

Bei der Qualitätsplanung werden die Produktanforderungen des Kunden oder auch des Gesetzgebers in *Qualitätsmerkmale* umgesetzt, ferner müssen die zulässigen Merkmalsabweichungen festgelegt werden. Moderne Hilfsmittel in diesem Zusammenhang sind die inzwischen weit verbreitete *Fehlermöglichkeits- und Einflußanalyse (FMEA)* sowie das aus Japan stammende *Quality Function Deployment (QFD)*. Die Qualitätsplanung ist als Funktion der Produktentwicklung zu verstehen und sollte nicht in einer speziellen Organisationseinheit durchgeführt werden.

Die Qualitätsprüfung gliedert sich in einen weiteren, kleineren Regelkreis, der aus folgenden Elementen besteht:
- Prüfplanung,
- Prüfsteuerung und -ausführung sowie
- Prüfdatenverarbeitung.

Im engeren Sinne wird die Prüfplanung als die „Planung der Qualitätsprüfung" verstanden [53]. Es ergeben sich daher im Kontext der Regelkreise des Qualitätsmanagements folgende Zielsetzungen:

Kurz- und mittelfristig werden im Rahmen der Prüfplanung Entscheidungen über die Notwendigkeit, den Ablauf und die Häufigkeit einer Prüfung getroffen. Weiterhin werden Prüfmethode und Prüfmittel ausgewählt und die Art der Prüfdatenverarbeitung festgelegt.

Langfristig müssen in der Prüfplanung die technischen und organisatorischen Voraussetzungen geschaffen werden, um Qualitätsprüfungen wirkungsvoll durchführen zu können. Dazu gehören die Planung neuer Prüfmethoden, die Prüfmittelbeschaffung und -überwachung oder auch die prüfungsbezogene Kostenplanung. Mit dem Trend zur Zertifizierung von Qualitätsmanagementsystemen nach DIN EN ISO 9000 ff. werden auch zunehmend Abläufe, Systeme oder Dienstleistungen im Rahmen von Audits auf geplante Weise hinsichtlich ihrer Wirksamkeit überprüft [54]. Die Prüfplanung kann somit auch in einem erweiterten Sinne aufgefaßt werden.

Die Qualitätslenkung umfaßt alle vorbeugenden, überwachenden und korrigierenden Tätigkeiten bei der Realisierung eines Produkts zur Erfüllung der Qualitätsforderungen. Dieses Element schließt den Qualitätsregelkreis, da hier die in der Qualitätsprüfung festgestellten Abweichungen von den geforderten Merkmalsausprägungen („Fehler") korrigiert und deren Ursachen abgestellt werden. Im Zuge dieser Abstellmaßnahmen erfolgt gleichzeitig eine Rückkopplung mit der Qualitätsplanung, um die Erfahrungen aus der Realisierung in die Entwicklung der Produkte einfließen zu lassen.

In der Normenreihe DIN EN ISO 9000 ff. wird zwischen drei grundsätzlichen Arten von Prüfungen unterschieden (Bild 2-32) [54]:
- Eingangsprüfung,
- Zwischenprüfung und
- Endprüfung.

Im Rahmen der Eingangsprüfung werden sämtliche angelieferten Produkte betrachtet, also z. B. zur Weiterverarbeitung bestimmte Materialien und Halbzeuge oder zugelieferte Teile und Baugruppen. Die Endprüfung stellt die letzte der Qualitätsprüfungen vor Übergabe des Produkts an den Abnehmer dar. Eingangs- und Endprüfung beinhalten klassische Abnahmeprüfungen, bei denen entschieden wird, ob ein vorgelegtes Los einem geforderten Standard, ausgedrückt durch einen Ausschußanteil, entspricht [55].

2.7 Prüfplanung

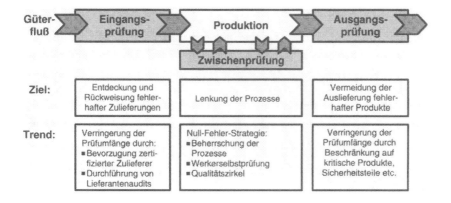

Bild 2-32. Arten von Prüfungen

Auch für Prüfungen besteht ein dringender Zwang zur Kostenreduzierung. Daher kommen bei Eingangs- und Endprüfungen schon seit langem statistische Methoden zur Anwendung [56]. Manche Qualitätsmerkmale eines Produkts, etwa die Zugfestigkeit eines Materials, lassen sich zudem nur zerstörend prüfen, so daß sich eine 100%-Prüfung von selbst verbietet. Eine statistisch abgesicherte Planung von Stichproben aus einer Grundgesamtheit (z.B. einem Los) erlaubt hingegen eine mit einer bestimmten Wahrscheinlichkeit versehene Aussage über den tatsächlichen Fehleranteil.

Während des Produktionsprozesses werden Zwischenprüfungen durchgeführt. Mit diesen wird sichergestellt, daß bereits fehlerhafte Zwischenprodukte keiner weiteren, kostspieligen Bearbeitung unterzogen werden. Gleichzeitig kann eine kontinuierliche Überwachung der Qualitätsmerkmale auch dazu verwendet werden, einen Prozeß innerhalb vorgegebener Eingriffsgrenzen verlaufen zu lassen. Überschreitet eine Merkmalsausprägung diese Grenzen, so kann rechtzeitig durch eine Anpassung der Prozeßparameter gegengesteuert werden. Die Qualitätsprüfung wird hier zu einer Prozeßregelung genutzt, so daß im besten Falle von einer Prozeßbeherrschung gesprochen werden kann. Diese ist eine Grundvoraussetzung für eine moderne Null-Fehler-Strategie. Für diese konsequente Prozeßkontrolle hat sich der Begriff *Statistical Process Control (SPC)* eingebürgert. Insbesondere kritische Qualitätsmerkmale sollten nach Möglichkeit auf diese Weise überwacht werden.

Die Zertifizierung eines Unternehmens nach der Normenreihe DIN EN ISO 9000 ff. legt die Qualitätsfähigkeit der Produkterstellung nach außen dar. Dementsprechend kann bei einem zertifizierten und bewährten Zulieferer im günstigsten Fall auf eine Eingangsprüfung der von ihm bezogenen Produkte verzichtet werden. Eine Ausgangsprüfung kann bei einem funktionierenden Qualitätsmanagementsystem ebenfalls stark eingeschränkt werden auf kritische Produkte, wie z. B. Sicherheitsteile. Produkte, deren Qualität aufgrund spezieller oder nicht beherrschter Prozesse erst im Endzustand kurz vor Auslieferung überprüft werden kann, müssen ebenfalls einer Ausgangsprüfung unterzogen werden.

2.7.2
Durchführung der Prüfplanung

Die Hauptaufgaben bei der Durchführung der Prüfplanung eines Produkts sind in Bild 2-33 dargestellt [57].

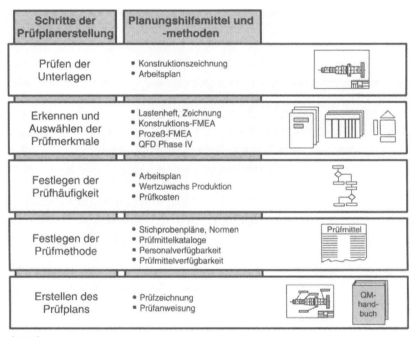

Bild 2-33. Prüfplanerstellung [57]

2.7 Prüfplanung

Die Prüfung der Unterlagen und die Auswahl der Prüfmerkmale können bereits im Rahmen der Qualitätsplanung durchgeführt werden. Im Sinne einer konsequenten Parallelisierung der Produkt- und Prozeßplanung (Simultaneous Engineering) sollte die Planung der kritischen Qualitätsmerkmale und deren Prüfung schon zu einem frühen Zeitpunkt während der Produktentwicklung angegangen werden. Die zunehmend eingesetzten Methoden wie FMEA und QFD bieten hier eine systematische Unterstützung bei der Identifizierung der für die Funktionalität des Produkts und die Kundenzufriedenheit wichtigen Merkmale. Die weitere Durchführung der Prüfplanung setzt voraus, daß der Fertigungsablauf in groben Zügen feststeht, die benötigten technischen Unterlagen vorhanden sind (z. B. Konstruktionszeichnungen und Pflichtenhefte) sowie die einsetzbaren und zur Verfügung stehenden Prüfmittel mit ihren Funktionalitäten bekannt sind.

Das Erkennen und Auswählen der aus Kundensicht wichtigen oder kritischen Prüfmerkmale sollte die Ergebnisse eventueller FMEA- und QFD-Anwendungen berücksichtigen und in enger Abstimmung mit den Produktentwicklern geschehen. In dieser Aufgabenüberschneidung zeigt sich eine Analogie zwischen der Arbeits- und Prüfplanung. Eine strenge Trennung ist daher nicht sinnvoll und wird in manchen Unternehmen auch personell nicht vorgenommen [56].

Die Planung der Prüfhäufigkeit schließt zahlreiche grundsätzliche Entscheidungen ein. Zunächst muß für jedes Qualitätsmerkmal der Prüfzeitpunkt festgelegt werden. Dies geschieht in Abstimmung mit dem Arbeitsplan. Ferner muß festgelegt werden, ob die Prüfung während eines Prozeßschritts oder nach diesem stattfindet. Die Festlegung der Prüfart beinhaltet die Entscheidung, ob es sich um ein attributives Merkmal (Gut-/Schlechtteil), oder um ein variables Merkmal (z. B. kontinuierliches, geometrisches Maß) handelt. Je nach Meßmittel kann diese Entscheidung unterschiedlich ausfallen. Ein Attribut ist im allgemeinen einfacher und schneller zu messen (z. B. mit Hilfe einer Lehre), ein kontinuierliches Meßergebnis enthält jedoch weit mehr Informationen (Mittelwert, Streuung, Trends). Daher kann hier mit weit weniger Messungen eine statistisch gesicherte Aussage getroffen werden [57]. Der nächste Schritt ist die Entscheidung, ob eine 100%-Prüfung oder eine Stichprobenprüfung mit einem speziellen Stichprobenumfang und -intervall durchgeführt werden kann. Eine Prüfung innerhalb eines Prozesses sollte automatisch das Anlegen einer *Qualitätsregelkarte*, des wichtigsten Instruments der statistischen Prozeßkontrolle (SPC), nach sich ziehen. Für Prüfungen zwischen Prozeßschritten muß das Stichprobensystem und der Stichprobenplan festgelegt werden. Ein Beispiel für ein Stichprobenverfahren ist die Prüfung bezüglich der Überschreitung der *„annehmbaren Qualitätsgrenzlage"* *(AQL),* eines akzeptablen Grenzwertes für den Ausschußanteil in einer Stichprobe [57]. Man kann die Häufigkeit der Stichprobennahme dynamisieren, indem diese flexibel anhand der Ergebnisse vergangener Stichproben eingestellt wird (z. B. *Skip-Lot-Stichprobenprüfung)* [57].

Die Festlegung der Prüfmethode beinhaltet zunächst die Auswahl des geeigneten Prüfortes (z. B. in der Maschine oder in einem Meßraum) und der Festlegung des Prüfenden. Hier kann allgemein zwischen einer Laufprüfung durch spezialisierte Mitarbeiter und der Werkerselbstprüfung unterschieden werden. Im Zuge der zunehmenden Verbreitung von Gruppenarbeit bietet die Selbstprüfung verschiedene Vorteile. Neben der abwechslungsreicheren Arbeit verkürzt sie den Regelkreis zwischen Prozeß und Prüfung und nimmt den Werker direkt in die Qualitätsverantwortung.

Nach der Festlegung der Rahmenbedingungen muß das Prüfmerkmal einer Aufgabenklasse zugeordnet werden, um von dort die Wahl des geeigneten Prüfmittels zu ermöglichen. Sie erfolgt nach Stückzahl, Meßbereich, Meßunsicherheit des Prüfmittels, Prüfzeit, Prüfkosten, ggf. Signalausgang des Prüfmittels (bez. Datenverarbeitung) und geometrischen oder sonstigen Einschränkungen. Abschließend muß die Art der Auswertung der Prüfdaten festgelegt werden. Durch eine EDV-Unterstützung ergeben sich hier zahlreiche Analysemöglichkeiten.

Vor der endgültigen Erstellung des eigentlichen Prüfplans sollte noch eine abschließende Abstimmung mit den betroffenen Abteilungen des Unternehmens getroffen werden, falls dies nicht kontinuierlich während des Prüfplanungsprozesses geschehen ist.

2.7.3
Dokumente der Prüfplanung

Für die endgültige Form der Dokumente zur Prüfplanung existiert keine verbindliche Vereinbarung [58]. Man kann daher die Dokumentationsform den speziellen Gegebenheiten des Unternehmens und der betroffenen Prozesse anpassen.

Der eigentliche, teile- oder produktbezogene Prüfplan mit den nach Abschn. 2.7.2 ermittelten Angaben weist große Parallelen zum Arbeitsplan auf

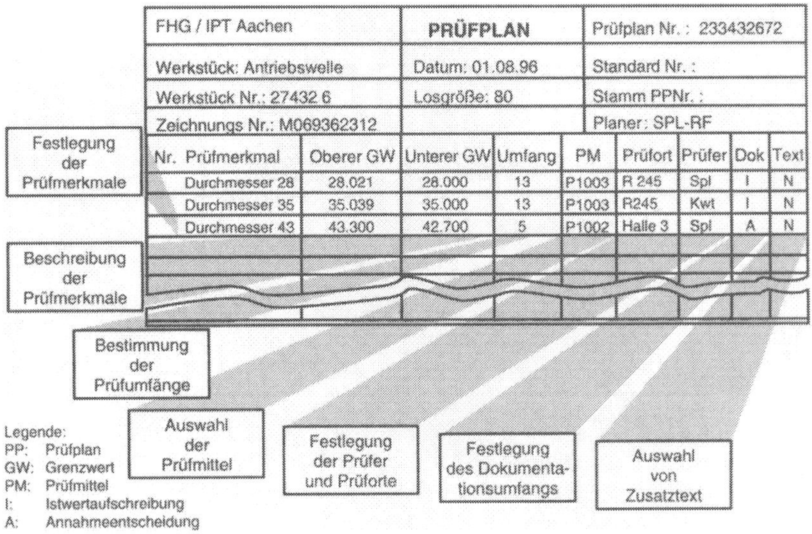

2.8 Fertigungs- und Prüfmittelplanung

FHG / IPT Aachen		PRÜFPLAN		Prüfplan Nr.: 233432672				
Werkstück: Antriebswelle		Datum: 01.08.96		Standard Nr.:				
Werkstück Nr.: 27432 6		Losgröße: 80		Stamm PPNr.:				
Zeichnungs Nr.: M069362312				Planer: SPL-RF				
Nr. Prüfmerkmal	Oberer GW	Unterer GW	Umfang	PM	Prüfort	Prüfer	Dok	Text
Durchmesser 28	28.021	28.000	13	P1003	R 245	Spl	I	N
Durchmesser 35	35.039	35.000	13	P1003	R245	Kwt	I	N
Durchmesser 43	43.300	42.700	5	P1002	Halle 3	Spl	A	N

Festlegung der Prüfmerkmale

Beschreibung der Prüfmerkmale

Bestimmung der Prüfumfänge

Auswahl der Prüfmittel

Festlegung der Prüfer und Prüforte

Festlegung des Dokumentationsumfangs

Auswahl von Zusatztext

Legende:
PP: Prüfplan
GW: Grenzwert
PM: Prüfmittel
I: Istwertaufschreibung
A: Annahmeentscheidung

Bild 2-34. Beispiel für einen Prüfplan

(Bild 2-34). Prüf- und Arbeitsplan können daher vorteilhaft integriert werden.

Zusätzlich ist es oft sinnvoll, *Prüfzeichnungen* zu erstellen, die Lage und Art besonderer Prüfmerkmale optisch erläutern. Für einfachere Prüfungen sind um Prüfangaben erweiterte Fertigungszeichnungen oft die einzigen existierenden Dokumente der Prüfplanung.

Neben diesen teile- und produktspezifischen Dokumenten existieren im Rahmen eines Qualitätsmanagementsystems noch Prüfanweisungen. Mit diesen werden in allgemeiner Form Verfahren und Abläufe zur Behandlung bestimmter Gruppen von Merkmalen oder spezieller Meßmittel geregelt. Ein Prüfplan enthält bei entsprechenden Prüfmerkmalen einen Hinweis auf diese zusätzlich geltenden Dokumente, die unabhängig vom konkreten Auftrag jedem mit Prüfungen beschäftigten Mitarbeiter zur Verfügung stehen müssen.

2.8
Fertigungs- und Prüfmittelplanung

Gemäß VDI-Richtlinie 2815 handelt es sich bei *Betriebsmitteln* um „Anlagen, Geräte und Einrichtungen, die zur betrieblichen Leistungserstellung die-

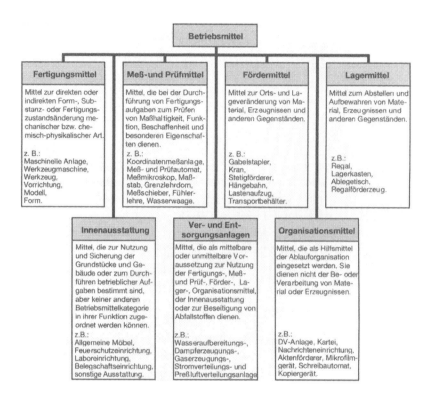

Bild 2-35. Gliederung der Betriebsmittel [63]

nen" [63]. Von den in Bild 2-35 dargestellten Betriebsmittelkategorien sind sowohl die *Fertigungsmittel* als auch die *Meß- und Prüfmittel* Gegenstand der Betriebsmittelplanung im Rahmen der Arbeitsablaufplanung.

Die Fertigungsmittel sind definiert als „Mittel zur direkten oder indirekten Form-, Substanz- oder Fertigungszustandsänderung mechanischer bzw. chemisch-physikalischer Art". Meß- und Prüfmittel sind definitionsgemäß „Mittel, die bei der Durchführung von Fertigungsaufgaben zum Prüfen von Maßgenauigkeit, Funktion, Beschaffenheit und besonderen Eigenschaften dienen" [63]. Charakteristisch für die *Betriebsmittelplanung* im Rahmen der Arbeitsablaufplanung ist die auftrags- bzw. die produktbezogene Planung der o. g. Betriebsmittelkategorien (s. Bild 2-36).

Die Attribute „auftrags"- bzw. „produktbezogen" kennzeichnen den kurzen Planungshorizont, der die Abgrenzung der Betriebsmittelplanung als Teilfunktion der Arbeitsablaufplanung zur Fertigungsmittelplanung er-

2.8 Fertigungs- und Prüfmittelplanung

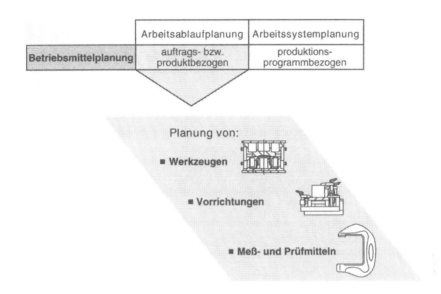

Bild 2-36. Betriebsmittelplanung im Rahmen der Arbeitsablaufplanung

laubt. Die Fertigungsmittelplanung ist eine Teilfunktion der Arbeitssystemplanung und vergleichsweise langfristig ausgerichtet (vgl. Abschn. 3.2). Gegenstand der Arbeitssystemplanung sind daher nicht nur die Betriebsmittelkategorien Fertigungsmittel sowie Meß- und Prüfmittel, z. B. Bearbeitungszentren oder Koordinatenmeßgeräte, sondern auch Ver- und Entsorgungsanlagen sowie Förder- und Lagermittel (vgl. Bild 2-35). Im Rahmen der Arbeitssystemplanung erfolgt eine langfristige, produktionsprogrammbezogene Planung der Betriebsmittel.

Eine weitere Abgrenzung muß zu den betriebsmittelbezogenen Teilfunktionen der Prozeß-, Operations- und Prüfplanung getroffen werden, welche die Zuordnung von Fertigungsmitteln bzw. Maschinen zu Prozessen (vgl. Abschn. 2.4), von Werkzeugen zu Operationen (vgl. Abschn. 2.5) sowie von Prüfmitteln zu Prüfvorgängen (vgl. Abschn. 2.7) umfassen und ebenfalls Funktionen der Arbeitsablaufplanung darstellen. Im Rahmen der o. g. Teilfunktionen erfolgt in der Regel eine Zuordnung vorhandener Betriebsmittel zu Fertigungs- bzw. Prüfaufgaben. Sind auftrags- bzw. produktspezifisch erforderliche Betriebsmittel nicht verfügbar, wird eine Betriebsmittelplanung erforderlich.

In den folgenden Unterkapiteln soll auf die auftragsbezogene Betriebsmittelplanung, die im wesentlichen die Planung von Werkzeugen, Vorrichtungen sowie Meß- und Prüfmitteln beinhaltet, näher eingegangen werden (vgl. Bild 2-36). Die Betriebsmittelplanung kann in diesem Kontext auch als eine Schnittstellenfunktion zwischen Arbeitsablaufplanung und Betriebsmittelbau aufgefaßt werden. Synonym für den Begriff *Betriebsmittelbau* werden je nach Schwerpunkt auch die Begriffe Werkzeugbau, Vorrichtungsbau und Prüfmittelbau verwendet. „Die Entwicklung von Betriebsmitteln unterscheidet sich in der grundsätzlichen Vorgehensweise nicht von der sonstigen Erzeugnisentwicklung" [62]. Der Betriebsmittelbau verfügt in der Regel über die gleichen Teilfunktionen wie die Produktion [vgl. 3]. Die einzelnen Funktionen können organisatorisch sowohl den entsprechenden Bereichen des Unternehmens angegliedert sein als auch einen eigenständigen Bereich, z. B. ein Profit-Center, bilden. Die indirekten Teilfunktionen Konstruktion und Arbeitsvorbereitung des Betriebsmittelbaus können unter dem Begriff Betriebsmittelplanung zusammengefaßt werden. Weitere Teilfunktionen des Betriebsmittelbaus sind die Fertigung, die Montage und die Erprobung.

2.8.1
Werkzeugplanung

Nach VDI 2815 handelt es sich bei Werkzeugen um Fertigungsmittel, die unmittelbar auf ein Material zur Form- oder Substanzveränderung mechanischer bzw. physikalisch-chemischer Art einwirken. Eine Gliederung der Werkzeuge in Kategorien kann auf der Grundlage unterschiedlicher Kriterien, wie Fertigungsverfahren, Bauformen oder Konstruktionsmerkmale, erfolgen. Einen Ansatz für eine mögliche Klassifizierung liefert die Einteilung der Fertigungsverfahren nach DIN 8580 (s. Bild 2-37), an die sich auch die VDI-Richtlinie 3320 „Werkzeugnummerung – Werkzeugordnung" anlehnt [64].

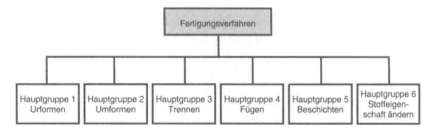

Bild 2-37. Einteilung der Fertigungsverfahren in Hauptgruppen [59]

2.8 Fertigungs- und Prüfmittelplanung

Grundsätzlich können Werkzeuge in Standard- und Sonderausführungen unterschieden werden. So sind z. B. Werkzeuge für materialzerspanende Fertigungsverfahren der Hauptgruppe „Trennen" in der Mehrzahl zu den Standardwerkzeugen zu zählen, wobei es auch zerspanende Sonderwerkzeuge, wie spezielle, formabbildende Schneidwerkzeuge, zu berücksichtigen gilt. Gegenstand der auftrags- bzw. produktspezifischen Betriebsmittelplanung sind in der Regel die Werkzeuge zum Ur- und Umformen, die im allgemeinen als *Hohlformwerkzeuge* bezeichnet werden. Hohlformwerkzeuge enthalten die Werkstückform vollständig oder teilweise und finden vor allem in der Formgebung von Metallen und Kunststoffen Verwendung. Typische Werkstücke sind z.B. Schmiedeteile, Tiefziehteile oder Spritzgußteile. Einfluß auf die Planung eines Hohlformwerkzeugs haben primär:
– die Größe und die Geometrie der Werkstückflächen,
– die Beschreibbarkeit der Formflächen,
– die Werkstoffe und
– die Oberflächenanforderungen sowie
– die zu fertigende Stückzahl und
– die Schlag- bzw. die Schußzahl.

Hinsichtlich der Hauptgruppe „Fügen" sind insbesondere die Werkzeuge zum Schweißen, Löten und Leimen [vgl.64] produkt- bzw. auftragsspezifisch ausgeprägt und damit Gegenstand der Betriebsmittelplanung. Charakteristisch für die o. g. Werkzeugkategorie sind z. B. Preßschweißwerkzeuge zum Widerstandspunktschweißen. Beim automatisierten Widerstandspunktschweißen mit Industrierobotern bildet die Schweißzange den Effektor des Roboters. Bei der Planung bzw. der Konstruktion einer Schweißzange müssen somit nicht nur die Anforderungen seitens der Schweißbaugruppe, z. B. hinsichtlich Spannweite und Zugänglichkeit, sondern auch die robotertypspezifischen Anforderungen, z. B. hinsichtlich der Effektoraufnahme, berücksichtigt werden.

Hinsichtlich der Zerspanwerkzeuge der Hauptgruppe „Trennen" muß auf eine Besonderheit dieser Werkzeugkategorie hingewiesen werden. Eine deutliche Trennung in Standard- und Sonderwerkzeuge ist hier nicht immer möglich, da Komplettwerkzeuge in der Regel aus standardisierten Einzelkomponenten, z. B. Schneidenhalter oder Maschinenadapter, konfiguriert werden. Die Anforderungen an das komplette Werkzeug werden in der Prozeß- und Operationsplanung spezifiziert (vgl. Abschn. 2.4 und 2.5). Analog zur Konfiguration von Baukastenvorrichtungen stellt die Werkzeugkonfiguration eine Aufgabe der Betriebsmittelplanung dar (vgl. Abschn. 2.8.2).

Werkzeuge, die im Zusammenhang mit den Fertigungsverfahren der Hauptgruppen „Beschichten" und „Stoffeigenschaft ändern" eingesetzt werden, sind in der Regel nicht Gegenstand der Betriebsmittelplanung.

2.8.2
Vorrichtungsplanung

Bei Vorrichtungen handelt es sich um Fertigungsmittel, welche die Lage eines Materials zum Werkzeug bestimmen und bis zur Beendigung der Bearbeitung sichern [vgl. 63]. Bei der *Vorrichtungsplanung* sind die Anforderungen seitens der Bearbeitungsaufgabe an die Grundfunktionen der Vorrichtung abzuleiten. Bild 2-38 zeigt an Beispielen, welche unterschiedlichen Funktionen von Vorrichtungen erfüllt werden müssen.

In Abhängigkeit vom eingesetzten Fertigungsverfahren, von der Teilevielfalt und von der Teilekomplexität ergeben sich unterschiedliche Ausprägungen der Vorrichtungsfunktionen, deren Aufgaben in Bild 2-39 dargestellt sind. Hierzu zählen u. a. die Anpassung der Vorrichtung an die Maschine sowie die Befestigung der Vorrichtungselemente. Die Festlegung der Werkstücklage und die Anordnung der Vorrichtungselemente wird primär durch die Zugänglichkeit der Bearbeitungsstellen beeinflußt. Die Gestaltung und die Dimensionierung der Elemente hängt von den Bearbeitungskräften und den Wirkrichtungen ab.

Grundsätzlich lassen sich Vorrichtungen in Standard- und Sonderausführungen gliedern (s. Bild 2-40). Ihre Auswahl bzw. Planung erfolgt in Abhängigkeit vom Fertigungsauftrag, z. B. von der Bauteilgestalt, der Stückzahl

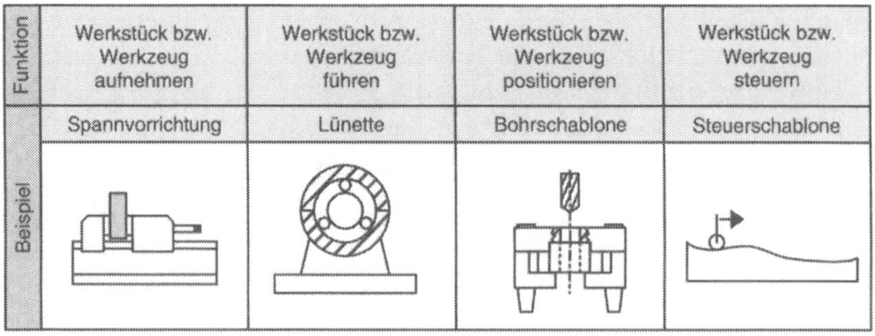

Funktion	Werkstück bzw. Werkzeug aufnehmen	Werkstück bzw. Werkzeug führen	Werkstück bzw. Werkzeug positionieren	Werkstück bzw. Werkzeug steuern
	Spannvorrichtung	Lünette	Bohrschablone	Steuerschablone
Beispiel				

Bild 2-38. Funktionen von Vorrichtungen

2.8 Fertigungs- und Prüfmittelplanung

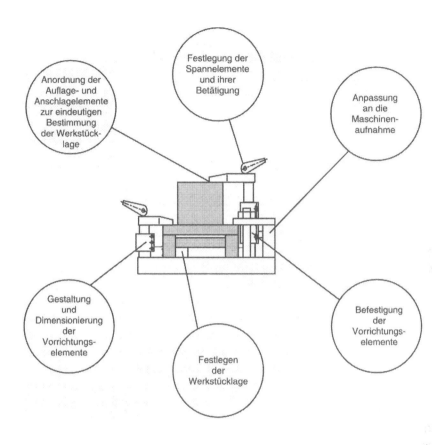

Bild 2-39. Aufgaben bei der Vorrichtungskonstruktion

und der Auftragswiederholwahrscheinlichkeit, sowie von den betrieblichen Randbedingungen.
- Standardvorrichtungen sind, unabhängig von einer spezifischen Aufgabenstellung, für einen festgelegten Aufgabenbereich bestimmt. Die Auswahl von Standardvorrichtungen ist damit eher der Fertigungsmittelauswahl im Rahmen der Prozeß- und Operationsplanung als der Betriebsmittelplanung zuzurechnen (vgl. Abschn. 2.8).
- *Baukastenvorrichtungen* stellen eine Kombination aus Standard- und Sonderlösungen dar. Sie bestehen aus standardisierten Bauelementen, aus denen sich für einen eingeschränkten Anwendungsbereich Vorrichtungen konfigurieren lassen. Die Bauelemente werden nach Auftragsbeendi-

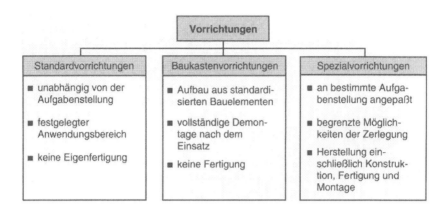

Bild 2-40. Ausführungsformen von Vorrichtungen

gung demontiert und können für die Konfiguration neuer Vorrichtungen wiederverwendet werden (s. Bild 2-44).
- Spezialvorrichtungen werden für eine spezifische Aufgabenstellung hergestellt und sind in ihrer Verwendung in der Regel auf diese Aufgabenstellung begrenzt. Sie sind damit bez. ihrer Nutzungsdauer an die Fertigungsaufgabe gebunden. Durch die spezielle Anpassung der Vorrichtungselemente an die Aufgabe ist eine Zerlegung der Vorrichtung nur in begrenztem Umfang möglich. Vor dem oben beschriebenen Hintergrund werden Spezialvorrichtungen insbesondere in der Großserien- und Massenfertigung eingesetzt.

Wie bereits erwähnt, sind insbesondere Spezial- und Baukastenvorrichtungen Gegenstand der Betriebsmittelplanung. Der zeitlich größte Planungsaufwand entfällt dabei aufgrund des erforderlichen Neuplanungsanteils auf Spezialvorrichtungen.

2.8.3 Prüfmittelplanung

„Die *Prüfmittelplanung* umfaßt die Planung der Verwendung, der Eigenschaften, der Anforderungen, der Spezifikationen und des Einsatzfelds von Prüfmitteln als Teil der Fertigungsplanung sowie deren Beschaffung bzw. Fertigung" [58]. Anhand dieser Definition wird bereits deutlich, daß der Be-

2.8 Fertigungs- und Prüfmittelplanung

Bild 2-41. Gliederung der Meß- und Prüfmittel [nach 60]

griff „Prüfmittelplanung" neben der auftrags- bzw. produktbezogenen Planung von Meß- und Prüfmitteln auch die Funktionen der Arbeitssystemplanung sowie die Prüfmittelauswahl als eine Teilfunktion der Prüfplanung umfaßt (vgl. Abschn. 2.7.2). Wie bereits in den vorherigen Kapiteln soll an dieser Stelle lediglich die auftragsbezogene Betriebsmittelplanung betrachtet werden. Welche Meß- und Prüfmittelkategorien in der Regel Gegenstand der Planung sind, soll anhand von Bild 2-41 erläutert werden.

Meß- und Prüfmittel lassen sich in die Kategorien Meßmittel, Lehren und Hilfsmittel gliedern, wobei unter Hilfsmitteln meß- bzw. prüfvorgangsspezifische Vorrichtungen zu verstehen sind. Gegenstand der auftrags- bzw. produktbezogenen Prüfmittelplanung ist in erster Linie die Entwicklung bzw. der Bau von Lehren und hier im speziellen von Sonderlehren, z. B. Abstandslehren oder Sonderrachenlehren. Im Vergleich zur Kategorie Meßmittel besteht bei den Sonderlehren ein erheblich stärkerer Produktbezug, der eine auftrags- bzw. produktspezifische Planung erforderlich macht. Analog zur Werkzeug- und Vorrichtungsplanung ist die Prüfmittelfunktion abhängig von zahlreichen Einflußfaktoren. Hier sind u. a.:
- die Ausprägung und die Eigenschaften des Prüfmerkmals,
- die Prüfart,
- die Prüfmitteleigenschaften,
- organisatorische und
- wirtschaftliche Aspekte

zu nennen [58]. Weiterführende Aspekte der Prüfplanung werden in Abschn. 2.7 sowie in der Fachliteratur beschrieben [vgl. 56, 60, 58, 65].

2.9
NC-/ RC-Programmierung

Im Rahmen der *NC-/RC-Programmierung* werden auf Basis der Ergebnisse von Prozeßplanung und Operationsplanung bzw. Montageplanung Steuerprogramme generiert. Im folgenden Kapitel wird die Steuerprogrammerstellung für Werkzeugmaschinen, Industrieroboter und Meßmaschinen beschrieben, wobei auf die NC-Programmierung für Werkzeugmaschinen besonders ausführlich eingegangen wird.

2.9.1
Grundlagen

Bei konventionellen Werkzeugmaschinen erfolgt die Informationsverarbeitung im Fertigungsprozeß durch den Maschinenbediener, der die erforderlichen Einstelldaten, wie Drehzahlen, Vorschübe, Werkzeugbewegungen usw., direkt an der Maschine vorgibt. Bei Kopiermaschinen sind diese Daten zum Teil in Form eines Werkstückmodells abgelegt, das von einem Fühler abgetastet wird. Ebenso können Bearbeitungsinformationen durch Kurvenscheiben oder Nockenleisten vorgegeben werden. Für NC-Maschinen müssen diese Informationen in Form von NC-Programmen bereitgestellt werden, d. h. im Vorfeld der Bearbeitung muß eine NC-Programmierung durchgeführt werden.

Die NC-Programmierung umfaßt die Ermittlung aller geometrischen, technologischen und ablauforientierten Informationen, die für die Bearbeitung (sowie für das Handhaben, Messen, Fügen usw.) eines Werkstücks mit einer numerisch gesteuerten Produktionseinrichtung erforderlich sind. Diese Informationen werden auf einem Datenträger, der von der Steuerung automatisch gelesen werden kann, gespeichert [15]. Bei der NC-Programmierung werden damit die Ergebnisse der Operationsplanung als Eingangsinformationen genutzt.

Ein *NC-Steuerprogramm* enthält die geometrischen Angaben zu allen erforderlichen Werkzeugbewegungen für die vorliegende Bearbeitungsaufgabe. Hinzu kommen technologische Informationen, wie z. B. bei spanabhebenden Verfahren Vorschubgeschwindigkeit und Spindeldrehzahl zu den einzelnen Werkzeugbewegungen, sowie Zusatzinformationen bezüglich Werkzeugwechsel, Kühlschmiermittel und dergleichen. Diese Informatio-

2.9 NC-/RC-Programmierung

nen sind im wesentlichen Ergebnis der Operationsplanung. Aufgabe der NC-Programmierung ist demnach, die vorhandenen Informationen in eine Steuersprache umzusetzen, die von der Maschine interpretiert werden kann. Wie bereits in Abschnitt 2.6 erwähnt, kann keine feste Grenze zwischen den Aufgaben der Operationsplanung und der NC-Programmierung gezogen werden. Im Rahmen der NC-Programmierung werden demnach auch häufig planende Aufgaben, wie z. B. Schnittwertermittlung oder Werkzeugauswahl, durchgeführt.

Die NC-Programmierung kann sowohl manuell als auch maschinell erfolgen. Von manueller oder maschinenorientierter Programmierung spricht man, wenn direkt ein NC-Steuerprogramm ohne Anwendung einer problemorientierten Sprache erstellt wird. Als Voraussetzung werden Informationen über Schnittwerte, Werkzeuge und die Maschine benötigt. Das erstellte Programm ist maschinenorientiert, d. h. es enthält nur Steuerbefehle für die Maschine und keine Problembeschreibung, wie z. B. Rohteil- und Fertigteilkontur.

Bei der rechnerunterstützten oder maschinellen Programmierung werden dagegen üblicherweise Teile- oder Quellprogramme erzeugt. Diese werden anschließend von NC-Prozessoren und Postprozessoren in Programme mit Maschinensteuerbefehlen übersetzt. Ein *Quellprogramm* wird in einer problemorientierten Programmiersprache abgefaßt, d. h. es beschreibt die Bearbeitungsaufgabe und ist somit werkstückorientiert. Quellprogramme enthalten keine maschinenspezifischen Steuerbefehle, sondern liegen als Text vor. Quellprogramme können sowohl manuell als Text als auch graphisch-interaktiv unterstützt erstellt werden.

Im Gegensatz zur manuellen Programmerstellung werden bei der maschinellen Programmierung die maschinenspezifischen Steuerprogramme mit Hilfe von *NC-Prozessoren* und *Postprozessoren* erzeugt (Bild 2-42). NC-Prozessoren übersetzen Quellprogramme, die in einer problemorientierten Sprache abgefaßt sind, in die CLDATA-Sprache (Cutter Location Data, DIN 66215 [66, 67]). Das CLDATA-Programm ist dann die Eingangsinformation für den Postprozessor. Dieser übersetzt das CLDATA-Programm in ein maschinenspezifisches Steuerprogramm. Ein vollständiges NC-Programmiersystem umfaßt demnach eine problemorientierte Programmiersprache, einen NC-Prozessor und einen Postprozessor.

Wie weit sich die maschinelle Programmierung durchsetzt, hängt u. a. vom betrieblichen Umfeld und der Leistungsfähigkeit der Programmiersysteme ab. Für die Programmierung von Werkzeugmaschinen wird sowohl die manuelle als auch die maschinelle Programmierung eingesetzt. Die

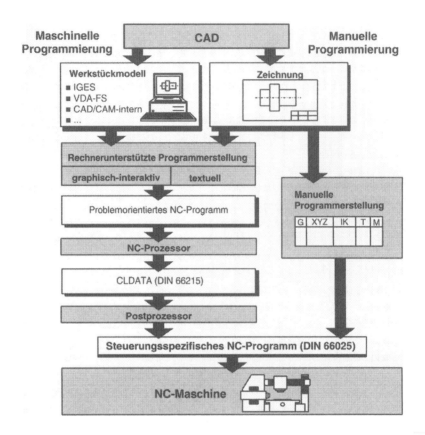

Bild 2-42. Maschinelle und manuelle NC-Programmierung

zunehmende Leistungsfähigkeit von Rechnern und die immer komfortableren NC-Programmiersysteme führen jedoch zu verstärkter Verwendung der maschinellen Programmierung [8].

Die gleiche Aussage gilt prinzipiell auch für die Roboterprogrammierung. Hier ist der Anteil der manuellen Programmierung jedoch noch relativ hoch. Am wenigsten verbreitet ist die maschinelle Programmierung von Meßmaschinen. Hier wird überwiegend mit dem Teach-in-Verfahren programmiert. Die verschiedenen Methoden der maschinellen und manuellen Steuerprogrammerstellung sind in Bild 2-43 dargestellt.

Räumlich und organisatorisch wird die NC-Programmierung teilweise in der zentralen Arbeitsvorbereitung und teilweise dezentral an der Maschine durchgeführt. Welche Programme wo erstellt werden, hängt oft von der

2.9 NC-/RC-Programmierung 81

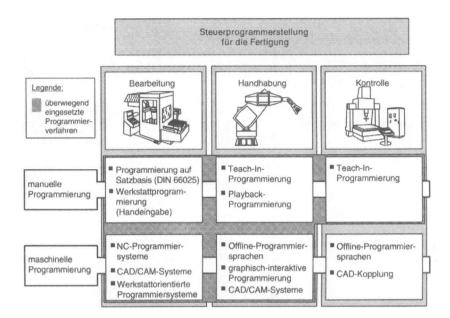

Bild 2-43. Verfahren zur Erstellung von Steuerprogrammen für NC-gesteuerte Produktionseinrichtungen

Losgröße und der Komplexität der Programmieraufgabe ab. Komplexe Programme und Programme für große Losgrößen, die mit hohem Optimierungsaufwand erstellt werden, werden meistens zentral programmiert.

2.9.2 NC-Programmerstellung

Manuelle NC-Programmerstellung
Bei der manuellen NC-Programmierung erstellt der Anwender die Programme in einer direkt von der Maschinensteuerung lesbaren Form. Die Folge der Arbeitsschritte wird in Sätzen festgelegt, deren Aufbau in DIN 66025 [68, 69] genormt ist (Bild 2-44). Der Inhalt der einzelnen Wörter eines Satzes ist herstellerspezifisch festgelegt, so daß ein derartiges NC-Programm nur auf einem Maschinentyp lauffähig ist.

Wie in Bild 2-44 dargestellt, enthält ein NC-Satz Informationen zur Werkzeugbewegung, zu den Schnittwerten (Vorschub und Drehzahl), zum einge-

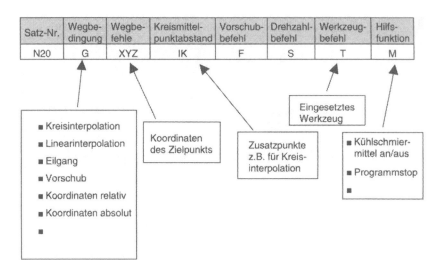

Bild 2-44. Aufbau von NC-Sätzen nach DIN 66025

setzten Werkzeug sowie Zusatzinformationen, wie z. B. über den Einsatz von Kühlschmiermitteln. Der überwiegende Anteil dieser Informationen steht als Ergebnis der Operationsplanung zur Verfügung. Im Rahmen der NC-Programmierung müssen diese Informationen entsprechend aufbereitet und zusammengestellt werden. Bei der Programmierung einer Werkzeugmaschine mit Werkzeugmagazin werden den eingesetzten Werkzeugen beispielsweise Magazinplätze zugeordnet. Beim Werkzeugaufruf im NC-Programm wird dann lediglich der Magazinplatz referenziert.

Einen hohen Zeitbedarf bei der manuellen Programmierung erfordert die Berechnung der Werkzeugpositionen und -bewegungen. Für die genaue Angabe dieser Informationen ist die Definition von Koordinatensystemen für Werkzeug, Werkstück und Maschine erforderlich.

Die Bezeichnung der Koordinaten ist nach DIN 66217 [70] festgelegt. Basis ist das rechtwinklige (Rechts-)Koordinatensystem (X, Y, Z). Die Drehwinkel (A, B, C) wachsen in positiver Richtung der Koordinatenachse im Uhrzeigersinn. Wenn sich das Werkzeug dreht, ist die Lage des Koordinatenursprungs entweder im oder außerhalb des Werkstücks. Dreht sich das Werkstück, ist die Z-Achse die Drehachse und die X-Achse senkrecht dazu.

Die Z-Achse des Werkzeugkoordinatensystems entspricht der Hauptspindelachse. Wenn das Werkzeug bewegt wird, fallen die Koordinatenrichtungen von Maschinenkoordinatensystem und Werkstückkoordinatensystem

2.9 NC-/RC-Programmierung

zusammen. Andernfalls verlaufen sie entgegengesetzt und das Koordinatensystem für die Werkstückbewegung wird mit einem Beistrich gekennzeichnet. In Bild 2-45 sind die Koordinatensysteme exemplarisch für eine Dreh- und eine Fräsmaschine aufgeführt.

Im Rahmen der Berechnung der Werkzeugwege erstellt sich der Programmierer üblicherweise eine Skizze, in der alle anzufahrenden Punkte mit dem zugehörigen Verfahrweg eingezeichnet werden. Die Punkte werden mit Nummern versehen. Auf Programmblättern wird das komplette Programm in Tabellenform erstellt. Neben den üblichen Wörtern des Satzes enthält das Programmblatt eine Spalte *Bemerkung*, in der der Inhalt des Satzes in textueller Form erläutert wird, z. B. „Anfahren P2 im Eilgang". Ein Beispiel für ein Programmblatt mit zugehöriger Werkzeugwegskizze ist in Bild 2-46 dargestellt.

Rechnerunterstützte NC-Programmerstellung
Für den wirtschaftlichen Einsatz von NC-Maschinen ist die schnelle und sichere Erstellung von Steuerprogrammen eine wesentliche Voraussetzung. Aus diesem Grund existierten schon frühzeitig Bestrebungen, den Programmierer durch Einsatz der EDV von Routinetätigkeiten zu entlasten. Heute ist die rechnerunterstützte NC-Programmerstellung allgemein üblich.

Beim rechnerunterstützten Programmieren wird ein Bearbeitungsprogramm in Form einer problemorientierten Programmiersprache abgefaßt und anschließend vom Programmiersystem in Steuercode nach DIN 66025 umgewandelt (vgl. Bild 2-43). Die textuelle rechnerunterstützte NC-Programmierung verliert jedoch immer mehr an Bedeutung. Typisches Anwendungsfeld ist heute noch die Programmerstellung für Teilefamilien, wobei nur einige Parameter im Programm geändert werden müssen.

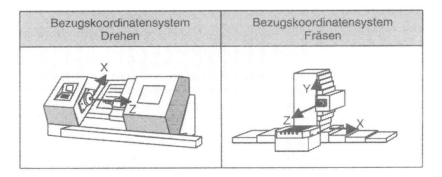

Bild 2-45. Bezugskoordinatensysteme für die NC-Programmierung

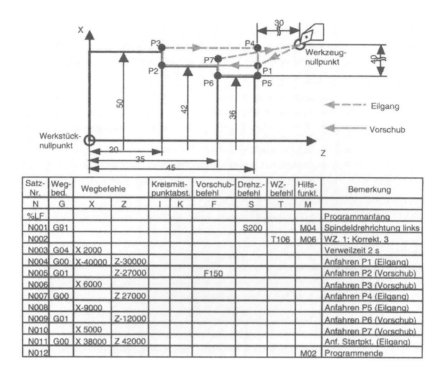

Satz-Nr.	Weg-bed.	Wegbefehle		Kreismitt-punktabst.		Vorschub-befehl	Drehz.-befehl	WZ-befehl	Hilfs-funkt.	Bemerkung
N	G	X	Z	I	K	F	S	T	M	
%LF										Programmanfang
N001	G91						S200		M04	Spindeldrehrichtung links
N002								T106	M06	WZ. 1; Korrekt. 3
N003	G04	X 2000								Verweilzeit 2 s
N004	G00	X-40000	Z-30000							Anfahren P1 (Eilgang)
N005	G01		Z-27000			F150				Anfahren P2 (Vorschub)
N006		X 6000								Anfahren P3 (Vorschub)
N007	G00		Z 27000							Anfahren P4 (Eilgang)
N008		X-9000								Anfahren P5 (Eilgang)
N009	G01		Z-12000							Anfahren P6 (Vorschub)
N010		X 5000								Anfahren P7 (Vorschub)
N011	G00	X 38000	Z 42000							Anf. Startpkt. (Eilgang)
N012									M02	Programmende

Bild 2-46. Manuelles Programmieren am Beispiel Drehen

Üblicherweise werden Programmiersysteme graphisch interaktiv bedient. Das zu bearbeitende Werkstück kann im allgemeinen auf dem Bildschirm dargestellt werden. Der Bediener wird bei der Programmerstellung vielfältig unterstützt. Typische Funktionen zur Programmerstellung sind im folgenden kurz dargestellt.

Als Bearbeitungsdefinition können zum einen einzeln programmierbare Werkzeugbewegungen eingegeben werden, für die technologische Werte manuell bestimmbar sind. Dadurch wird die Verwendung von Erfahrungswerten statt Systemvorgaben ermöglicht. Zum anderen können Bearbeitungsvorgänge als Einzelbearbeitungen oder Bearbeitungszyklen definiert werden. Bei der Einzelbearbeitung werden die Schnittwerte rechnerunterstützt definiert, bei Arbeitszyklen werden nur Ausgangszustand und Endzustand vorgegeben und das System ermittelt Schnittaufteilung und Schnittwerte automatisch. Ferner werden Kollisionstests durchgeführt und das erzeugte Programm kann in Form einer Simulation überprüft werden.

2.9 NC-/RC-Programmierung

Üblicherweise sind NC-Programmiersysteme mit einem CAD/ NC-Kopplungsmodul ausgestattet, mit dem die Geometriedaten des zu bearbeitenden Werkstücks von einem CAD-System über eine Standardschnittstelle (IGES, VDA-FS) eingelesen werden können. Im Programmiersystem werden diese dann für die NC-Programmierung aufbereitet und um Technologieinformationen ergänzt. Durch die Nutzung von CAD-Daten bei der NC-Programmierung entfällt der Eingabeaufwand für die Konturbeschreibung. Des weiteren werden Fehler bei der Geometrieeingabe vermieden. Insgesamt sinkt der Aufwand für die NC-Programmierung bei gleichzeitiger Erhöhung der Programmqualität.

Neben reinen *NC-Programmiersystemen* werden *CAD/CAM-Systeme*, also CAD-Systeme mit NC-Modul, für die rechnerunterstützte NC-Programmierung eingesetzt. Die Nutzung solcher Systeme bietet den Vorteil, daß Geometrieinformationen nicht über Schnittstellen ausgetauscht werden müssen, sondern das systeminterne Datenmodell genutzt wird. Dadurch kann die NC-Programmierung z. B. auf der Basis von Volumenmodellen erfolgen. Die Funktionalität der NC-Module von CAD-Systemen erreicht im allgemeinen nicht den Umfang von reinen NC-Programmiersystemen. Sie werden vielfach für spezielle Programmieraufgaben, z. B. für komplexe Werkstücke mit Freiformflächen und eine dreiachsige bis fünfachsige Bearbeitung eingesetzt, da hier die Vorteile des einheitlichen Geometriemodells besonders zum Tragen kommen.

Damit die Maschinensteuerung ein NC-Programm lesen kann, muß es als Steuercode nach DIN 66025 vorliegen. Die in einer problemorientierten Sprache erstellten Teileprogramme müssen deshalb übersetzt werden. In einem ersten Schritt erzeugt ein NC-Prozessor das steuerungsneutrale CLDATA-Format. Der NC-Prozessor überprüft dabei das Teileprogramm auf Fehler und ergänzt ggf. fehlende Daten unter Berücksichtigung von Werkstoff- und Werkzeugdaten. Anschließend paßt ein Postprozessor das maschinenneutrale CLDATA-Format an die Erfordernisse einer bestimmten Werkzeugmaschine an. Dabei müssen u. a. die Werkstückkoordinaten in Maschinenkoordinaten umgerechnet werden und technologische Werte in Einstellwerte und Schaltbefehle der Werkzeugmaschine übersetzt werden.

Als neue Methode zur NC-Programmerstellung wurde die featureorientierte Programmierung entwickelt. Diese Methode wird in Abschnitt 6.2 genauer beschrieben.

Bis vor wenigen Jahren erfolgte die Programmerstellung im wesentlichen zentral in der Arbeitsplanung, d.h. maschinenfern. Mit modernen CNC-

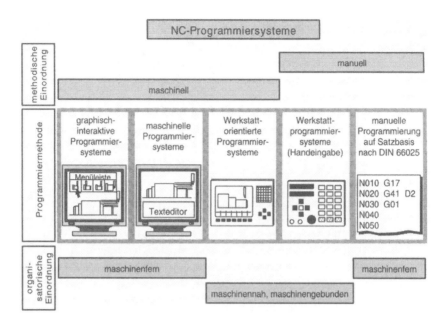

Bild 2-47. Methodische und organisatorische Einordnung der NC-Programmiersysteme

Steuerungen können mittlerweile NC-Programme auch direkt an der Maschine wirtschaftlich erstellt werden. Diese maschinengebundene, graphisch-interaktive Programmierung wird als *Werkstattorientierte Programmierung (WOP)* bezeichnet (Bild 2-47).

Die Leistungsfähigkeit der WOP-Systeme hat dazu geführt, daß ein Teil der Programmieraufgaben in die Werkstatt verlagert wurde. Zentral werden üblicherweise komplexe Werkstücke und Mehrachsbearbeitung programmiert, wobei die umfangreiche Funktionalität von NC-Programmiersystemen genutzt wird.

Bei einfacheren Programmieraufgaben ist dagegen die werkstattorientierte Programmierung im allgemeinen wirtschaftlicher und flexibler. Durch Dialogtechnik, Menüsteuerung mit frei programmierbaren Bildschirmtasten (Softkeys) und Funktionstasten sowie durch Systemunterstützung bei der Auswahl der Technologieparameter erfolgt die Programmierung komfortabel und schnell. Weiterer Vorteil von WOP-Systemen ist, daß üblicherweise hauptzeitparallel programmiert werden kann. Dadurch kann der Werker einerseits die laufende Bearbeitung überwachen und parallel an

2.9 NC-/RC-Programmierung 87

der Steuerung ein neues Programm erstellen. Als wesentlicher Nachteil der werkstattorientierten Programmierung gilt, daß die Programme steuerungsabhängig und somit auf anderen Maschinen nicht lauffähig sind.

Neben der Verbesserung der Wirtschaftlichkeit ist die Einbeziehung der Kompetenz des Facharbeiters bei der Programmerstellung wesentliches Ziel beim Einsatz von WOP-Systemen.

**2.9.3
MC/RC-Programmerstellung**

Der Einsatz von NC-Bearbeitungsmaschinen ist heute weit verbreitet. Die Nutzung von NC-Steuerungen geht aber mittlerweile weit über Bearbeitungsaufgaben hinaus. Besondere Bedeutung hat der Einsatz von Industrierobotern und von Meßmaschinen erlangt. Für beide Gruppen existieren sowohl On-line- als auch Off-line-Programmierverfahren.

Die *Meßmaschinenprogrammierung* (MC) erfolgt meist On-line im Teach-In Verfahren. Gesteuert mit einem Joystick führt der Bediener den Meßkopf zu den Werkstückpositionen, die vermessen werden sollen. In geringem Umfang werden auch graphisch-interaktive Off-line-Programmiersysteme genutzt. Ähnlich der maschinellen NC-Programmierung wird mit solchen Systemen meist ein steuerungsneutraler Code erzeugt. Hier hat sich die in den USA genormte Sprache DMIS (Dimensional Measuring Interface Specification) [71, 72] durchgesetzt, die auf dem APT-Code basiert. Die in DMIS erzeugten Meßprogramme werden mit einem Postprozessor oder über eine spezielle DMIS-Schnittstelle, die einige Meßmaschinen aufweisen, in steuerungsspezifisches Format übersetzt. Wesentliche Ursache für die geringe Verbreitung der Off-line-Programmierung bei Meßmaschinen sind die Mängel von DMIS. So können z. B. einige Funktionen nicht abgebildet werden und es existieren Doppeldeutigkeiten.

Auch für die *Roboterprogrammierung* werden derzeit noch überwiegend *On-line-Programmierverfahren* eingesetzt. Hier ist zwischen der *Playback-Programmierung* und der *Teach-In-Programmierung* zu unterscheiden (Bild 2-48).

Bei der Playback-Programmierung führt der Bediener den Roboter bei entkoppelten Achsen entlang der gewünschten Bahn. Der Bahnverlauf wird von der Robotersteuerung aufgezeichnet und steht anschließend als Programm zur Verfügung. Einsatzfeld dieses Verfahrens ist z.B. die Programmierung von Lackierrobotern.

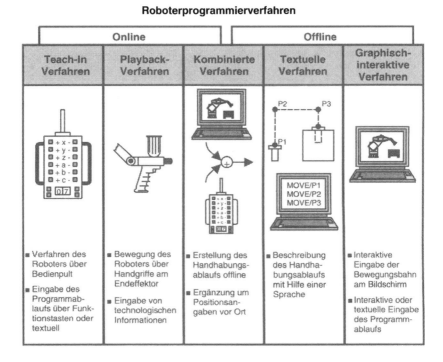

Bild 2-48. Programmierverfahren für Industrieroboter

Am weitesten verbreitet ist die Teach-In-Programmierung von Industrierobotern [74]. Bei der Teach-In-Programmierung werden Stützpunkte angefahren und abgespeichert. Der Roboter wird dabei vom Programmierer mit einem Bedienpult gesteuert. Ergebnis der Programmierung ist zunächst die Menge der anzufahrenden Punkte. Diese muß anschließend um Zusatzinformationen ergänzt werden. Darunter ist zum einen die Spezifikation der Bewegung zu verstehen, d.h. die Festlegung von Geschwindigkeit und Beschleunigung sowie die Information, ob der Punkt genau angefahren oder im Überschleifmodus passiert werden soll. Zum anderen muß bei Bearbeitungsaufgaben, wie z.B. Bahnschweißen, bestimmt werden, welche Bewegungen Schweißbewegungen mit eingeschaltetem Lichtbogen sind. Für diese Bewegungen sind die Prozeßparameter zu ergänzen.

Alle On-line-Programmierverfahren sind mit den Nachteilen verbunden, daß die Programme einerseits unübersichtlich und schlecht korrigierbar sind und andererseits der Roboter für die Programmierung benötigt wird. Dem steht als Vorteil gegenüber, daß die Verfahren leicht erlernbar sind.

Begünstigt durch die steigende Leistungsfähigkeit der Rechner werden vermehrt *Off-line-Programmiersysteme* eingesetzt. Hier ist zwischen expliziter und impliziter Programmierung zu unterscheiden. Bei der expliziten Programmierung werden die Bewegungen des Roboters genau vorgegeben, d. h. der Programmierer muß sicherstellen, daß die Bewegungen kollisionsfrei ausführbar sind.

Die implizite Programmierung basiert auf einer rechnerinternen Darstellung des Roboters und seiner Umwelt. Der Programmierer gibt nur den Programmablauf vor, d. h. es wird aufgabenorientiert programmiert. Die Roboterbewegungen werden vom System ermittelt, das auf Basis des rechnerinternen Modells kollisionsfreie und ausführbare Bewegungen generiert. Zur Überprüfung kann das erzeugte Programm in einer Simulation visualisiert werden.

Obwohl die Off-line-Programmierung üblicherweise graphisch-interaktiv erfolgt, gibt es auch textuelle Verfahren, d. h. die direkte Programmerstellung in einer problemorientierten Sprache.

Ähnlich dem CLDATA-Format für die NC-Programmierung existiert auch für die Roboterprogrammierung eine genormte steuerungsneutrale Sprache [73]. Diese IRL (Industrial Robot Language) genannte Sprache gehört zu den expliziten Programmiersprachen und ist hinsichtlich der zur Verfügung stehenden Konstrukte eng an PASCAL angelehnt.

Eine detailliertere Darstellung der Off-line-Programmierung, in der auch auf Probleme und Optimierungsmöglichkeiten eingegangen wird, erfolgt in Abschn. 6.6.

2.10
Kostenplanung/ Kalkulation
2.10.1
Ziele, Aufgaben und Einordnung

Zunehmender Konkurrenzdruck und steigende Kosten zwingen die Unternehmen zu genauerer Planung und Verfolgung des betrieblichen Geschehens. Eine frühzeitige *Kostenplanung* ermöglicht die Beeinflussung der in den späteren Unternehmensbereichen, wie Fertigung und Montage, verursachten Kosten. Die Bedeutung der Kostenplanung im Rahmen der Arbeitsvorbereitung wird durch empirische Untersuchungen bestätigt. Demnach werden 15 % der Kosten zur Herstellung eines Produkts in der Arbeitsplanung festgelegt [3].

Die Kosten für die Produktion von Gütern und Dienstleistungen werden durch die eingesetzten Produktionsfaktoren (Ressourcen) verursacht. Die monetäre Bewertung sowie Planung und Kontrolle des Verbrauchs an Produktionsfaktoren ist die Hauptaufgabe der Kostenrechnung, die dem betrieblichen Rechnungswesen zugeordnet ist (vgl. [3]).

Ein wichtiges Merkmal zur Differenzierung der Kostenrechnung ist der Zeitbezug der verrechneten Kosten. Bei der vergangenheitsorientierten Kostenrechnung stehen die Bestandsbewertung und die Kostenkontrolle im Vordergrund. Bei der Kostenplanung handelt es sich dagegen um eine zukunftsorientierte Kostenprognose zur Unterstützung betrieblicher Entscheidungen. Die Aufgabe der Kostenplanung ist die monetäre Bewertung der Fertigung und Montage eines Produktes. Die Ergebnisse der Kostenplanung stellen ein Entscheidungskriterium im Rahmen der Arbeitsplanung dar. Das Ziel ist die wirtschaftlich optimale Fertigung und Montage der Produkte bzw. deren Komponenten.

Im Gegensatz zur langfristig ausgelegten Investitionsrechnung (s. Abschn. 3.6) berücksichtigt die Kostenplanung nur die im Unternehmen zur Verfügung stehenden Produktionsfaktoren und alternative externe Prozesse. Investitionen in Produktionsfaktoren werden daher weitgehend außer Betracht gelassen.

Möglichkeiten zur Beeinflussung der Kosten durch betriebliche Entscheidungen bestehen in der Produkt- und in der Ablaufgestaltung. Während im Rahmen der Konstruktion die Beeinflussung der Kosten durch eine entsprechende Produktgestaltung im Vordergrund steht, übernimmt die Arbeitsplanung die Planung der zur Produktherstellung erforderlichen Fertigungs- und Montageprozesse und den entsprechenden Einsatz der Produktionsfaktoren. Kostenbeeinflussende Entscheidungen im Rahmen der Arbeitsplanung beziehen sich auf die Ablaufgestaltung.

Eine wichtige kostenbeeinflussende Entscheidungssituation im Rahmen der Arbeitsplanung ist die Auswahl des Fertigungsverfahrens. Im Falle des Vergleichs zweier, hinsichtlich der Fertigungsaufgabe technologisch gleichwertiger Verfahren, stellen die aus der Kostenplanung resultierenden Informationen in der Regel das ausschlaggebende Entscheidungskriterium dar [15].

Verfahrensvergleiche können sowohl inner- als auch überbetrieblich durchgeführt werden. Bei dem überbetrieblichen Verfahrensvergleich handelt es sich um eine Entscheidung zwischen Eigen- und Fremdfertigung (Make-or-buy-Entscheidung). Darüber hinaus wird im Rahmen der Kostenplanung für den Fall der Eigenfertigung die optimale Losgröße bestimmt (s. Absch. 4.5.1).

Zur Unterstützung der betrieblichen Entscheidungen werden zumeist die werkstückbezogenen Kosten genutzt. Im Rahmen der Kostenplanung wird demnach eine (Vor-)Kalkulation durchgeführt, um die erwarteten Kosten je Stück zu ermitteln.

Darüber hinaus werden die Ergebnisse der Vorkalkulation für die Preisfindung genutzt. Während im Rahmen der Konstruktion auf Basis der dort vorhandenen Produktinformationen frühzeitige Kostenprognosen durchgeführt werden, können diese Kalkulationsergebnisse in der Arbeitsvorbereitung konkretisiert werden. In der Arbeitsvorbereitung stehen für die Vorkalkulation weitaus detailliertere Informationen zur Verfügung.

2.10.2
Kalkulationsverfahren für den wirtschaftlichen Verfahrensvergleich

Die Wirtschaftlichkeit eines Verfahrens wird von verschiedenen Parametern beeinflußt. Dabei handelt es sich sowohl um organisatorische Parameter, wie beispielsweise die zu fertigende Stückzahl, als auch um technische Parameter, welche die Bearbeitungsaufgabe spezifizieren, z. B. die Komplexität der Geometrie oder die geforderten Toleranzen. Eine *Wirtschaftlichkeitsbewertung* kann somit meist nicht pauschal, sondern nur anwendungsbezogen vorgenommen werden [15].

Für einen wirtschaftlichen Vergleich alternativer Verfahren ist es sinnvoll, die jeweils anfallenden Kosten je Produkt zu ermitteln. Bei der Anwendung konventioneller Verfahren zur Kalkulation haben sich in der betrieblichen Praxis jedoch häufig Defizite gezeigt (Bild 2-49):

Durch die Verfahrensauswahl werden nicht nur die Kosten der entsprechenden Fertigungs- bzw. Montageprozesse, sondern häufig auch Kosten in vor- und nachgelagerten Bereichen beeinflußt. Die Kosten der vor- und nachgelagerten Bereiche werden bei der Verfahrensauswahl oft nur unzureichend berücksichtigt. So werden beispielsweise die Kosten für die NC-Programmierung bei dem Verfahrensvergleich häufig vernachlässigt [15]. Auch zusätzliche Kosten, die aufgrund der erzeugten Teilequalität für notwendige Nachbearbeitungen anfallen, bleiben meist unberücksichtigt [76].

Ein weiteres Defizit konventioneller Kalkulationsverfahren resultiert aus der veränderten Kostenstruktur der Unternehmen. Empirische Untersuchun-

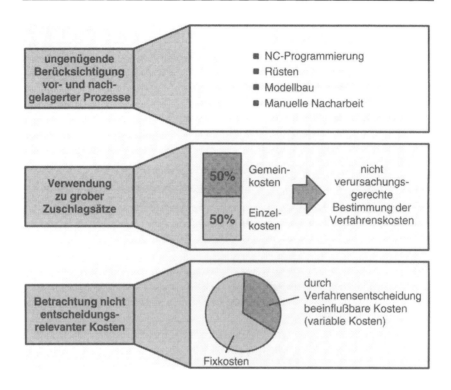

Bild 2-49. Defizite herkömmlicher Kostenrechnungsverfahren [15]

gen zeigen, daß der Gemeinkostenanteil produzierender Unternehmen in den letzten Jahren stark gestiegen ist und zur Zeit durchschnittlich ca. 50 % der Gesamtkosten beträgt [77]. Mit konventionellen Kalkulationsverfahren können zwar die für die Herstellung der Produkte anfallenden Einzelkosten genau bestimmt werden, die Gemeinkosten werden jedoch meist nur über grobe, verfahrensunabhängige Zuschlagsätze verrechnet. Aus diesem Grund können die Kosten mit konventionellen Kalkulationsverfahren nicht verursachungsgerecht den einzelnen Prozessen bzw. Verfahren zugeordnet werden. Dies kann zu erheblichen Ungenauigkeiten und damit Fehlentscheidungen führen [78].

Viele Unternehmen haben versucht, die Gemeinkostenverteilung durch eine Kalkulation auf Basis von Maschinenstundensätzen (vgl. [3]) zu verbessern [76]. Bei der Maschinenstundensatzrechnung werden jedoch alle mit der Maschinennutzung verbundenen Kosten (d.h. auch kalkulatorische Abschreibungen und Zinsen) verrechnet. Dabei wird nicht unterschieden, ob die Kosten durch die Verfahrensauswahl beeinflußt werden oder nicht.

2.10 Kostenplanung/Kalkulation

Die Berücksichtigung dieser durch die Verfahrensentscheidung nicht beeinflußbarer Kosten kann zu Fehlentscheidungen führen. Mit der Maschinenstundensatzrechnung werden kapitalintensive moderne Fertigungsverfahren aufgrund ihrer hohen Gemeinkostenbelastung häufig als ökonomisch ungünstig bewertet, obwohl der durch ihre Nutzung entstehende Aufwand im Vergleich zu den laufenden Kosten konventioneller, in der Anschaffung günstigerer Maschinen vergleichsweise gering sein kann [76].

Aufgrund der erläuterten Defizite konventioneller Kalkulationsverfahren empfiehlt sich für den wirtschaftlichen Verfahrensvergleich die Anwendung der *ressourcenorientierten Prozeßkostenrechnung* [79]. Für den wirtschaftlichen Vergleich alternativer Verfahren wird dabei folgende Vorgehensweise empfohlen (Bild 2-50):

Im ersten Schritt sollten die bei den alternativen Verfahren zu durchlaufenden Prozeßketten identifiziert werden. Dabei sollten neben dem eigentlichen Herstellungsprozeß auch vor- und nachgelagerte Prozesse, die beispielsweise der Planung, Vorbereitung oder Überwachung der Verfahrensdurchführung dienen, betrachtet werden. Durch den Vergleich der alternativen Prozeßketten können die Prozesse identifiziert werden, deren Kosten

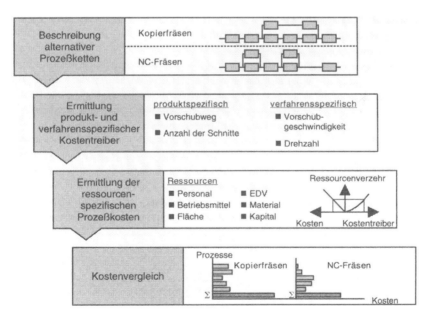

Bild 2-50. Ressourcenorientierte Prozeßkostenrechnung für den wirtschaftlichen Verfahrensvergleich [15]

durch die Verfahrensentscheidung beeinflußt werden. Diese Prozesse sind für den wirtschaftlichen Verfahrensvergleich relevant.

Im Anschluß an die Prozeßanalyse werden für jeden der identifizierten Prozesse die sogannten Kostentreiber bestimmt, welche den Ressourcenverzehr für die Bearbeitung eines Auftrags und damit die verursachten Kosten beeinflussen. Dabei handelt es sich um technisch-organisatorische Produktparameter (z. B. Werkstückgeometrie, Toleranzen, Oberflächengüte etc.) oder um verfahrensspezifische Parameter (z. B. Schnittgeschwindigkeit, Vorschubgeschwindigkeit etc). Mit Hilfe von mathematischen Formeln kann in der Regel ein funktionaler Zusammenhang zwischen den Kostentreibern und dem jeweiligen Ressourcenverzehr beschrieben werden (Bild 2-51). Als

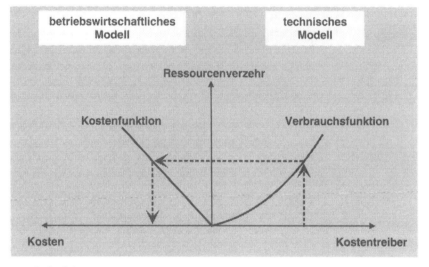

Beispiel:

Prozeß:	NC-Fräsen
Kostentreiber:	Fräserweg l = 10000 mm
	Vorschubgeschwindigkeit v = 200 mm/min
Ressourcenverzehr:	Maschinennutzungszeit (MNZ)
Verbrauchsfunktion:	MNZ = l / v = 10000 mm / 200 mm/min = 50 min
Kostenfunktion:	KF = 180 DM/h
Kosten:	K = 180 DM/h x 50 min = 150 DM

Bild 2-51. Ermittlung der Prozeßkosten auf Basis von kostenbeeinflussenden Parametern

2.10 Kostenplanung/Kalkulation

Ressourcen werden in diesem Zusammenhang Personal, Betriebsmittel, EDV, Fläche/ Gebäude, Material und Kapital bezeichnet (vgl. [3]).

Zur Berechnung der Kosten, die in dem Prozeß durch die Nutzung der Ressource verursacht werden, wird eine Kostenfunktion (Kostensatz) für jede genutzte Ressource ermittelt. Dazu werden die in einer bestimmten Abrechnungsperiode angefallenen Kosten systematisch erfaßt, nach Kostenarten gegliedert (vgl. Kostenartenrechnung [3]) und den entsprechenden Ressourcen zugeordnet. Bei der Aufstellung von Kostenfunktionen für den wirtschaftlichen Verfahrensvergleich sollten nur diejenigen Kostenarten berücksichtigt werden, die durch die Verfahrensentscheidung beeinflußt werden. Da bei der Kostenplanung zwischen Verfahren gewählt wird, die im Unternehmen bereits vorhanden sind, werden kalkulatorische Abschreibungen beispielsweise nicht berücksichtigt, da sie unabhängig davon anfallen, ob das Verfahren genutzt wird, oder nicht.

Durch die funktionalen Zusammenhänge zwischen den Kostentreibern, dem jeweiligen Ressourcenverzehr und den Kosten können die Prozeßkosten für eine bestimmte Bearbeitungsaufgabe ermittelt werden. Die Summe der Prozeßkosten über die alternativen Prozeßketten ermöglicht einen differenzierten Kostenvergleich.

2.10.3
Make-or-buy-Entscheidungen

Zusätzlich zu dem unternehmensinternen Verfahrensvergleich werden im Rahmen der Arbeitsablaufplanung Entscheidungen über Fremdvergaben von Bearbeitungsaufgaben gefällt. Für diese sogenannten *Make-or-buy-Entscheidungen* stellen die mit Hilfe der Vorkalkulation ermittelten werkstückbezogenen Kosten ein wichtiges Entscheidungskriterium dar.

Dabei werden die werkstückbezogenen Kosten für die Eigenfertigung mit den Kosten für die Fremdvergabe verglichen. Bei den Kosten für die Fremdvergabe müssen auch die Kosten berücksichtigt werden, die für die Beschaffung im Unternehmen anfallen. Zur Ermittlung dieser Kosten bietet sich ebenfalls die ressourcenorientierte Prozeßkostenrechnung an. Dabei müssen die für die Fremdbeschaffung zusätzlich erforderlichen Geschäftsprozesse identifiziert und der sich ergebende Ressourcenverzehr prognostiziert werden.

Die Kosten für die Fremdvergabe werden mit den Prozeßkosten für die Eigenfertigung mit dem günstigsten Verfahren verglichen. Kurzfristige

Make-or-buy-Entscheidungen basieren auf den ermittelten werkstückbezogenen Kosten für den unternehmensinternen wirtschaftlichen Verfahrensvergleich. Das bedeutet, daß nur die Kosten berücksichtigt werden, die von der Make-or-buy-Entscheidung beeinflußt werden.

Bei einer langfristigen Make-or-buy-Entscheidung dagegen müssen alle Kosten (z. B. auch die kalkulatorischen Abschreibungen) berücksichtigt werden. Zur Ermittlung der werkstückbezogenen Kosten auf Vollkostenbasis ist es notwendig, die im Rahmen der ressourcenorientierten Prozeßkostenrechnung aufgestellten Kostenfunktionen um die bisher nicht berücksichtigten Kosten zu ergänzen. Die Kosten, die sich aus der Verknüpfung des Ressourcenverzehrs mit diesen Kostenfunktionen ergeben, stellen ein Entscheidungskriterium für langfristige Make-or-buy-Entscheidungen dar.

3 Arbeitssystemplanung

Die *Arbeitssystemplanung* schließt sich an die Arbeitsablaufplanung an (Bild 3-1). Hierbei erfolgt der Wechsel von einer rein produkt- bzw. auftragsbezogenen zu einer produktionsbezogenen Planungssichtweise. Art und Umfang der Arbeitssystemplanung hängt dabei entscheidend von der spezifischen Unternehmenssituation, z.B. in bezug auf die Art der Auftragsabwicklung (z.B. auftragsspezifische Produktion oder Serienproduktion auf Lager), und den entsprechenden Stückzahlen für die Produkte und Teile ab.

In Unternehmen der Serienproduktion wird eine Arbeitssystemplanung in der Regel für ein spezifisches Produkt angestoßen. Hohe Stückzahlen ermöglichen häufig die Einrichtung und den wirtschaftlichen Betrieb eines Arbeitssystems, in dem nur ein Produkt gefertigt wird. Das Arbeitssystem kann hierbei – abhängig von der Produktionsphilosophie des Unternehmens – flexibel in bezug auf die Varianten des zu realisierenden Produkts ausgelegt werden. Gegenstand der Arbeitssystemplanung ist damit die

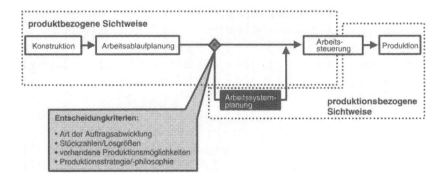

Bild 3-1. Einordnung der Arbeitssystemplanung

Auswahl und Auslegung von Betriebsmitteln, wie z.B. Fertigungs-, Lager- und Fördermittel, die nicht bereits im Rahmen der produktbezogenen Betriebsmittelplanung (Werkzeuge und Vorrichtungen sowie Meß- und Prüfmittel) bestimmt wurden (vgl. Abschn. 2.8).

Im Falle eines Einzel- und Kleinserienproduzenten ist es dagegen aus wirtschaftlichen Gründen oftmals gar nicht möglich, ein Arbeitssystem für ein spezifisches Produkt einzurichten. Auftragsfertiger passen daher bereits ihre Produktgestaltung an die vorhandenen Produktionsmöglichkeiten an. Die Arbeitssystemplanung bezieht sich hierbei häufig auf kleinere Anpassungen oder Erweiterungen eines vorhandenen Arbeitssystems an neue Produktionsaufgaben.

3.1
Aufgaben der Arbeitssystemplanung

Arbeitssysteme dienen nach REFA der Erfüllung von *Arbeitsaufgaben*, wobei Menschen und Betriebsmittel zusammenwirken. Das Arbeitssystem ist mit der Umwelt durch einen Eingang (z.B. von Informationen und Rohmaterial), durch einen Ausgang (z.B. von weiterverarbeiteten Teilen oder Produkten) und über Umwelteinflüsse (z.B. physikalische Einflüsse, organisatorische oder soziale Rahmenbedingungen) verbunden [80].

Im Rahmen einer Arbeitssystemplanung werden Arbeitssysteme neu gestaltet oder umgestaltet. In Anlehnung an die Begriffe der *„Arbeitsgestaltung"* [81] oder der *„Arbeitssystemgestaltung"* [15] kann auch die Arbeitssystemplanung als „das Schaffen eines aufgabengerechten, optimalen Zusammenwirkens von arbeitenden Menschen, Betriebsmitteln und Arbeitsgegenständen durch zweckmäßige Organisation von Arbeitssystemen unter Beachtung der menschlichen Leistungsfähigkeit und Bedürfnisse" verstanden werden.

Die „Arbeitsgestaltung" bzw. die „Arbeitssystemgestaltung" ist damit ein Planungsvorgang, der die Gestaltung von Technik, Organisation und Ergonomie umfaßt [15].

Die konkrete Arbeitsplatzgestaltung unter ergonomischen Gesichtspunkten ist ein wesentlicher Schwerpunkt der Arbeitssystemgestaltung [83]. Im Rahmen des hier vorliegenden Kapitels soll unter dem Begriff der Arbeitssystemplanung der Teilausschnitt aus der Arbeitssystemgestaltung verstanden werden, der sich mit den Aspekten Technik und Organisation beschäftigt (Bild 3-2).

3.1 Aufgaben der Arbeitssystemplanung

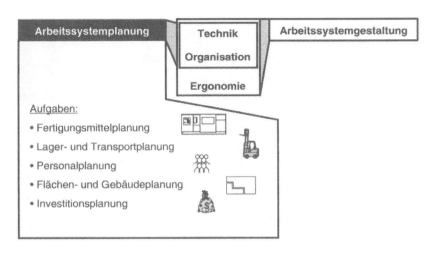

Bild 3-2. Aufgaben der Arbeitssystemplanung

Unter Berücksichtigung dieser Festlegung ergeben sich die folgenden Aufgaben in der Arbeitssystemplanung:

Im Rahmen der Fertigungsmittelplanung werden Art, Anzahl und Automatisierungsgrad der erforderlichen Maschinen in einem Arbeitssystem bestimmt (vgl. Abschn. 3.2). Darüber hinaus werden das Fertigungsprinzip und damit die Anordnungsstruktur der Maschinen und die Arbeitsorganisation im System festgelegt.

Abhängig von der gewählten Fertigungsstruktur werden die Lagerstrategie sowie eine geeignete Lager- und Transporttechnik für das Arbeitssystem ausgewählt (vgl. Abschn. 3.3). Anschließend wird die erforderliche Personalqualifikation (Werker, Vorarbeiter etc.) bestimmt. Dann erfolgt eine Berechnung der erforderlichen Personalkapazität für das Arbeitssystem (vgl. Abschn. 3.4).

Ausgehend von den Festlegungen, die sich aus der *Fertigungsmittel-*, *Lager-* und *Transportplanung* und der *Personalplanung* ergeben, werden die entsprechenden Flächenbedarfe (Fertigungs- und Lagerflächen, Transportwege, Sozialflächen etc.) ermittelt (vgl. Abschn. 3.5).

Alle Planungsentscheidungen in bezug auf das zu planende Arbeitssystem müssen auf ihre Auswirkungen auf die Gesamtproduktion überprüft werden. In diesem Zusammenhang sind die abgeleiteten Maßnahmen zur Gestaltung des Arbeitssystems unter wirtschaftlichen Gesichtspunkten (Amortisationsdauer, Return on Investment etc.) zu bewerten (vgl. Abschn. 3.6).

3.2
Fertigungsmittelplanung

Der erste Schritt bei der Planung eines neuen Arbeitssystems ist die *Fertigungsmittelplanung*. Ziel ist hierbei die Auswahl der Bearbeitungsmaschinen und die Gestaltung und Festlegung der anforderungsgerechten Anordnungsstruktur. Eingangsgröße bei der Planung ist das Teilespektrum, welches im Produktionsbereich hergestellt oder montiert werden soll. Es bestimmt im wesentlichen die für die Erfüllung der Produktionsaufgabe notwendigen Technologien und Bearbeitungsreihenfolgen. Weiterhin wird das Arbeitssystem maßgeblich von der geplanten Fertigungstiefe, der Variantenvielfalt und der Stückzahl geprägt.

In Abhängigkeit der zuvor unter wirtschaftlichen oder strategischen Aspekten festgelegten Fertigungstiefe für das geplante Produktspektrum werden die technologischen Anforderungen an das Arbeitssystem erweitert oder verkleinert. Die Anzahl unterschiedlicher Produktvarianten im Arbeitssystem determiniert wesentlich die Art der eingesetzten Fertigungsmittel. Je nach Einsatzgebiet müssen Anlagen und Maschinen starr oder hoch flexibel gestaltet werden. Dies gilt sowohl für Einzelmaschinen wie auch für die Art ihrer Verkettung. Kapazitäten müssen je nach Schwankungsbreite der Auslastung genau an den Bedarf angepaßt sein oder als Reserve vorgehalten werden.

Innerhalb der Vorgehensweise sollte mit der Auswahl der Bearbeitungsmaschinen begonnen werden. Im Anschluß daran kann die Planung der *Anordnungsstruktur* erfolgen. Diese Vorgehensweise ist zweckmäßig, da die Anordnungsstruktur nicht nur von der Reihenfolge der technologisch notwendigen Prozeßschritte beeinflußt wird. Spezifische Maschineneigenschaften können ebenfalls eine Änderung der Anordnungsstruktur erfordern. Ein Beispiel hierfür ist die benötigte Maschinenanzahl. Sie kann durch die Maschinenauswahl wesentlich beeinflußt werden. Maschinen mit höherer Bearbeitungsleistung oder kombinierten Bearbeitungsverfahren können häufig anstelle von zwei leistungsschwachen Maschinen genutzt werden. Es ergeben sich unterschiedliche Materialflüsse. Die gewählte Maschine hat deshalb einen wesentlichen Einfluß auf das Gesamtlayout, zumal die Verkettungsart ebenfalls beeinflußt werden kann.

3.2.1
Auswahl der Bearbeitungsmaschinen

Grundlage und Voraussetzung für die Auslegung eines Fertigungskonzepts ist eine genaue Analyse und Beschreibung der Aufgaben, die von den Fertigungsmitteln erfüllt werden sollen [15]. Bei der Arbeitssystemplanung, deren Initiator eine konkrete Produktionsaufgabe ist, kann hierzu die im Rahmen der Konstruktion und Arbeitsablaufplanung gewonnene vollständige Beschreibung der Bearbeitungsaufgabe aus geometrischer, technologischer und ablauforganisatorischer Sicht genutzt werden. Bei der Auswahl der Bearbeitungsmaschinen dienen diese Informationen als Basis, um unter wirtschaftlichen und technischen Gesichtspunkten die optimalen Betriebsmittel auszuwählen.

Für die Festlegung geeigneter Bearbeitungsmaschinen müssen zunächst die notwendigen Bearbeitungsaufgaben für das gesamte Teilespektrum ermittelt werden. Hierbei ist keine Betrachtung jedes einzelnen Teils erforderlich. Es genügt, wenn zunächst ein repräsentativer Teilequerschnitt analysiert wird. Erst bei der Bestimmung der notwendigen Kapazitäten für die Festlegung der Maschinenanzahl muß das gesamte Teilespektrum berücksichtigt werden. Die Praxis hat gezeigt, daß eine ausreichende statistische Sicherheit vorliegt, wenn eine zufällige Auswahl von ca. 20 % der Werkstücke zugrunde gelegt wird.

Zusätzlich kann der Aufwand zur Analyse der Bearbeitungsaufgabe minimiert werden, wenn elektronisch gespeicherte Daten genutzt und bewertet werden. Auf Basis vorhandener Arbeitspläne können die relevanten Bearbeitungsverfahren ermittelt werden, zumal häufig bereits eine Maschinengruppe zugeordnet ist. Der positive Nebeneffekt einer derartigen Datenauswertung liegt in der großen Geschwindigkeit und der geringen Häufigkeit von Übertragungsfehlern. Vor der Nutzung vorhandener Daten muß deren Homogenität überprüft werden. Durch die Dateneingabe in verschiedenen Abteilungen liegen häufig Informationen mit unterschiedlicher Aktualität und bzw. oder unterschiedlichem Abstraktionsgrad vor.

Im Anschluß an die Analyse der Bearbeitungsaufgabe können die Werkstücke zu Teilefamilien zusammengefaßt werden. Das Ziel der *Teilefamilienbildung* besteht darin, Werkstücke des gesamten Teilespektrums im neu zu planenden Arbeitssystem zu ermitteln, die Maßähnlichkeiten, Formähnlichkeiten oder auch technische Ähnlichkeiten aufweisen. Diese Teile sollen dann innerhalb eines Fertigungsbereichs zusammengefaßt bearbeitet werden. Hierdurch können Synergien in bezug auf Rüst- und Transportaufwände, Maschinendimensionierung und Steuerungsaufwand genutzt werden. Wesentlich ist nicht nur die geometrische Ähnlichkeit. Auch die fertigungstechnische Verwandtschaft der Werkstücke im Prozeßablauf muß berücksichtigt werden, damit vor allem gleichartige Bearbeitungsverfahren und -reihenfolgen zusammengefaßt werden.

Die Ableitung der Teilefamilien umfaßt zwei wesentliche Arbeitsschritte. In einem ersten Schritt ist die Ähnlichkeit der betrachteten Werkstücke zu messen. Ein organisatorisches Hilfsmittel hierzu sind Klassifizierungssysteme zur Beschreibung der Werkstücke. Hierzu wurden seit den 60er Jahren unterschiedliche Schlüsselsysteme entwickelt, welche eine Gruppierung der Werkstücke nach geometrischen und fertigungstechnischen Kriterien ermöglichen [89]. *Schlüsselsysteme* gliedern sich in der Regel in Haupt- und Ergänzungsschlüssel, wobei der Hauptschlüssel die Geometrie beschreibt, während der Ergänzungsschlüssel allgemeine Angaben über Werkstoff und Genauigkeit enthält [88].

Der zweite Schritt bei der Zusammenfassung von Teilefamilien ist die Gruppenbildung. Hierbei wird das Teilespektrum so zusammengefaßt, daß Teile mit gleichem oder ähnlichem Schlüssel der gleichen Gruppe zugeordnet werden. Da eine manuelle Auswertung sehr zeitaufwendig ist, wird diese Auswertung heute ausschließlich EDV-gestützt durchgeführt. Zum Einsatz kommen in der Hauptsache clusteranalytische Verfahren [87]. Diese Verfahren ermöglichen die Nutzung und Verdichtung unterschiedlicher Daten, die sowohl in metrischer, nominaler oder ordinaler Form vorliegen können [84].

Durch die Bildung der Teilefamilien sind alle produktseitigen Anforderungen an das Arbeitssystem festgelegt. Die Art und Eigenschaften der Fertigungseinrichtungen können deshalb nun in einem Pflichtenheft für die Maschinenbeschaffung zusammengefaßt werden. Hierzu müssen die Produktanforderungen in Bestimmungsgrößen zur Maschinenauswahl übertragen werden (vgl. Bild 3-3). Die ermittelten Bestimmungsgrößen können direkt zur Auswahl der Maschinen aus Herstellerkatalogen bzw. zum Einholen von Angeboten bei Maschinenanbietern genutzt werden.

Bei der Übertragung der Produktanforderungen auf die Bestimmungsgrößen zur Maschinenauswahl sollte die geplante Lebensdauer des betrachteten Teilespektrums berücksichtigt werden. Häufig liegt die Teilelebensdauer deutlich unter der wirtschaftlichen oder technischen Maschinenlebensdauer. Deshalb sollte bereits bei der Maschinenanschaffung ein langfristiges Nutzungskonzept erstellt werden, welches Veränderungen im Teile-

3.2 Fertigungsmittelplanung

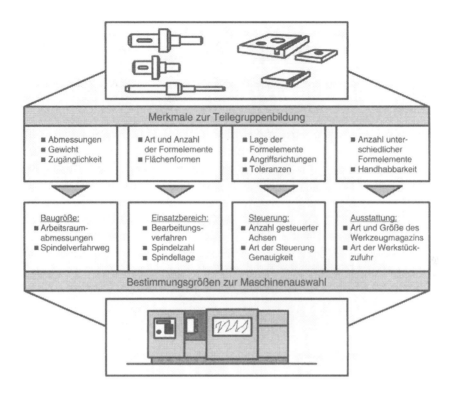

Bild 3-3. Kriterien zur Maschinenauswahl

spektrum berücksichtigt. Hierdurch kann sich eine Erweiterung der Maschinenanforderungen ergeben, die in der Regel mit zusätzlichen Kosten verbunden ist. Die Entscheidung über eine Investition in solche Flexibilität muß auf einer detaillierten wirtschaftlichen Bewertung beruhen. Hierbei ist im besonderen die Zuverlässigkeit der Prognosen zu hinterfragen.

Moderne Bearbeitungsmaschinen unterscheiden sich häufig nur unwesentlich in Funktionen und Leistungskennzahlen. Wesentliche Unterschiede ergeben sich jedoch in bezug auf Erweiterungsmöglichkeiten und Umbauflexibilität. Diese Maschineneigenschaften sollten neben der rein wirtschaftlichen Betrachtung bei der Maschinenauswahl im Hinblick auf die zuvor beschriebenen Flexibilitätsanforderungen berücksichtigt werden. Der Kostenvergleich unterschiedlicher Angebote muß neben den Investitionskosten auch die Betriebskosten einbeziehen. Sie können besonders im Bereich der Personalkosten erhebliche Unterschiede aufweisen. Als Beispiel kann der Rüstaufwand bei Pressen oder Spritzgußmaschinen genannt werden, der je nach Maschinenkonzept zwischen einigen Minuten und mehreren Stunden schwanken kann.

Nachdem die Maschinenauswahl erfolgt ist, kann die Anzahl der erforderlichen Bearbeitungsmaschinen bestimmt werden. Hierzu müssen zunächst die notwendigen Bearbeitungszeiten je Maschinentyp für das Teilespektrum ermittelt werden. Außerdem muß sowohl der Nutzungsgrad, als auch ein Zeitgrad einbezogen werden, um den Einfluß von Stör- und Wartungszeiten und die mitarbeiterbezogenen Mehrleistungen zu berücksichtigen. Da die Werte bei der Auslegung eines neuen Arbeitssystems nicht bekannt sind, müssen sie auf Basis von Vergangenheitsdaten anderer Bereiche abgeschätzt werden. Der so ermittelte Kapazitätsbedarf kann anschließend durch die jährliche Arbeitszeit am Standort dividiert werden, um die Anzahl der benötigten Betriebsmittel zu ermitteln. Hierbei bietet sich die Betrachtung unterschiedlicher Schichtmodelle in verschiedenen Szenarien an, um die wirtschaftlichste Alternative auszuwählen.

3.2.2
Planung der Anordnungsstruktur

Die Funktion eines Arbeitssystems wird neben den eingesetzten Betriebsmitteln wesentlich durch deren Anordnung im Layout bestimmt. Ein optimierter Arbeitsablauf mit der geplanten Ausbringung kann nur durch eine detaillierte Planung und Realisierung beider Aspekte sichergestellt werden. Eingangsgrößen für die Planung der Anordnungsstruktur sind die ausgewählten Betriebsmittel mit ihren spezifischen Eigenschaften und die aus dem Teilespektrum abgeleiteten Teilefamilien mit der entsprechenden Prozeßreihenfolge.

Die Anordnung der Maschinen erfolgt im wesentlichen entsprechend der Operationsfolgen bei der Werkstückbearbeitung. Hierzu muß zunächst der notwendige Materialfluß je Teilefamilie erfaßt werden. Dieser muß anschließend in die benötigte Anzahl von Transportspielen umgerechnet werden, da hierdurch der Transportaufwand bestimmt wird. Kleine Teile können für den Transport in Behältern zusammengelegt werden, so daß die Stückzahl alleine keine ausreichende Information bezüglich des Transportaufwandes erbringt. Die Materialflußanalyse kann je nach Betrachtungsumfang und Komplexität manuell oder EDV-gestützt erfolgen. Bei EDV-gestützter Aus-

3.2 Fertigungsmittelplanung

wertung können die Materialflüsse häufig aus den vorhandenen Arbeitsplänen übernommen werden. Es entsteht kein zeitintensiver Eingabeaufwand. Ergebnis der Analyse ist in jedem Fall eine *Transportmatrix*, welche die Flußmengen zwischen allen geplanten Betriebsmitteln transparent darstellt (vgl. Bild 3-4). Auf Basis dieser Auswertung kann auch entschieden werden, welches Fertigungsprinzip im Rahmen des Arbeitssystems eingesetzt werden sollte.

Ergibt sich ein eindeutiger Materialfluß ohne wesentliche Rückflüsse, so können die Maschinen in einer Fließreihe aufgestellt werden. Die Fließreihe kann je nach produzierter Stückzahl, Variantenumfang und geplanter Produktlebensdauer durch entsprechende Handhabungs- und Transporteinrichtungen starr oder flexibel gestaltet werden (s. Abschn. 3.3). Hierbei stellen der paarweise Vergleich und die Nutzwertanalyse geeignete Hilfsmittel zur Objektivierung der vielfältigen Aspekte für die Entscheidung dar. Der

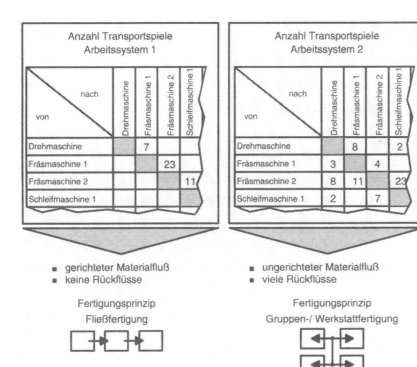

Bild 3-4. Transportmatrix als Hilfsmittel zur Gestaltung der Anordnungsstruktur

Einsatz dieser Methoden ist notwendig, da die unternehmensspezifischen Randbedingungen häufig nicht eindeutig monetär bewertet werden können.

Ist der Materialfluß nicht eindeutig ausgerichtet, sollte das Prinzip der Werkstatt- oder Gruppenanordnung gewählt werden. Ob Maschinen gleicher Technologie (Werkstattanordnung) oder Maschinen für unterschiedliche Technologien (Gruppenanordnung) zusammengestellt werden müssen, ist wesentlich von den zuvor gewählten Gliederungskriterien bei der Teilefamilienbildung abhängig.

Neben einem optimierten Materialfluß müssen bei der Planung auch die vorgesehene Arbeitsorganisation und ergonomische Gesichtspunkte berücksichtigt werden. Zur Unterstützung einer guten Zusammenarbeit und eines hohen Grads an Selbstorganisation innerhalb des Arbeitssystems sollte eine übersichtliche Anordnungsstruktur gewählt werden. Hierzu hat sich eine Anordnung der benötigten Betriebsmittel im Kreis oder in U-Form bewährt. Diese verkürzt in der Regel auch Transportwege und verbessert den Informationsfluß zur Steuerung und Koordination der Abläufe.

3.3
Lager- und Transportplanung

Im Anschluß an die Fertigungsmittelplanung (s. Abschn. 3.2) folgt die Lager- und Transportplanung als zweiter Planungsschritt innerhalb der Arbeitssystemplanung. Ziel dieses Planungsschritts ist die Gestaltung eines unter Kosten- und Zeitgesichtspunkten optimalen und aufeinander abgestimmten *Lager-* und *Transportsystems*.

Eine Vielzahl von Untersuchungen bez. der Durchlaufzeiten in der Produktion unterstreichen die Bedeutung einer systematischen Lager- und Transportplanung: Mit einem Anteil von bis zu 90 % bestimmen Transport-, Liege- und Wartezeit die Durchlaufzeit in der Produktion maßgeblich.

Zweckmäßigerweise wird zuerst mit der Lagerplanung begonnen. Ein streng sequentielles Vorgehen sollte dabei jedoch nicht gewählt werden, da sich die Ergebnisse der beiden Planungsaufgaben wechselseitig beeinflussen. Die Planung des Lagers erfolgt in vier aufeinander aufbauenden Teilschritten (vgl. Bild 3-5).

Ausgehend von dem Materialfluß zwischen den Fertigungsmitteln werden die *Lageraufgaben* (Wo wird was gelagert?) definiert. Die dazu erfor-

3.3 Lager- und Transportplanung

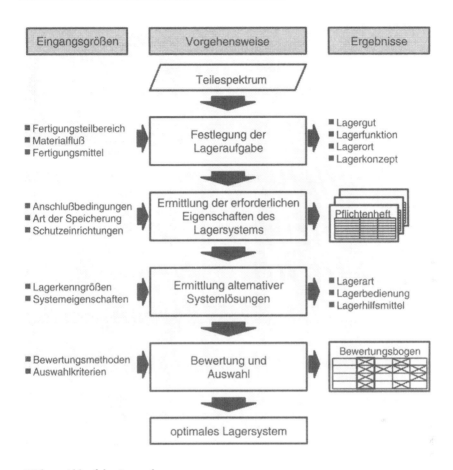

Bild 3-5. Ablauf der Lagerplanung

derlichen Bestimmungsgrößen umfassen das *Lagergut*, den *Lagerort*, die *Lagerfunktion* und das *Lagerkonzept*.

Das Lagergut wird im wesentlichen direkt durch den Lagerort im Materialfluß festgelegt. Der Lagerort seinerseits ergibt sich aus der Funktion des Lagers. Taktunterschiede zwischen einzelnen Fertigungsmitteln können beispielsweise eine *Zwischenlagerung* von Halbfertigprodukten erfordern (vgl. Bild 3-6). Das für die Fertigung oder Montage erforderliche Material für einen Auftrag bzw. ein Los wird in *Kommissionierlagern* zusammengestellt. Verbrauchsmaterial, wie z.B. Schrauben, kann weiterhin direkt an den Arbeitsplätzen in sog. *Bereitstellungslagern* zur Verfügung gestellt werden [15].

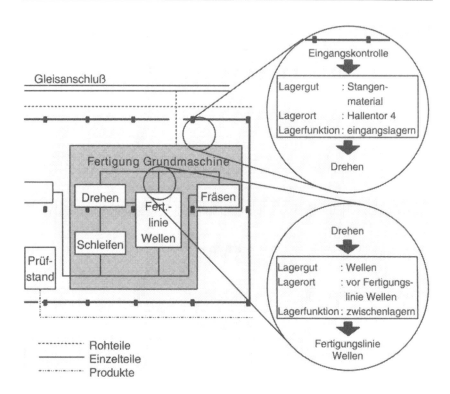

Bild 3-6. Festlegung der Lageraufgabe

Nach der Definition der Lageraufgabe werden die Anforderungen an das Lagersystem aufgestellt und in einem Pflichtenheft dokumentiert. Hierzu müssen unter Berücksichtigung der Anschlußbedingungen im Layout die *Lagerausführung* und die *Lagerorganisation* (Wie wird ein- bzw. ausgelagert?) festgelegt werden. Bestimmungsgrößen der Lagerorganisation sind u.a. die Lagermenge, *Lagerfrequenz*, *Beschickungszeit* und *Bedienart* (s. Abschnitt 4.7). Die Lagerausführung wird durch die Raumnutzung, Tragfähigkeit und *Lagerhilfsmittel* beschrieben.

Anhand der Lageranforderungen können alternative Systemlösungen ermittelt werden. Dazu muß die Vielzahl der auf dem Markt angebotenen Lagersysteme im Hinblick auf die Eigenschaften und Realisierungsmöglichkeiten untersucht werden. Die Auswahl eines optimalen Lagersystems erfolgt durch eine Nutzwertanalyse in Verbindung mit einer Investitionsrechnung (s. Abschn. 3.6).

3.3 Lager- und Transportplanung

Mit der Definition der Lageraufgabe kann prinzipiell auch mit der Planung der Transportmittel begonnen werden, da die zu versorgenden Fertigungsmittel und Lagerstellen mit ihren Anschlußbedingungen bekannt sind. Der Ablauf der Transportplanung erfolgt analog zur Lagerplanung in vier Arbeitsschritten (vgl. Bild 3-7).

Zunächst wird die *Transportaufgabe* ausgehend von dem Materialfluß und den Lagerstellen definiert. Die Bestimmungsgrößen für die Transportaufgabe sind dabei der *Transportbereich*, das *Transportgut*, die *Transportorganisation* und der *Transportmitteleinsatz*. Anschließend werden die Anforderungen an das Transportsystem formuliert und analog zur Lagerplanung in einem Pflichtenheft dokumentiert.

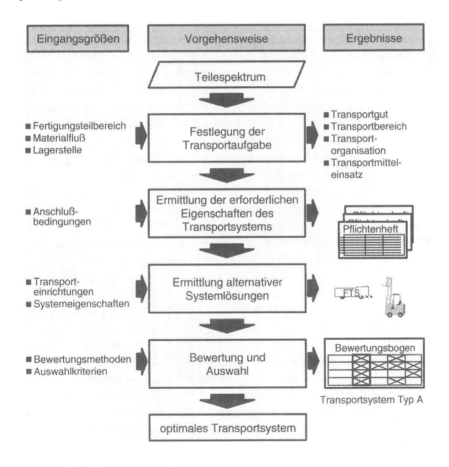

Bild 3-7. Ablauf der Transportplanung

Die Anforderungen an den Transportbereich können beispielsweise die Anzahl der anzufahrenden Positionen, die zurückzulegenden Entfernungen, die zu verfahrenden Richtungen oder die Transportebenen beinhalten.

Die Transportorganisation wird durch die Transportmenge, die *Transportzeit* und *-frequenz* sowie durch das Ablaufprinzip, z. B. wahlfreies Anfahren aller Positionen, bestimmt. Wesentliche Eingangsinformationen hierfür sind zum einen die Zeittakte im Materialfluß und zum anderen das Lagerkonzept.

Aus dem Lagergut, dem Transportbereich sowie der Transportorganisation werden Anforderungen an das Transportmittel, wie z. B. die Grundfläche, an den Automatisierungsgrad oder die Transporthilfsmittel definiert.

Am Beispiel der Transportmittel kann der enge Bezug zur Lagerplanung verdeutlicht werden: Um kostenverursachende Handhabungsvorgänge zu vermeiden, sollten Lager- und Transportmittel, z. B. Europaletten, identisch sein. Darüber hinaus üben die *Transportkosten* einen erheblichen Einfluß auf die Auswahl des Lagerkonzepts aus. Bei einer zentralen Lagerung können Transport- und Handhabungskosten unter Umständen die Einsparungen der *Lagerkosten* gegenüber einer dezentralen Lagerung vollständig aufzehren. Die beiden Beispiele zeigen, daß die Planung der Lager- und Transportsysteme aufeinander abgestimmt erfolgen muß.

Im nächsten Schritt der Transportplanung werden entsprechend den Anforderungen im Pflichtenheft alternative Systemlösungen ermittelt. Die Auswahl eines optimalen Transportsystems erfolgt – wie bei der Lagerplanung – anhand von Bewertungsmethoden, z. B. Nutzwertanalyse, unter Berücksichtigung wirtschaftlicher Gesichtspunkte.

3.4
Personalplanung

An die Planung der für das Arbeitssystem erforderlichen Sachmittel schließt sich die Personalplanung an. Aufgabe der *Personalplanung* ist neben der Planung des *Personalbedarfs* und der *Personalbeschaffungsmaßnahmen* auch die Festlegung der *Organisationsstruktur* für den Fertigungsbereich sowie die Ermittlung der erforderlichen *Personalqualifikationen*.

Die Personalplanung vollzieht sich in vier aufeinander folgenden Teilschritten (vgl. Bild 3-8). Als erstes wird die Organisationsstruktur des Ferti-

3.4 Personalplanung

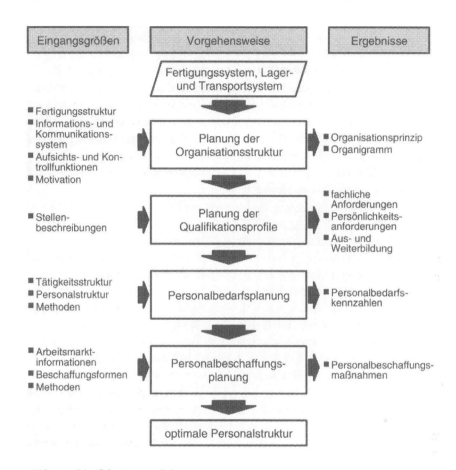

Bild 3-8. Ablauf der Personalplanung

gungsbereiches festgelegt. Diese orientiert sich im wesentlichen am Fertigungsprinzip. Je nachdem, ob es sich bei der Fertigung um eine Werkstätten-, Gruppen- oder Fließfertigung handelt, muß zwischen *Einzelarbeit, Mehrmaschinenbedienung* und *Gruppenarbeit* abgewogen werden. Die Gruppenfertigung stellt grundsätzlich hohe Anforderungen an die Flexibilität und das Qualifikationsniveau der Mitarbeiter, da diese unterschiedliche Bearbeitungsaufgaben innerhalb der Gruppe wahrnehmen müssen [15]. Die Fließfertigung hingegen ist durch eine hohe Arbeitsteiligkeit bei gleichzeitig geringen Arbeitsinhalten gekennzeichnet.

Die Organisationsstruktur muß an das vorhandene Kommunikations- und Kontrollsystem der gesamten Produktion angepaßt werden. Hierbei ist die Forderung nach schlanken Strukturen mit wenig Hierarchieebenen und einer hohen Eigenverantwortung zu berücksichtigen.

Ausgehend von der Organisationsstruktur werden anschließend die für die jeweiligen Arbeitsplätze erforderlichen *Qualifikationsprofile* ermittelt. Dazu ist es zunächst notwendig, die zu verrichtenden Tätigkeiten arbeitsplatzbezogen in sog. *Stellenbeschreibungen* zu dokumentieren. Neben den unmittelbar produktiven Tätigkeiten müssen dabei auch *Führungs- und Überwachungsaufgaben* sowie Hilfsaufgaben berücksichtigt werden. Anhand der Tätigkeiten können dann die Anforderungen an die fachliche und persönliche Qualifikation abgeleitet werden.

Der Personalbedarf eines Teilbereichs ergibt sich aus der Anzahl von Betriebsmitteln, z. B. Fertigungsmitteln, dem Bedienungsaufwand sowie unterschiedlichen Zusatzfaktoren, wie z. B. Fehlzeitfaktor, Nacharbeitsfaktor oder Zeitgrad. In Abhängigkeit der festgelegten Personalqualifikationen und des Organisationsprinzips wird der Personalbedarf entweder maschinen- oder maschinengruppenbezogen errechnet.

Im Anschluß an die Planung des Personalbedarfs werden die Beschaffungsmaßnahmen für das Personal mit den entsprechenden Qualifikationen geplant. Dabei muß zwischen unternehmensinterner und -externer Beschaffung unterschieden werden. Zunächst wird versucht, den Personalbedarf durch interne Maßnahmen, z. B. Versetzung von Mitarbeitern aus anderen Teilbereichen, abzudecken. Defizite bezüglich der Qualifikation von Mitarbeitern können hierbei durch geeignete Aus- und Weiterbildungsmaßnahmen, z. B. Schulungen, aufgehoben werden. Der Restbedarf wird durch externe Beschaffungsmaßnahmen gedeckt. Mögliche Beschaffungsformen sind die Übernahme oder Anmietung fremden Personals sowie Neueinstellungen [15].

3.5
Flächenplanung

Nach der Planung der Fertigungs-, Lager- und Transportmittel sowie des Personals erfolgt die *Flächenplanung*. Ziel der Flächenplanung ist es, die Arbeitsplätze im Fertigungsbereich zu gestalten. Die Flächenplanung unterteilt sich dabei in eine Grob- und eine Feinplanung (vgl. Bild 3-9).

Im Rahmen der Grobplanung wird auf Basis des Materialflusses und der verfügbaren Fläche für den Fertigungsbereich die Anordnung der Arbeits-

3.5 Flächenplanung

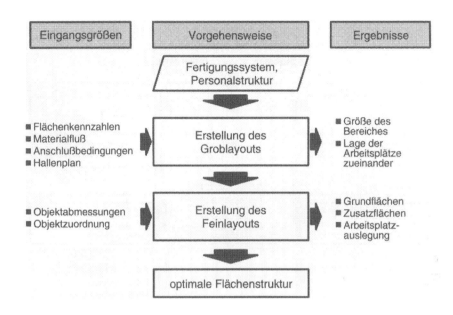

Bild 3-9. Ablauf der Flächenplanung

plätze zueinander festgelegt (s. Abschn. 3.2.2) sowie deren Flächenbedarf grob abgeschätzt. Dabei müssen insbesondere auch die Anschlußbedingungen, z.B. zu anderen Teilbereichen oder zu einem Zentrallager, berücksichtigt werden. Der Flächenbedarf muß sehr sorgfältig bestimmt werden, da die flächenabhängigen Kosten sowohl bei zu großer als auch bei zu kleiner Fläche, z.B. durch erhöhten Transportaufwand, stark ansteigen [15].

Im zweiten Planungsschritt, der Feinplanung, werden die Arbeitsplätze ausgehend vom Groblayout ausgelegt sowie deren Anordnungsstruktur weiter optimiert. Eine wichtige Voraussetzung hierfür ist die Transparenz der erforderlichen Flächenanteile.

Die Fläche für einen Fertigungsbereich setzt sich im wesentlichen aus den *Arbeitsplatzflächen*, den *Bereitstellungs-*, *Transport-* und *Verkehrsflächen* sowie den *Flächen* für *Zwischenlager* zusammen (vgl. Bild 3-10).

Die Arbeitsplatzfläche umfaßt neben der *Maschinengrundfläche* den Bewegungsraum zur Bedienung und Wartung der Maschine. Darüber hinaus muß bei der Gestaltung der Arbeitsplätze je nach Art der Maschine der Gefahrenbereich durch eine *Sicherheitsfläche* abgegrenzt werden.

Die Gestaltung der Arbeitsplätze beinhaltet neben der Flächenaufteilung noch weitere Aufgaben wie die Lagebestimmung von Transport- und Lager-

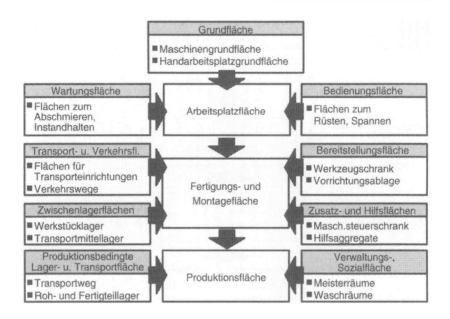

Bild 3-10. Gliederung der Flächenanteile

einrichtungen, z. B. für Werkzeuge und Vorrichtungen, die Bestimmung der Versorgung mit Energie und Hilfsstoffen, z. B. Druckluft, die Entsorgung gesundheitsschädlicher Einflüsse, wie z. B. Dämpfe, sowie die Auslegung der Beleuchtung und Klimatisierung.

Ergebnis der Feinplanung ist ein Feinlayout, in dem die Grund- und Zusatzflächen der Arbeitsplätze dokumentiert sind.

3.6
Investitionsrechnung

Maßnahmen, die im Rahmen der Arbeitssystemplanung getroffen werden, müssen dem Prinzip der Wirtschaftlichkeit entsprechen. Sowohl die Anschaffung von Gebäuden, Lagereinrichtungen oder neuen Maschinen als auch die Einstellung neuer Mitarbeiter sind daher auf ihre ökonomische Vorteilhaftigkeit zu prüfen. Investitionsrechnungen eignen sich in diesem Kontext insbesondere dann, wenn Rechenverfahren zur monetären Bewertung von Projekten, d. h. Einzelinvestitionen, benötigt werden. Das Ziel einer Investition ist, aus einer Geldausgabe in Form von Auszahlungen bzw.

3.6 Investitionsrechnung

Ausgaben einen längerfristigen Nutzen in Form von Einzahlungen bzw. Einnahmen zu ziehen [93].

Mit Hilfe von Investitionsrechnungen können im wesentlichen Entscheidungshilfen bei folgenden Problemstellungen geboten werden:
- Entscheidung, ob ein bestimmtes Projekt durchgeführt werden soll oder nicht,
- Entscheidung, welches Projekt bei mehreren sich einander ausschließenden Projekten das vorteilhafteste ist,
- Entscheidung, welche Kombination der möglichen Projekte die vorteilhafteste ist.

Aus der Vielzahl existierender Verfahren zur Investitionsrechnung werden nachfolgend einige ausgewählte Verfahren vorgestellt. Im Rahmen der Investitionsrechnung wird zwischen statischen und dynamischen Verfahren unterschieden.

3.6.1 Statische Verfahren

Bei statischen Verfahren zur Investitionsrechnung wird der Zeitfaktor der Investition nicht bzw. nur unzureichend berücksichtigt, da sie sich i. d. R. auf eine Periode, z. B. ein Jahr, beziehen [15]. Statische Verfahren sind im Vergleich zu dynamischen Methoden oft einfacher in ihrer Verständlichkeit und Anwendbarkeit, können jedoch wegen der Nichtbeachtung von „Zinseszins-Effekten" zu Fehlentscheidungen führen.

Entscheidungskriterien für die Vorteilhaftigkeit eines Projektes sind der *Durchschnittsgewinn*, der *durchschnittliche Periodengewinn* oder die *niedrigsten Stückkosten* (Bild 3-11). Bei der Berechnung sind vor allem Abschreibungen auf abnutzbare Anlagen zu beachten. Sei A der Anschaffungspreis und n die Nutzungsdauer, so ist die durchschnittliche jährliche Abschreibung A/n, sofern kein Resterlös R am Ende der Nutzungsdauer zu erwarten ist. Ansonsten belaufen sich die durchschnittlichen jährlichen *Abschreibungen* auf (A-R)/n. Die hieraus resultierenden jährlichen Zinsaufwände ergeben sich unter Berücksichtigung des Zinsfuß i zu i(A+R)/2. Ein Projekt ist als vorteilhaft anzusehen, wenn der Durchschnittsgewinn positiv ist.

Als durchschnittliche *Rendite*, *Rentabilität* oder *Return on Investment (RoI)* wird der Quotient aus Kapitalertrag und eingesetztem Kapital ver-

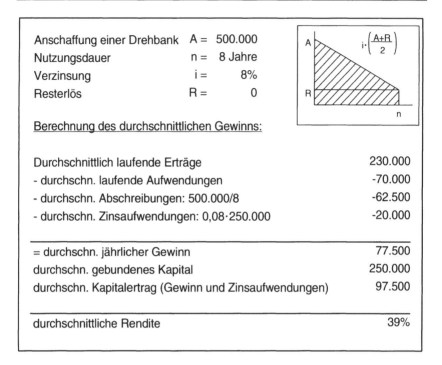

Anschaffung einer Drehbank	A =	500.000
Nutzungsdauer	n =	8 Jahre
Verzinsung	i =	8%
Resterlös	R =	0

Berechnung des durchschnittlichen Gewinns:

Durchschnittlich laufende Erträge	230.000
- durchschn. laufende Aufwendungen	-70.000
- durchschn. Abschreibungen: 500.000/8	-62.500
- durchschn. Zinsaufwendungen: 0,08·250.000	-20.000
= durchschn. jährlicher Gewinn	77.500
durchschn. gebundenes Kapital	250.000
durchschn. Kapitalertrag (Gewinn und Zinsaufwendungen)	97.500
durchschnittliche Rendite	39%

Bild 3-11. Durchschnittsgewinn und durchschnittliche Rendite

standen. Hierdurch ist eine Aussage hinsichtlich der Verzinsung des im Projekt eingesetzten Kapitals möglich. Als durchschnittlicher Kapitalertrag werden durchschnittlich laufende Erträge minus durchschnittlich laufende Aufwendungen minus durchschnittliche Abschreibungen bezeichnet. Als durchschnittlich gebundenes Kapital wird der halbe Investitionsbetrag bzw. bei verbleibendem Restwert der Durchschnitt aus Anschaffungs- und Restwert zugrundegelegt (Bild 3-11). Das Projekt ist dann als vorteilhaft anzusehen, wenn RoI > i ist.

Die *Amortisationsdauer* (auch Payoff- oder Payback-Periode) ist die Zeitspanne zwischen der ersten Ausgabe des Projekts und dem Zeitpunkt, in dem die anfänglichen Ausgaben durch Einzahlungen aus dem Projekt wieder vollständig zurückgeflossen sind. Das Projekt ist dann als vorteilhaft anzusehen, wenn die Amortisationsdauer eine vorgegebene Größe (in der Regel zwischen 1 und 3 Jahren) nicht übersteigt.

Beim Vergleich mehrerer Projekte mittels *Gewinnvergleichsrechnung* oder *Kostenvergleichsrechnung* ist dasjenige auszuwählen, das den höchsten durchschnittlichen Periodengewinn bzw. die niedrigsten Perioden-/Stückkosten ausweist. Der Vergleich muß sich für alle Projekte auf die gleiche Periode beziehen. Dieses Verfahren ist auch für einen Renditevergleich zulässig, wenn in der Höhe der durchschnittlichen Kapitalbindung und/oder in der Laufzeit keine wesentlichen Unterschiede in den einzelnen Projekten bestehen.

3.6.2
Dynamische Verfahren

Im Gegensatz zu statischen Verfahren werden bei dynamischen Investitionsrechnungsverfahren zeitliche Unterschiede im Anfall der Ein- und Auszahlungen berücksichtigt [15]. Dazu werden Investitionsprojekte als Zahlungsreihen im Zeitablauf dargestellt.

In einer Zahlungsreihe ist jede Zahlung einem Zeitpunkt zugeordnet, wobei in der Regel konstante Abstände (Perioden) zwischen den Zahlungszeitpunkten angenommen werden [93]. Innerhalb einer Zahlungsreihe werden Ausgaben mit negativem und Einnahmen mit positivem Vorzeichen aufgeführt (Bild 3-12). Die Zahlungsreihe bildet dabei die Summe der Auszahlungsreihe und der Einzahlungsreihe. In jeder Periode wird damit auch der Stand des Projektes sichtbar. Um die Länge der Zahlungsreihen zu begrenzen, werden i.d.R. alle jenseits eines festgelegten Planungshorizonts erwarteten Zahlungen im Endzeitpunkt T abgebildet. Darüber hinaus erfolgt die Bestimmung des Kakulationszinsfuß i, das ist der für eine Alternativfinanzierung bzw. Alternativinvestition geltende Zinsfuß (z.B. bei Bankeinlagen). Hier ist nur derjenige Wert zulässig, zu dem der Investor tatsächlich Geld beschaffen bzw. anlegen kann.

Ein dynamisches Verfahren zur Bewertung eines *Investitionsprojektes* ist die Berechnung des sogenannten *Endwerts*. Dazu wird eine Zahlungsreihe über die Zeitpunkte t = 0, 1, 2, ... T definiert. Darüber hinaus wird das Projekt mit sogenannten Ergänzungsprojekten (Ergänzungsfinanzierung, -investitionen) kombiniert, daß bis zum Zeitpunkt t = T-1 weder Überschüsse noch Defizite in der Projektkombination verbleiben. Die Verwendung von Projektrückflüssen in Form von Bankeinlagen sind mögliche Ergänzungsprojekte.

Der Überschuß bzw. das Defizit in t = T heißt *Endwert*. Der Endwert ist zugleich der Stand des Projektes in t = T. Der Endwert wird durch Aufzinsen aller Zahlungen auf den Zeitpunkt t = T berechnet (Bild 3-13). Der Endwert

Einflußgröße (DM)	Jahr					
	0	1	2	3	4	5
Systemsoftware	-52000					
Schnittstellensoftware	-20000					
Hardware	-20000					
Wartung Software (5%)			-5775	-6064	-6367	-6685
Wartung Hardware (5%)		-2000	-2100	-2205	-2315	-2431
Schulung	-21600					
Einführungskosten		-50000				
Aufbau der Planungsbasis	-100000					
Zinsaufwendungen (10%)		-21360	-29696	-21013	-12089	-2107
Auszahlungsreihe	**-213600**	**-73360**	**-36571**	**-29282**	**-20771**	**-11223**
Reinschrift (5%)			+26250	+27563	+28941	+30388
DLZverkürzungen (5%)			+15750	+16537	+17364	+18232
Kapitalbindungskosten (2%)			+51000	+52020	+53060	+54121
Ausschuß (2%)			+20400	+20808	+21224	+21648
Einzahlungsreihe			**+11340**	**+116928**	**+120589**	**+124389**
Zahlungsreihe	**-213600**	**-73360**	**+76829**	**+89237**	**+99818**	**+11316**
Stand des Projekts	**-213600**	**-286960**	**-210131**	**-120894**	**-21076**	**+92090**

DLZ-Verkürzungen=Durchlaufzeitverkürzungen

Bild 3-12. Zahlungsreihe und Projektstand

ist somit der Betrag, der am Ende der Projektlaufzeit entnommen werden kann bzw. „zugeschossen" werden muß. Das Projekt ist dann als vorteilhaft anzusehen, wenn der Endwert positiv ist.

Für den Vergleich mehrerer Investitionsprojekte sollte das Projekt ausgewählt werden, welches den höchsten positiven Endwert erzielt. Dabei muß berücksichtigt werden, daß die verschiedenen Endwerte auf den gleichen Endzeitpunkt als Vergleichsbasis bezogen werden müssen. In der Regel wird der Endzeitpunkt des am längsten laufenden Projektes gewählt und die bereits abgeschlossenen Projekte werden entsprechend aufgezinst [93].

Ein weiteres dynamisches Verfahren zur Bewertung von Investitionsprojekten ist die Kapitalwertmethode. Das zu bewertende Projekt wird in diesem Fall so mit Ergänzungsprojekten kombiniert, daß in $t=1, 2, \ldots T$ weder Überschuß noch Defizit erzielt werden. Der Überschuß bzw. das Defizit in $t=0$ heißt *Kapitalwert*. Der Kapitalwert wird durch Abzinsen (Diskontieren) aller Zahlungen auf den Zeitpunkt $t=0$ berechnet (Bild 3-14). Der Kapitalwert ist damit derjenige Wert, der zu Beginn eines Projekts ent-

3.6 Investitionsrechnung

Kalkulationszinsfuß i = 10% = 0,1	$C_T = \sum_{t=0}^{T} z_t \cdot q^{T-t}$ mit $q = i + 1$			
Zeitpunkt (t)	0	1	2	3
Projekt-Zahlungsreihe (z_t)	-1.000	400	300	400
Zahlungsreihen der Ergänzungsprojekte	1.000			-1.331
		-400		484
			-300	-330
Zahlungsreihe des kombinierten Projekts	0	0	0	-117

⇨ **Das Projekt ist nicht rentabel, da der Endwert negativ ist.**

Bild 3-13. Endwert

nommen bzw. zugeschossen wird, so daß das Projekt am Ende der Laufzeit ohne Gewinn oder Verlust abgeschlossen wird. Das Projekt ist dann als vorteilhaft anzusehen, wenn der Kapitalwert positiv ist.

Bei der Kapitalwert- und der Endwertmethode wird vorausgesetzt, daß vollständige Investitionsalternativen vorliegen und daß Rückflüsse sofort wieder zum Kalkulationszinsfuß angelegt werden können (Ergänzungsprojekte) [15].

Bei dem Vergleich mehrerer Projekte ist das Investitionsprojekt zu wählen, das den höchsten Kapitalwert aufweist. Auch hier muß der Bezugszeitpunkt der einzelnen Projekte gleich sein.

Die *Annuität* stellt den Durchschnittsgewinn einer Investition inklusive Zinseszins dar. Zur Ermittlung der Annuität eines Investitionsprojektes wird die Zahlungsreihe des Projekts so mit Ergänzungsprojekten kombiniert, daß zum Zeitpunkt t = 0 weder Überschuß noch Defizit, in den übrigen Zeitpunkten t = 1, 2, ... T ein gleich hoher Überschuß bzw. ein gleich hohes Defizit (Annuität) entsteht. Somit ist die Annuität derjenige Betrag, der jährlich dem Projekt entnommen werden kann bzw. der zuzuschießen ist, ohne daß zu Beginn oder am Ende der Laufzeit zusätzliche Überschüsse oder Defizite anfallen. Die Annuität läßt sich sowohl über den Kapitalwert als

Kalkulationszinsfuß i = 10% = 0,1	$C_T = \sum_{t=0}^{T} z_t \cdot q^{-t}$ mit $q = 1 + i$			
Zeitpunkt (t)	0	1	2	3
Projekt-Zahlungsreihe (z_t)	-1.000	400	300	400
Zahlungsreihen der Ergänzungsprojekte (hier Finanzierungen)	363,6			
	247,9	-400		
	300,5		-300	-400
Zahlungsreihe des kombinierten Projekts	-88,0	0	0	0

⇨ Das Projekt ist nicht rentabel, da der Kapitalwert negativ ist.

Bild 3-14. Kapitalwert

auch über den Endwert berechnen:
$c = C_o \, i \, q^n / (q^n - 1)$ mit $q = 1 + i$
$c = C_T \, i / (q^n - 1)$ mit $q = 1 + i$

Das Projekt ist dann als vorteilhaft anzusehen, wenn die Annuität positiv ist. Beim Vergleich mehrerer Projekte ist das Projekt mit der höchsten Annuität zu wählen, wenn alle Projekte sich auf den gleichen Zeitraum beziehen. Das Projekt mit der höchsten Annuität muß jedoch nicht das beste sein, wenn es eine kürzere Laufzeit hat und/oder später durchgeführt wird als Vergleichsprojekte.

Die Beurteilung der Vorteilhaftigkeit eines einzelnen Projekts mit Hilfe von Endwert, Kapitalwert oder Annuität führt unabhängig von der gewählten Methode immer zum gleichen Ergebnis.

Während bei den bisher vorgestellten dynamischen Methoden zur Investitionsrechnung ein fester Zinssatz vorgegeben wird, besteht die umgekehrte Möglichkeit, den Zinswert zu bewerten, für den ein Investitionsprojekt vorteilhaft ist. Es wird demnach der Zinsfuß ermittelt, bei dem der Endwert und der Kapitalwert (und damit auch die Annuität) gleich null ist:
$C_o(r) = \sum z_r (1+r)^{-t} = 0$

3.6 Investitionsrechnung

Der Zinsfuß r wird als *interner Zinsfuß* bezeichnet. Das Projekt ist dann als vorteilhaft anzusehen, wenn r > i ist. Vor Anwendung des internen Zinsfuß-Kriteriums muß überprüft werden, ob das Projekt genau einen positiven internen Zinsfuß hat. Es muß geprüft werden, ob für alle i < r negative und für alle i > r positive Kapital-, Endwerte bzw. Annuitäten vorliegen.

4 Arbeitssteuerung

Einleitend werden in diesem Kapitel die Aufgaben der *Arbeitssteuerung* beschrieben. Die Beschreibung erfolgt zunächst unabhängig von den bestehenden aufbau- und ablauforganisatorischen Gestaltungsmöglichkeiten. Unterschiedliche Ausprägungen der Arbeitssteuerung werden schließlich anhand von betriebstypabhängigen Ablaufstrukturen und anhand von speziellen Verfahren der Arbeitssteuerung erläutert.

4.1
Aufgaben der Arbeitssteuerung

Aufgabe der Arbeitssteuerung ist die termin-, kapazitäts- und mengenbezogene Planung und Steuerung der Fertigungs- und Montageprozesse. In der einschlägigen Literatur existiert neben dem Begriff der Arbeitssteuerung auch der der *Produktionsplanung und -steuerung (PPS)*. Letzterer umfaßt dieselben Inhalte wie der Begriff Arbeitssteuerung [95]. Die Begriffe werden deshalb im folgenden synonym verwandt.

Während die Arbeitsplanung den Inhalt und die Einzelprozesse der Fertigung und der Montage zu gestalten hat, regelt die Arbeitssteuerung den Ablauf der Tätigkeiten in der Fertigung im Rahmen der Auftragsabwicklung. Dabei regelt sie, wann unter Berücksichtigung der Vorgaben der Arbeitsplanung einerseits und der vorgegebenen *logistischen Zielgrößen* andererseits welche Teilprozesse in welcher Reihenfolge einen Produktionsfaktor beanspruchen.

Zu den Zielen der Arbeitssteuerung gehören
- hohe *Termintreue*,
- hohe und gleichmäßige *Kapazitätsauslastung*,

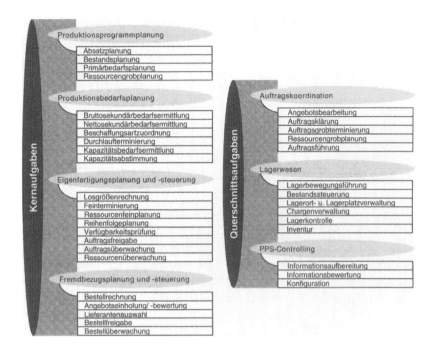

Bild 4-1. Aufgabengliederung der PPS [96]

- kurze *Durchlaufzeiten*,
- geringe Lager- und *Werkstattbestände* und
- hohe *Flexibilität*.

Die Aufgaben im Rahmen der PPS lassen sich in *Kernaufgaben* und *Querschnittsaufgaben* aufteilen [96] (s. Abschn. 1.3, Bild 1-10). Während die Kernaufgaben die Abwicklung eines Auftrags vorantreiben sollen, dienen die Querschnittsaufgaben der bereichsübergreifenden Integration und Optimierung der PPS.

Die Kernaufgaben sind die langfristige *Produktionsprogrammplanung*, die mittelfristige *Produktionsbedarfsplanung*, die kurzfristige *Eigenfertigungsplanung und -steuerung* und die ebenfalls kurzfristige *Fremdbezugsplanung und -steuerung*. Querschnittsaufgaben sind die *Auftragskoordination*, das *Lagerwesen* und das *PPS-Controlling* (Bild 4-1).

Im Rahmen der Aufgabendurchführung werden die Produktionsressourcen, also Betriebsmittel und Personal, von übergeordneten zu unterge-

4.2 Produktionsprogrammplanung

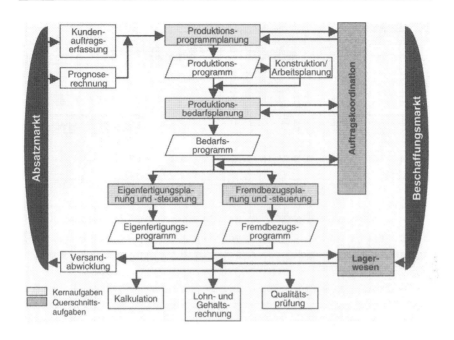

Bild 4-2. Ablauf der PPS [96]

ordneten Planungsstufen mit zunehmendem Detaillierungsgrad und abnehmendem *Planungshorizont* geplant. Die Planungsergebnisse einer Stufe sind Vorgaben für die nächstfolgende Stufe (Bild 4-2). Mit Hilfe einer regelkreisähnlichen Abstimmung erfolgt die Rückführung von Informationen an die nächsthöhere Planungsstufe.

Die nachfolgende Beschreibung der PPS-Aufgaben erfolgt zweigeteilt. Zunächst wird ein Überblick über die jeweilige Hauptaufgabe gegeben. Danach werden die einzelnen Aufgaben beschrieben und die zur Aufgabenerfüllung eingesetzten Verfahren vorgestellt (s. Abschn. 4.2 bis 4.8).

4.2 Produktionsprogrammplanung

In der Produktionsprogrammplanung werden die herzustellenden Erzeugnisse nach Art, Menge und Termin für einen definierten Planungszeitraum festgelegt. Ergebnis ist der hinsichtlich seiner Absetzbarkeit und

Bild 4-3. Aufgaben der Produktionsprogrammplanung

Realisierbarkeit abgestimmte *Produktionsplan*, der verbindlich festlegt, welche Leistungen (*Primärbedarfe* = verkaufsfähige Erzeugnisse sowie kundenanonym vorzuproduzierende Standardkomponenten) in welchen Stückzahlen (Mengen) zu welchen Zeitpunkten produziert werden sollen [95, 97]. In Bild 4-3 sind die Aufgaben der Produktionsprogrammplanung dargestellt.

Die Produktionsprogrammplanung ist eine *rollierende* Planung, die periodisch, z. B. monatlich, durchgeführt wird. Die *Planungsperioden* werden dabei gegenüber der letzten Planung jeweils um eine Periode in die Zukunft fortgeschrieben. Der *Planungshorizont* liegt üblicherweise zwischen 0,5 und 2 Jahren. *Planungshorizont* und -genauigkeit können in Abhängigkeit von den zu planenden *Erzeugnissen* und *Komponenten* jedoch individuell sehr verschieden sein.

Die Planung des Produktionsprogramms ist eng mit der *Absatzplanung* verbunden, da sich die geplanten Absatzzahlen nur dann realisieren lassen, wenn die Erzeugnisse auch in den jeweils erforderlichen Mengen produziert werden können. Das *Produktionsprogramm* kann somit zwangsläufig nur in enger Abstimmung zwischen Produktion und Vertrieb entstehen. Zu bestimmen sind die gewinn- bzw. kostenoptimalen Absatz- bzw. Produktionszahlen unter Berücksichtigung kapazitiver Restriktionen.

Um zu überprüfen, ob das Produktionsprogramm zu einer ausgeglichenen Belastung der Kapazitäten führt und ob der zu erwartende Materialbedarf gedeckt ist, wird eine grobe Ressourcenplanung durchgeführt. Dazu ist der Primärbedarf in Form einer Deckungsrechnung mit den in der Produktion zur Verfügung stehenden Ressourcen grob abzustimmen. Zusammenfassend zeigt Bild 4-4 den Ablauf der Produktionsprogrammplanung.

Um Umfang und Komplexität der in der Produktionsprogrammplanung erforderlichen Berechnungen zu reduzieren, werden einerseits die Erzeugnisse zu Erzeugnisgruppen verdichtet oder nur repräsentative Gruppenvertreter betrachtet, und andererseits die Kapazitätseinheiten zu Kapazitätsgruppen zusammengefaßt oder aber nur Engpaßkapazitäten betrachtet. Man unterscheidet daher eine Produktionsprogrammplanung mit repräsentativen Erzeugnissen, bei der für jede Erzeugnisgruppe ein bez. Funktion, Leistung und so weiter typisches Produkt ausgewählt wird, von einer Produktionsprogrammplanung mit verdichteten Erzeugnisdaten. Alle Verfahren der *Datenverdichtung* basieren auf der Zielsetzung, die Datenmenge zu verringern, um die Planung bei vergröberter Genauigkeit kostengünstig und schnell durchführen zu können. Gängige Verfahren der Datenverdichtung sind beispielsweise Netzplantechnik, Belastungsprofile, Standard-Einsatzprofile und Referenzverfahren.

Die Produktionsprogrammplanung hat in Abhängigkeit vom vorliegenden Produktionstyp unterschiedliche Informationsgrundlagen und Aufgabenschwerpunkte. Während im Extremfall des reinen *Einzelauftragsfertigers* die Produktionsprogrammplanung ausschließlich auf der Basis von Kundenaufträgen erfolgt, wird bei der rein kundenanonymen Lagerfertigung der Produktionsplan durch die prognostizierten Absatzerwartungen bestimmt. Sind die von den Kunden geforderten Lieferzeiten geringer als die Beschaffungszeiten (hier verstanden als *Fertigungsdurchlaufzeiten* bei Eigenfertigung und Wiederbeschaffungszeiten bei Fremdbezug), dann muß bis zu einer bestimmten Produktionsstufe, der sogenannten *Bevorratungsebene*, kundenanonym und erwartungsbezogen produziert bzw. eingekauft werden. In der Produktionsprogrammplanung werden die entsprechenden Planmengen für die einzelnen Planungsperioden ermittelt. Oberhalb der Bevorratungsebene wird dann erst bei Vorliegen von Kundenaufträgen kundenauftragsbezogen produziert.

Die Grenzfälle einer rein erwartungsbezogenen Produktion (Bevorratungsebene = Enderzeugnis) und einer rein kundenauftragsbezogenen Produktion (Bevorratungsebene = Kaufteile bzw. Rohmaterial) liegen in der betrieblichen Praxis nur äußerst selten vor. Zumeist sind die auftragsgebundene und die lagergebundene Produktion in den Unternehmen nebeneinander anzutreffen. Je nach Standardisierungsgrad der Erzeugnisse (ohne Varianten, mit Standardvarianten oder mit kundenindividuellen Varianten) entstehen zudem gemischte Produktionsformen, die zwischen einer kundenbezogenen Auftragsfertigung und einer erwartungsbezogenen Lagerfertigung anzusiedeln sind. In der Produktionsprogrammplanung sind daher entsprechende Planungsarten vorzusehen, die eine kundenanonyme Vorplanung von Komponenten auf

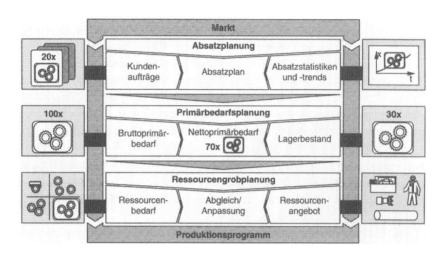

Bild 4-4. Ablauf der Produktionsprogrammplanung [98]

Baugruppenebene oder auch von Gleich- und Unterschiedsteilen bei Varianten erlauben. Die später eintreffenden Kundenaufträge müssen dann mit den Primärbedarfen verrechnet werden, damit der aus dem Produktionsprogramm abgeleitete erwartete Bedarf und der Bedarf aus den Kundenaufträgen nicht additiv in die Materialdisposition eingehen.

Ergebnisse einer umfassenden Produktionsprogrammplanung sind einerseits ein *Produktionsplan* für ausgewiesene *Primärbedarfe* und andererseits ein Rahmenbeschaffungsplan für den *Einkauf*. Die im Rahmen dieser Hauptaufgabe anfallenden Aufgaben werden nachfolgend beschrieben.

4.2.1
Absatzplanung

Mit der *Absatzplanung* wird festgelegt, in welchen Perioden welche Mengen eines vorgegeben Erzeugnissortiments lieferbar sein sollen (Bild 4-5). Die Absatzplanung wird in der Regel für Erzeugnisgruppen durchgeführt, wenn aufgrund der hohen Anzahl an Enderzeugnissen eine Planung auf Enderzeugnisebene aus Aufwandsgründen nicht ratsam ist. Die Daten für den Absatzplan werden entweder aus Absatzprognosen oder aus Vorgaben der Gewinn- und Umsatzplanung abgeleitet. Während im ersten Fall auf der Basis aggregierter und in die Zukunft prognostizierter Vergangenheitswerte ge-

4.2 Produktionsprogrammplanung

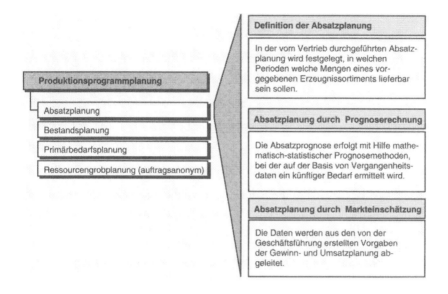

Bild 4-5. Absatzplanung im Rahmen der Produktionsprogrammplanung

rechnet wird, erfolgt im zweiten Fall eine Aufteilung der Absatzmengen auf einzelne Produktgruppen ausgehend von einer Umsatzzielvorgabe [99, 100].

Unternehmen, die Teile, Baugruppen oder Erzeugnissen kundenanonym vorproduzieren, müssen die entsprechenden Bedarfe auf der Basis von Absatzprognosen bestimmen.

Der Bedarf von Standarderzeugnissen und -komponenten wird allerdings nicht nur prognostiziert, um eine Vorratsproduktion rechtzeitig anstoßen zu können, sondern auch, um unabhängig vom Kundenauftragsbezug einer Fertigung durch eine grobe Ressourcenplanung die Machbarkeit des geplanten Absatzes prüfen zu können.

Die *Absatzprognose*, bei der auf der Basis von Vergangenheitsdaten ein wahrscheinlicher künftiger Bedarf ermittelt wird, erfolgt mit Hilfe mathematisch-statistischer *Prognosemethoden*. Die Auswahl eines geeigneten Verfahrens wird durch den Trend des Absatzverlaufs bestimmt (z. B. steigender Absatz, saisonale Absatztrends und so weiter). Je nach Absatzverlauf kommen dann unterschiedliche Prognoseverfahren zum Einsatz, von denen einige gängige Verfahren nachfolgend aufgeführt sind:
- ungewichtete oder gewichtete, gleitende Mittelwertbildung,
- exponentielle Glättung erster Ordnung,
- exponentielle Glättung zweiter Ordnung,

- Verfahren nach Winters,
- Hochrechnung (Extrapolation).

Der unter Berücksichtigung des Absatzmarkts vom Vertrieb aufgestellte Absatzplan ist mit den Restriktionen der Produktion abzustimmen. Dazu dienen die Bestandsplanung, die Primärbedarfs- und die Ressourcengrobplanung.

4.2.2
Bestandsplanung

Voraussetzung für eine differenzierte und möglichst präzise Ermittlung der Primärbedarfe ist das Vorliegen anforderungsgerechter *Dispositionsstrategien* und geeigneter *Dispositionsparameter*, wie beispielsweise die Festlegung von *Sicherheitsbeständen* oder die *Reichweite von Lagerbeständen*. Ziel der *Bestandsplanung* ist es, einerseits keine hohen Lagerbestände vorzuhalten und andererseits das Auftreten von Fehlmengen zu vermeiden, um die zur Realisierung der gewünschten Absatzmengen benötigten Erzeugnis- und/oder Komponentenmengen rechtzeitig bereitzustellen [96, 101].

Zu diesem Zweck ist es zunächst erforderlich, die *Bevorratungsebenen* für die einzelnen Enderzeugnisse oder Erzeugnisgruppen festzulegen. In Abhängigkeit der vom Markt geforderten Lieferzeiten und der innerbetrieblichen Durchlaufzeiten bzw. Wiederbeschaffungszeiten werden die Bevorratungsebenen so bestimmt, daß in der zur Verfügung stehenden Restdurchlaufzeit die zugesagten Liefertermine realisiert werden können. Eine *Bevorratung* auf einer Stufe mit hohem Fertigstellungsgrad (z.B. endmontagefähige Baugruppen) ermöglicht kurze Lieferzeiten, hat aber eine hohe Kapitalbindung aufgrund der großen Lagerbestände zur Folge. Bei einer Bevorratung auf einer niedrigen Fertigstellungsstufe (z.B. Teilefertigung) ist zwar die Kapitalbindung gering, die Lieferzeit in der Regel aber höher. Häufig werden in diesem Zusammenhang *Lagerkennlinien* zur Unterstützung der Bestandsplanung eingesetzt [101].

Auf der Basis einer *ABC-* und/oder *XYZ-Analyse* kann anschließend ein geeignetes Verfahren zur *Bedarfsermittlung* bestimmt werden (Bild 4-6). Im Falle der stochastischen Bedarfsermittlung sind im weiteren geeignete Prognoseverfahren auszuwählen. Dazu sind auf der Grundlage einer *Zeitreihenanalyse* der Vergangenheit die entsprechenden *Verbrauchsmodelle* zu ermitteln. Diesen Verbrauchsmodellen werden dann geeignete Prognoseverfahren zugeordnet.

Vorhersage-genauigkeit \ Wertigkeit	A	B	C
X	hoher Verbrauchswert hoher Vorhersagewert	mittlerer Verbrauchswert hoher Vorhersagewert	niedriger Verbrauchswert hoher Vorhersagewert
Y	hoher Verbrauchswert mittlerer Vorhersagewert	mittlerer Verbrauchswert mittlerer Vorhersagewert	niedriger Verbrauchswert mittlerer Vorhersagewert
Z	hoher Verbrauchswert niedriger Vorhersagewert	mittlerer Verbrauchswert niedriger Vorhersagewert	niedriger Verbrauchswert niedriger Vorhersagewert

Bild 4-6. ABC- und XYZ-Analyse [117]

Abschließend sind die für die einzelnen Verfahren erforderlichen Dispositionsparameter festzulegen. Insbesondere bei der Planung der Reichweite von Lagerbeständen und der Festlegung von Sicherheitsbeständen sind die Spezifika der einzelnen Erzeugnisse und vorzuplanenden Komponenten, wie beispielsweise Preise, Umsatzanteile, saisonales Verhalten und ähnliches zu berücksichtigen.

4.2.3 Primärbedarfsplanung

Der aus der Absatzplanung und aus bereits vorliegenden Kundenaufträgen sowie ggf. weiteren internen Bedarfen stammende *Bruttoprimärbedarf* wird durch Abgleich mit den Lagerbeständen als *Nettoprimärbedarf* ausgewiesen. Falls in der Absatzplanung mit aggregierten Werten für Erzeugnisgruppen gerechnet wurde, sind diese Daten in der *Primärbedarfsplanung* zu disaggregieren. Dazu sind über die Anteilsfaktoren der jeweiligen Enderzeugnisse als Mitglieder einer Produktgruppe und ggf. vorhandenen Mengenrelationen (z. B. Umwandlung von Tonnen in Stück) die konkreteren Werte für Enderzeugnisse zu ermitteln [97, 101].

Bei Erzeugnissen, die kundenauftragsbezogen produziert werden, sind in der Regel einzelne Kundenauftragspositionen noch nicht vollständig konstruktiv spezifiziert. Diese Auftragspositionen müssen nach der Auftragsklärung einer Erzeugnisgruppe bzw. einem Erzeugnis vorläufig zugeordnet werden, um in der Primärbedarfsplanung berücksichtigt zu werden. Dies gilt für Kundenauftragspositionen, die nicht direkt in die *Produktionsbedarfsplanung* eingehen, sondern längerfristig in die Planungsperioden der Produktionsprogrammplanung fallen.

Ergebnis dieses Planungsschritts ist ein vorläufiger Produktionsplan (*Produktionsprogrammvorschlag*) mit *Nettoprimärbedarfen*, die sich aufgrund von geplanten Absatzzahlen, bereits angenommen Kundenaufträgen und internen Bedarfen ergeben. Dieser vorläufige Produktionsplan muß im nächsten Arbeitsschritt noch mit den verfügbaren Ressourcen abgestimmt werden.

4.2.4
Ressourcengrobplanung (auftragsanonym)

In der *Ressourcengrobplanung* im Rahmen der Produktionsprogrammplanung wird überprüft, ob die Absatzpläne und Produktionsprogramme mit den vorhandenen Ressourcen realisierbar sind, das heißt die nach Art, Menge und Termin festgelegten Bedarfe an Erzeugnissen und/oder Komponenten werden grob eingeplant und mit den verfügbaren Ressourcen abgeglichen. In diesem Zusammenhang werden Personal, Betriebsmittel, Hilfsmittel und Material als Ressourcen bezeichnet. Falls mit repräsentativen oder verdichteten Daten gerechnet wird, müssen die Bedarfe aus dem Produktionsprogrammvorschlag den Ersatzdaten (z.B. Erzeugnisprofilen) zugeordnet werden. Für *Standarderzeugnisse* erfolgt die Planung dagegen mit den normalen Stücklisten- und Arbeitsplandaten [95, 102].

Im Zuge der *Materialdeckungsrechnung* wird sichergestellt, daß das vorhandene Materialangebot zur Deckung des ermittelten vorläufigen Primärbedarfs ausreicht. Dabei wird beispielsweise mit kumulierten Materialgruppenbedarfen oder *Materialprofilen* gerechnet. In der *Kapazitätsdeckungsrechnung* wird ermittelt, ob das vorhandene Kapazitätsangebot zur Deckung des errechneten Bedarfs ausreicht. Hier bietet es sich an, beispielsweise mit *Grobarbeitsplänen* oder *Kapazitätsprofilen* zu arbeiten.

Wird festgestellt, daß der Primärbedarf nicht gedeckt werden kann, ist eine *Ressourcenabstimmung* notwendig. Dabei läßt sich einerseits durch eine zeitliche Verschiebung der Primärbedarfe ein Abgleich vornehmen.

Andererseits kann das Ressourcenangebot z.B. durch Sonderschichten angepaßt werden. Reichen diese Mittel zur Abstimmung nicht aus, so ist unter Umständen sogar eine Änderung des Absatzplans erforderlich.

4.3 Produktionsbedarfsplanung

Die mittelfristige Produktionsbedarfsplanung hat die Aufgabe, ausgehend von einem zu realisierenden Produktionsprogramm die hierzu mittelfristig erforderlichen Ressourcen zu planen. Eine in der PPS meist vorgenommene Stufenplanung der Material- und Zeitwirtschaft weist einige Nachteile auf. Die Ergebnisse der *Materialwirtschaft* sind Eingangsgrößen der folgenden *Zeitwirtschaft*. Rückkopplungen sind dabei häufig nur schwierig zu realisieren. Aus dem Operations Research stammen einige Ansätze zur simultanen Planung von Material und Kapazität. Diese Planungsmodelle scheitern allerdings in der Praxis an den hohen zu bewältigenden Datenvolumina. In der vorliegenden Gliederung sind Material- und Kapazitätsbetrachtungen in der Produktionsbedarfsplanung zusammengefaßt [100, 103].

Die Produktionsbedarfsplanung erhält als Eingangsinformation den zu realisierenden Produktionsplan, der Ergebnis der langfristigen Produktionsprogrammplanung ist. Dort sind bezogen auf Produkte oder Produktbereiche beispielsweise für einen *Planungshorizont* von einem Jahr monatlich zu produzierende Mengen vorgegeben *(Planungsraster)*. Die mittelfristige Produktionsbedarfsplanung hat die Aufgabe, die Realisierbarkeit des Produktionsprogramms mit geeignet geplanten *Beschaffungsprogrammen* sicherzustellen. Die hierbei betrachteten Ressourcen

Bild 4-7. Aufgaben der Produktionsbedarfsplanung

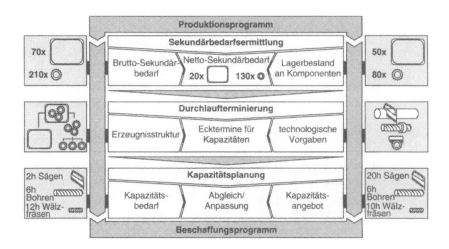

Bild 4-8. Ablauf der Produktionsbedarfsplanung [98]

(Produktionsfaktoren) sind Betriebsmittel, Material *(Sekundärbedarfe)*, Personal, Transportmittel etc., das heißt alle Mittel, die in den betrieblichen Produktionsprozeß einfließen. Aus den Primärbedarfen sind die Bedarfe an Rohstoffen, Teilen und Gruppen abzuleiten. Die ermittelten *Bruttosekundärbedarfe* sind den Beständen gegenüberzustellen. Weiterhin ist die Zuordnung des Teilebedarfs zur korrekten *Beschaffungsart* (Fremdbezug / Eigenfertigung) vorzunehmen. Schließlich erfolgen die klassischen Aufgaben der Zeitwirtschaft. Die von der Produktionsbedarfsplanung durchzuführenden Aufgaben sind in Bild 4-7 dargestellt. Bild 4-8 stellt den Ablauf innerhalb der Produktionsbedarfsplanung dar.

4.3.1
Bruttosekundärbedarfsermittlung

Die erste innerhalb der Produktionsbedarfsplanung durchzuführende Aufgabe ist die *Bruttosekundärbedarfsermittlung*. Der *Bruttosekundärbedarf* wird zunächst ohne Berücksichtigung der Lagerbestände ermittelt. Die verschiedenen Bedarfsarten *(Primär-, Sekundär-, Tertiärbedarf)* sowie die Einteilung der *Sekundärbedarfe* nach einer ABC-/XYZ-Analyse stellen die wesentlichen Einflußgrößen der zum Einsatz kommenden Verfahren der Bedarfsermittlung dar (Bild 4-9). Zu unterscheiden ist in *deterministische,*

4.3 Produktionsbedarfsplanung

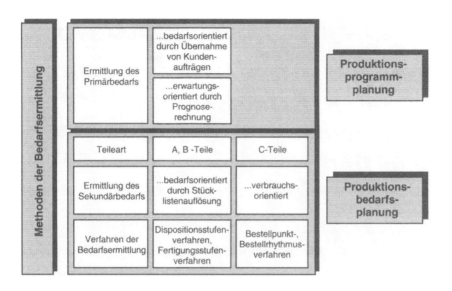

Bild 4-9. Methoden der Sekundärbedarfsermittlung

stochastische und heuristische Verfahren. Mittels einer *deterministischen Stücklistenauflösung* wird unter Berücksichtigung von Vorlaufzeiten, die in der Regel im Teilestamm der übergeordneten Komponenten hinterlegt sind, der Bedarf hinsichtlich Art, Menge und Termin ermittelt. Die Erzeugnisstruktur kann nach *Fertigungs-* oder nach *Dispositionsstufen* organisiert sein. Das sogenannte *Dispositionsstufenverfahren* wird in der Praxis häufiger angewandt, da hier Bruttobedarfe gleicher Teile zusammen disponiert werden können. Vorteile ergeben sich hinsichtlich eines verringerten Rechenaufwands sowie geringerer Lagerbestände [95, 99, 104].

Kennzeichen der *stochastischen Bedarfsermittlung* ist die Prognose der zu erwartenden Bedarfe mit Hilfe statistischer Prognoseverfahren, wobei als Datengrundlage die Verbrauchswerte der Vergangenheit dienen. Bei der heuristischen Bedarfsermittlung basieren die ermittelten Bedarfe lediglich auf subjektiven Schätzungen des Disponenten. Diese Methode kommt insbesondere dann zum Einsatz, wenn sich aufgrund des geringen Werts der betrachteten Güter die beiden anderen Methoden als zu aufwendig erweisen oder aber eine unzureichende Datenbasis für die Anwendung dieser Methoden besteht (s. Abschn. 4.3.2).

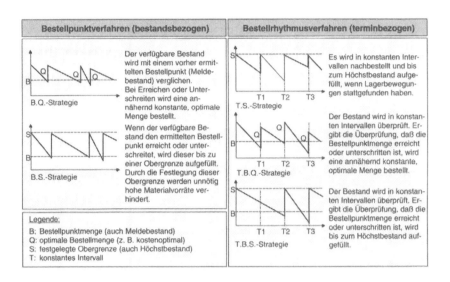

Bild 4-10. Verbrauchsorientierte Bedarfsermittlung [117]

4.3.2
Nettosekundärbedarfsermittlung

Die Ermittlung des zu beschaffenden *Sekundärbedarfs* ist Aufgabe der Nettosekundärbedarfsermittlung. Der Bruttosekundärbedarf wird unter Berücksichtigung von Lagerbeständen, Reservierungen, Umlauf-, Sicherheits-, Meldebeständen sowie Bestellungen auf den *Nettosekundärbedarf* reduziert. Verfahren der *verbrauchsorientierten Nettosekundärbedarfsermittlung* sind in Bild 4-10 aufgeführt. Der Nettosekundärbedarf ist der einer bestimmten Periode zugeordnete Bedarf, der bisher weder lagerbestandsmäßig verfügbar, noch in einem bereits geplanten bzw. veranlaßten Auftrag zur Bedarfsdeckung enthalten ist. Der Bedarf kann entweder einzeln auf einen Termin genau geführt werden (Terminbedarf) oder innerhalb einer Periode zusammengefaßt sein (Periodenbedarf). Die Bestimmung wirtschaftlicher Losgrößen respektive optimaler Bestellmengen wird in den Aufgabenbereichen Eigenfertigungs- sowie Fremdbezugsplanung und -steuerung durchgeführt.

4.3.3
Beschaffungsartzuordnung

Die Entscheidung, ob ein ermittelter Bedarf durch Eigenfertigung oder Fremdbezug gedeckt werden soll, wird in der Beschaffungsartzuordnung getroffen. Einschränkend sei hierzu angemerkt, daß insbesondere beim Vorliegen einer Lagerfertigung die benötigte Information bereits im Teilestamm vorliegt. Die hier angesprochene Make-or-buy-Problematik stellt für Produktionsunternehmen eine zentrale Entscheidung über die optimale Leistungstiefe dar. Auf der strategischen Ebene (Geschäftsführung) ist bereichs- (abteilungs-) neutral festzulegen, welche Teile der Wertschöpfung im Unternehmen stattfinden, weil sie für die technologische Differenzierung am Markt notwendig sind und gleichzeitig wirtschaftlich gefertigt werden können (verglichen mit dem Fremdbezug bei leistungsfähigen Lieferanten) [105]. Anschließend werden die Nettosekundärbedarfe als Bestell- und Fertigungsaufträge periodenbezogen zusammengefaßt.

4.3.4
Durchlaufterminierung

Die *Durchlaufterminierung* stellt zeitliche Zusammenhänge zwischen den Fertigungsaufträgen her (Bild 4-11). Durch Aneinanderreihung von Fertigungsaufträgen, die aufgrund der Erzeugnisstrukturen miteinander in Beziehung stehen, wird ein Netzplan erstellt, der die gegenseitigen Ab-

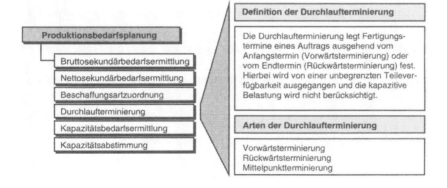

Bild 4-11. Verfahren der Durchlaufterminierung

hängigkeiten zum Ausdruck bringt. Die zeitliche Strukturierung des Fertigungsprozesses, die auch in Form der Vorlaufverschiebung bei der Sekundärbedarfsermittlung erfolgt, wird hier mit einem höheren Genauigkeitsgrad durchgeführt. Verglichen mit der kurzfristigen Eigenfertigungsplanung und -steuerung werden hier mittelfristige Planungszeiträume betrachtet. Ergebnis der Durchlaufterminierung im Rahmen der Produktionsbedarfsplanung sind Ecktermine bezogen auf Kapazitäten bzw. Kapazitätsgruppen. Die tatsächliche Belastungssituation kann erst später berücksichtigt werden [100].

Die (periodenbezogenen) Beschaffungsaufträge und hier insbesondere die Eigenfertigungsaufträge werden mittels einer Durchlaufterminierung verplant, indem Zwischentermine je Arbeitsgang aufgrund der technologisch bedingten Arbeitsabläufe festgelegt werden. Die Durchlaufzeit setzt sich aus der *Belegungszeit (Rüst- und Bearbeitungszeit)* sowie der *Übergangszeit (Wartezeiten vor und nach Bearbeitung, Kontroll- und Transportzeit)* zusammen. Bei der Durchlaufterminierung wird von unbegrenzten bzw. freien Kapazitäten ausgegangen, das heißt die Belastung der Kapazitäten wird (noch) nicht berücksichtigt. Die Planungsgrundlagen für diese Aufgabe stellen *Arbeitspläne* sowie *Übergangsmatrizen* dar. In einer Übergangsmatrix sind Planwerte der Übergangszeiten für jeden Übergang von einem Arbeitsplatz zum nächsten hinterlegt. Die Durchlaufterminierung unterscheidet drei Terminierungsarten:

- Bei der *Vorwärtsterminierung* wird ausgehend von einem fixen Starttermin der früheste Fertigstellungstermin berechnet.
- Die *Rückwärtsterminierung* geht von einem fixen Bedarfsendtermin aus und errechnet von dort aus den spätest möglichen Starttermin, der nötig ist, um den Auftrag termingerecht fertigstellen zu können.
- Bei der *Mittelpunktterminierung* wird von einem Mittelpunkttermin ausgegangen. Von diesem Zeitpunkt aus wird in die Zukunft eine Vorwärtsterminierung und in die Vergangenheit eine Rückwärtsterminierung vorgenommen. Mit einer Mittelpunktterminierung ist es möglich, bei einem beliebigen Arbeitsgang aufzusetzen. Für diesen Arbeitsgang kann ein fixer Termin eingeplant werden. Dies bietet sich z. B. beim Vorliegen und gesondertem Berücksichtigen von Enpaßmaschinen an.

4.3.5
Kapazitätsbedarfsermittlung

Bei der Durchlaufterminierung wurde von unbegrenzt zur Verfügung stehenden Kapazitäten ausgegangen. Da die *Fertigungskapazitäten* tatsächlich aber begrenzt sind, muß der sich durch die Einlastung von Aufträgen ergebende *Kapazitätsbedarf* ermittelt und dem verfügbaren *Kapazitätsangebot* gegenübergestellt werden. Die Kapazitätsbedarfsermittlung ermittelt aus den terminierten Arbeitsgängen (s. Abschn. 4.3.4) den Kapazitätsbedarf in den Planungsperioden. Die Stückzeiten werden mit den Stückzahlen multipliziert. Man erhält die Bearbeitungszeit, mit der die dem Arbeitsgang zugeordnete Kapazität oder Kapazitätsgruppe in der betroffenen Planungsperiode belastet wird. Dieser Vorgang kann sich in sehr unterschiedlichen Varianten abspielen. Kapazitäten können neben Maschinen z. B. Personal, Werkzeuge oder Transportfahrzeuge sein. Der Kapazitätsbedarf kann für eine Einzelkapazität oder, wie für eine mittelfristige Planung typisch, für eine Kapazitätsgruppe ermittelt werden. Die Grundlage für die Kapazitätsplanung muß nicht unbedingt der Arbeitsgang sein. Kapazitätsbedarfe können auch auf der Basis sogenannter *Kapazitätsprofile* oder *Grobarbeitspläne* berechnet werden. In diesen werden die Kapazitätsbedarfe speziell für die Verwendung in einer Kapazitätsplanung zusammengefaßt und aufbereitet. Eine weitere Variation kann dadurch entstehen, daß innerhalb derselben Planungsstufe unterschiedliche Kapazitätsarten parallel berücksichtigt werden sollen, z. B. Personal und Maschinen.

Nachdem die Kapazitätsbedarfe der Arbeitsgänge für alle relevanten Aufträge ermittelt wurden, werden sie pro Planungsperiode summiert. Das Ergebnis der Kapazitätsbedarfsermittlung ist damit ein *Kapazitätsbedarfsplan*, aus dem für jede betrachtete Kapazitätseinheit der Kapazitätsbedarf je Planungsperiode für den (Kapazitäts-) Planungshorizont ersichtlich ist.

4.3.6
Kapazitätsabstimmung

In der Kapazitätsabstimmung wird der Kapazitätsbedarf dem Kapazitätsangebot gegenübergestellt [100]. Im Gegensatz zur Durchlaufterminierung wird hierbei die tatsächliche Belastung der Kapazitäten berücksichtigt. Viele Aufträge konkurrieren gleichzeitig um inner- und außerbetriebliche

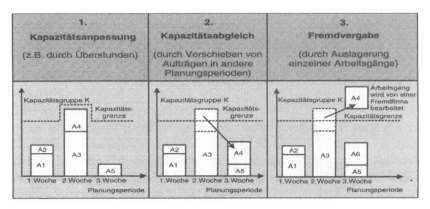

Bild 4-12. Möglichkeiten der Kapazitätsabstimmung

Ressourcen. Grundsätzlich existieren die beiden folgenden Möglichkeiten, Diskrepanzen zwischen Kapazitätsbedarf und -angebot auszugleichen (Bild 4-12):
- Die *Kapazitätsanpassung* erhöht das zur Verfügung stehende Angebot, indem z. B. Überstunden und/oder Sonderschichten vorgesehen werden.
- Der *Kapazitätsabgleich* verschiebt den (Spitzen-)Bedarf in andere Bereiche, das heißt, es wird eine zeitliche Verschiebung von Aufträgen, eine Auswärtsvergabe oder eine technische Verlagerung auf Ausweichmaschinen vorgenommen.

4.4
Eigenfertigungsplanung und -steuerung

Die im Rahmen der Produktionsbedarfsplanung gebildeten Fertigungsaufträge sind so eingeplant, daß dem Planungsergebnis zufolge die *Ressourcenverfügbarkeit* gesichert ist. Die eingeplanten Fertigungsaufträge enthalten Arbeitsgänge, die in einem oder mehreren Fertigungsbereichen abzuarbeiten sind. Durch eine *Ressourcenfeinplanung* soll die Verfügbarkeit der erforderlichen Kapazitäten gesichert werden (Bild 4-13). Durch die Bildung des Fremdbezugsprogramms werden in der Fremdbezugsplanung und -steuerung Bestellvorgänge veranlaßt, die die Verfügbarkeit der Fremdbezugsmaterialien sicherstellen sollen [96].

Die Produktionsbedarfsplanung ermittelt für die Fertigungsbereiche auf Basis der Arbeitspläne *Ecktermine* für die einzelnen Arbeitsgänge. Das

4.4 Eigenfertigungsplanung und -steuerung

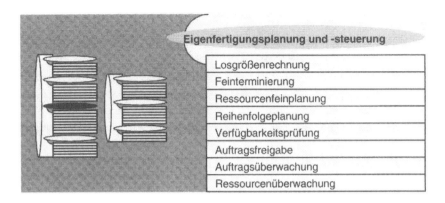

Bild 4-13. Aufgaben der Eigenfertigungsplanung und -steuerung

Kapazitätsangebot der einzelnen Abteilungen kann dabei nur grob berücksichtigt werden, da zum Zeitpunkt der Produktionsbedarfsplanung das Kapazitätsangebot zu den in der Zukunft liegenden Fertigungsterminen nur ungefähr bekannt ist. Maschinenstörungen, Personal- oder Werkzeugausfälle können im voraus nur auf der Basis von Erfahrungswerten berücksichtigt werden. Bild 4-14 zeigt den Ablauf in der Eigenfertigungsplanung und -steuerung.

Die Fertigungsaufträge des Eigenfertigungsprogramms können je nach Fertigungsstruktur die komplette Fertigung eines Enderzeugnisses oder ei-

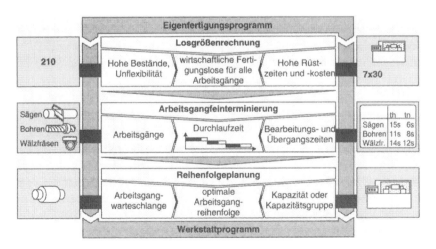

Bild 4-14. Ablauf der Eigenfertigungsplanung und -steuerung [98]

ner Baugruppe oder einzelne Arbeitsgangfolgen, wie z. B. Montagearbeiten, enthalten. Die Arbeitsinhalte sind mit Mengen und spätesten Endterminen vorgegeben.

In der Eigenfertigungsplanung und -steuerung werden die Planvorgaben im Rahmen des zur Verfügung stehenden Dispositionsspielraums detailliert und die Umsetzung kontrolliert. Der Dispositionsspielraum der Eigenfertigungsplanung ergibt sich aus der Differenz von frühest und spätest möglichem Starttermin der Fertigung und der Verteilung der zu fertigenden Mengen auf die Werkstattaufträge.

Bei einem frühen Fertigungsbeginn bleibt der Dispositionsspielraum erhalten. Die frühe Fertigstellung führt allerdings zu hohen Beständen. Außerdem ist die Durchlaufzeit unnötig hoch. Bei einem späten Fertigungsbeginn fallen diese Nachteile zwar weg, aber die Störanfälligkeit ist hoch und eine optimale Belegungsplanung z. B. hinsichtlich einer Rüstzeitoptimierung ist nur noch eingeschränkt möglich.

Dieser Konflikt führt zu der Bestrebung, einen optimalen Freigabetermin für die zu bildenden Werkstattaufträge zu bestimmen, bei dem einerseits der Dispositionsspielraum für Optimierungsvorgänge erhalten bleibt und andererseits unter der Restriktion der Termineinhaltung die Durchlaufzeiten und Bestände minimiert werden.

Bei der Feinplanung wird die simultane Planung aller am Fertigungsprozeß beteiligten Ressourcen angestrebt. Zwar ist die simultane Planung von Terminen und Kapazitäten unter Berücksichtigung einer zu optimierenden Nutzenfunktion mathematisch lösbar; sie ist jedoch mit einem hohen Rechenaufwand verbunden. Alternativ kann die Planung interaktiv durchgeführt werden, so daß die Erfahrungswerte des Menschen innerhalb des Feinplanungsvorgangs genutzt werden können.

Die auf der Basis von immer komplexer werdenden Regeln durchzuführende Feinplanungstätigkeit wird in besonderem Maße dann notwendig, wenn die Rückmeldedaten aus der Fertigung Soll-/Istabweichungen anzeigen, die wegen der durch die Störung verursachten Absenkung des Gesamtnutzens eine *Umplanung* erzwingen (Bild 4-15). Diese Umplanungen sind besonders hinsichtlich des Rechenaufwands dann problematisch, wenn durch bestehende Zusammenhänge von Arbeitsgängen viele andere Maschinen und auf ihnen eingelastete Arbeitsgänge betroffen sind und neu geplant werden müssen.

Die an den Maschinen entstehenden *Warteschlangen* werden durch *Prioritätsregeln* gesteuert. Gängige Prioritätsregeln sind *FIFO* (First In First

4.4 Eigenfertigungsplanung und -steuerung

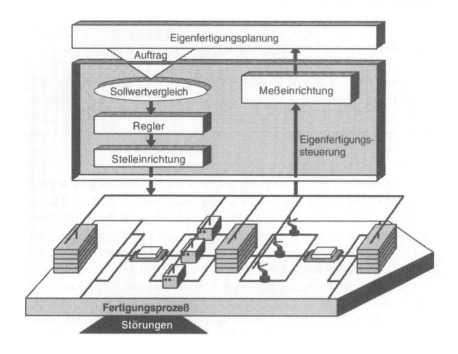

Bild 4-15. Fertigungsregelung (in Anlehnung an [106])

Out), KOZ (Kürzeste Operationszeit) oder die sogenannte *Schlupfzeitregel* (der Arbeitsgang mit der kleinsten noch verbleibenden Zeit bis zum Endtermin des Auftrags). Diese heuristischen Planungsregeln werden wegen ihrer unterschiedlichen Wirkung und der bestehenden Zielkonflikte oft kombiniert und in sehr fallspezifischer Art und Weise angewandt.

Die Erfassung der im Fertigungsbereich anfallenden Rückmeldedaten ist nicht Gegenstand der Eigenfertigungsplanung und -steuerung. Die steuernden Aufgaben beinhalten lediglich die Aufbereitung der Rückmeldedaten zur Überwachung der Fertigung und Weitergabe an andere PPS- und Unternehmensbereiche.

Die Überwachungsaufgaben dienen der kurzfristigen Kontrolle der Fertigung. Ein längerfristig gültiges Bild über das Fertigungsgeschehen wird im Rahmen des PPS-Controlling ermittelt, das z.B. Steuerungsstrategien und deren Auswirkungen transparent darstellt, um die Effizienz dieser Strategien beurteilen zu können. Das PPS-Controlling wird im wesentlichen mit den Rückmeldedaten der Fertigung gespeist.

4.4.1
Losgrößenrechnung

Die einem Fertigungsbereich zugeordneten Arbeitsgänge werden je nach Menge in ein oder mehrere *Fertigungslose* aufgeteilt. Die *Losgrößen* sind im Rahmen der Losgrößenrechnung festzulegen. Es werden wirtschaftlich optimale Losgrößen angestrebt. Der am häufigsten zu findende Kompromiß ist dabei der zwischen hohen Werkstattbeständen bei großen Losen und hohen *Rüstzeiten* und *Rüstkosten* bei kleinen Losen [99, 107].

Die eigentliche *Losgrößenbildung* wird auf sehr unterschiedliche Art und Weise durchgeführt. Oft werden die Losgrößen vor dem Erfahrungshintergrund der Mitarbeiter einmalig intuitiv festgelegt und nur dann verändert, wenn sich die Losgröße als Grund für eine Unwirtschaftlichkeit der Fertigung klar erkennen läßt. In anderen Fällen basiert die Berechnung der Losgrößen auf Losgrößenformeln. Die Berechnung der Losgröße kann sporadisch, einmal in einem festzulegenden Zeitraum oder bei jeder Losbildung erneut geschehen.

Die Bildung von Losen, in denen Teillose aus unterschiedlichen Kundenaufträgen zusammengefaßt werden, führt zu einer sogenannten Entkopplung der entsprechenden Fertigungsstufe. Entkopplung bedeutet, daß die weitere Planung des Auftragsfortschritts ohne Berücksichtigung des Kundenauftragsbezugs der Teillose durchgeführt wird. Eine solche Berücksichtigung wäre wegen der Mischung der Kundenauftragsbezüge (Auftragsmix) sehr aufwendig. Eine Umplanung eines Kundenauftrags auf dieser Ebene würde zur Auflösung des Loses in die Teillose führen, um das dem umzuplanenden Auftrag zugehörige Teillos umplanen zu können.

4.4.2
Feinterminierung

Im Rahmen der Produktionsbedarfsplanung werden die Eckdaten der Fertigungsaufträge nur grob festgelegt. Die Feinterminierung ermittelt für die gebildeten Fertigungslose die Start- und Endtermine der Arbeitsgänge in jedem Fertigungsbereich neu. Dabei werden die im Eigenfertigungsprogramm vorgegebenen Ecktermine berücksichtigt. Den Arbeitsgängen werden Bearbeitungs- und Übergangszeiten zugeordnet. Die *Übergangszeiten* und die *Bearbeitungszeiten* der einzelnen Arbeitsgänge ergeben die

4.4 Eigenfertigungsplanung und -steuerung

Durchlaufzeit des Auftrags. Die Feinterminierung kann mit unterschiedlichen Vorgehensweisen durchgeführt werden [108].

Bei der Rückwärtsterminierung wird von einem fixen Endtermin ausgegangen. Das Ergebnis ist der späteste Starttermin. Entsprechend wird bei der Vorwärtsterminierung von einem fixen Starttermin ausgegangen und der früheste Endtermin ermittelt. Bei der Engpaß- oder *Mittelpunktterminierung* wird ein Arbeitsgang terminlich festgelegt. Die vorausgehenden Termine werden dann durch eine *Rückwärtsterminierung* und die nachfolgenden Termine durch eine *Vorwärtsterminierung* ermittelt. Sind mehrere Engpässe vorhanden oder sollen parallele Arbeitsgangfolgen berücksichtigt werden, wird eine *Netzterminierung* durchgeführt.

Die Feinterminierung liefert nicht immer ein befriedigendes Ergebnis. Der späteste Starttermin kann in der Vergangenheit oder der früheste, errechnete Endtermin nach dem spätest möglichen Endtermin liegen. Auch kann die Ressourcenfeinplanung fehlende Verfügbarkeiten einer oder mehrerer Ressourcen ergeben, oder es ist eine Terminverschiebung aufgrund von Störungen in der Fertigung entstanden. In diesen Fällen wird versucht, durch eine Durchlaufzeitverkürzung eine günstigere Planung zu erreichen.

Die Verkürzung der Durchlaufzeiten kann durch eine *Losaufteilung* oder eine *Loszusammenfassung* erreicht werden. Auch die Veränderung von Losgrößen ist möglich. Bei der Losaufteilung wird die Durchlaufzeit durch das *Splitten von Losen* und gleichzeitiges Bearbeiten an mehreren Maschinen oder durch das *Überlappen von Losen*, das heißt den Beginn eines Arbeitsgangs vor Ende des vorherigen, zu erreichen versucht. Die Zusammenfassung von Losen kann über die Einsparung von Rüstzeiten zu *Durchlaufzeitverkürzungen* führen.

Ist durch die Feinterminierung kein befriedigendes Planungsergebnis erreichbar oder kann das Fertigungsprogramm nicht umgesetzt werden, so ist die Produktionsbedarfsplanung entsprechend zu wiederholen.

4.4.3 Ressourcenfeinplanung

Bei der Feinterminierung wird davon ausgegangen, daß unbegrenzte Kapazitäten zur Verfügung stehen. Unter Ressourcen werden in diesem Fall das Material und die Kapazitäten an Personal, Betriebsmitteln und Hilfsmitteln verstanden. Im Rahmen der Ressourcenfeinplanung wird die tatsächliche Ressourcenbelastung berücksichtigt und die bisherige Planung entsprechend korrigiert [96].

Die Ressourcenfeinplanung beinhaltet zunächst die Gegenüberstellung von *Kapazitätsbedarf* und *Kapazitätsangebot*. Der Kapazitätsbedarf ergibt sich aus der Feinterminierung durch Summation der Belegungszeiten pro Kapazität und Planungszeiteinheit. Das Kapazitätsangebot ist die disponible, also nicht reservierte Belegungszeit pro Planungszeiteinheit, die die aktuellen Rückmeldungen aus der *Ressourcenüberwachung* berücksichtigt.

Durch die Gegenüberstellung von Kapazitätsbedarf und Kapazitätsangebot werden Kapazitätsüberlastungen und Kapazitätsunterauslastungen sichtbar. Dadurch wird eine Kapazitätsabstimmung notwendig, deren Hauptaufgabe in der Schaffung einer gleichmäßigen Kapazitätsauslastung liegt. Die Aufgabe wird dadurch erschwert, daß gleichzeitig andere Fertigungsziele wie die Minimierung von Werkstattbeständen und Rüstzeiten angestrebt werden.

Die *Kapazitätsabstimmung* kann im wesentlichen durch zwei Maßnahmen erreicht werden. Durch eine Anpassung der Ressourcen können Überlasten aufgefangen werden. Die Anpassung der Ressourcen kann z. B. durch die Veranlassung einer Sonderschicht erreicht werden. Sind neben den Überlasten auch Unterauslastungen vorhanden, so bietet sich der *Kapazitätsabgleich* an. Dabei wird versucht, die Überlast der betroffenen Kapazitäten zeitlich in Bereiche niedrigerer Belastung oder auf andere Kapazitäten zu verschieben und so eine gleichmäßigere Kapazitätsauslastung zu erreichen.

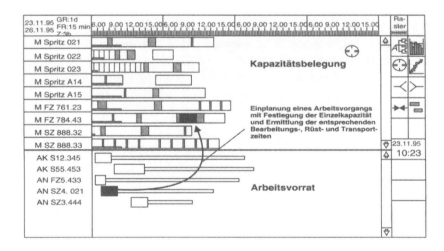

Bild 4-16. Leitstandseinsatz zur Ressourcenfeinplanung

Bei diesem Vorgehen kann es erforderlich sein, Start- und Endtermine zu verschieben, ohne die spätesten Endtermine zu gefährden.

Eine Alternative zur sequentiellen Durchführung von Feinterminierung und Ressourcenfeinplanung stellt die *Ressourcenbelegungsplanung* dar. Sie ist eine Simultanplanung von Terminen und Kapazitäten. Die Arbeitsgänge werden (meist auf einer Plantafel) in einem Planungsschritt sowohl einer Kapazität als auch genauen Start- und Endterminen zugeordnet (Bild 4-16).

4.4.4
Reihenfolgeplanung

Die für eine Planungszeiteinheit an einer Kapazität oder einer Kapazitätsgruppe vorgesehenen Arbeitsgänge bilden eine *Warteschlange*. Die Reihenfolge der Abarbeitung der Warteschlange ist je nach Genauigkeit der Einplanung der Arbeitsgänge nicht festgelegt. Mit Hilfe von ausgewählten Kriterien wird deshalb in der Reihenfolgeplanung versucht, eine optimale Abarbeitungsreihenfolge zu ermitteln [95].

Die Auswahl von wartenden Arbeitsgängen kann dabei nach festen Selektionskriterien (z. B. Prioritätsregeln) oder Kumulationskriterien (z. B. Rüstzeitminimierung) erfolgen. Es kann aber auch auf eine explizite Reihenfolgeplanung verzichtet werden, wenn z. B. durch intensive Kommunikation und Erfahrungseinsatz in Fertigungsinseln die Mitarbeiter selbst über die Abarbeitungsreihenfolge entscheiden. In allen Fällen ist es das Ziel, eine optimale Abarbeitungsreihenfolge festzulegen, ohne die geforderten Endtermine zu gefährden.

Die Summe der eingeplanten Werkstattaufträge eines Fertigungsbereichs bildet das *Werkstattprogramm* dieses Bereichs.

4.4.5
Verfügbarkeitsprüfung

Durch die vorstehend beschriebenen planerischen Aufgaben der Eigenfertigungsplanung und -steuerung wird der Arbeitsvorrat der Eigenfertigung je nach Ausprägung und Gestaltung der Planungsebenen bis auf Arbeitsgangebene verplant. Pro Fertigungsbereich ist ein Werkstattprogramm gebildet worden. Mit der Verfügbarkeitsprüfung für einzelne Werkstattaufträge beginnen die steuernden Aufgaben der Eigenfertigungsplanung und -steuerung.

Nach der Einplanung und vor der Freigabe eines Werkstattauftrags wird die Verfügbarkeit aller erforderlichen Ressourcen, insbesondere des Materials und der Kapazitäten, überprüft. Fehlende Verfügbarkeiten führen zur Infragestellung der vorgesehenen Planungsergebnisse. Ist z. B. durch eine Änderung der Reihenfolge die im Rahmen der Produktionsbedarfsplanung festgelegte *Kapazitätsbelegung* nicht mehr realisierbar, so ist eine erneute Feinterminierung erforderlich. Fehlen Teile der für die Abarbeitung eines Fertigungsauftrags erforderlichen Ressourcen gänzlich, so muß sogar das Fertigungsprogramm in Frage gestellt werden.

Die Verfügbarkeitsprüfung erfolgt sowohl buchungstechnisch als auch in Realität. Der buchungstechnischen Verfügbarkeitsprüfung schließt sich eine eventuelle Reservierung von Ressourcen an. Die physische Verfügbarkeitsprüfung kann z. B. als Sichtprüfung vorgenommen werden.

4.4.6
Auftragsfreigabe

Die Auftragsfreigabe erfolgt unter Beachtung der Ergebnisse der Feinterminierung und der Ressourcenfeinplanung. Dabei werden festgelegte *Freigaberegeln* oder Verfahren, wie z. B. die *belastungsorientierte Auftragsfreigabe* (s. Abschn. 4.10.5), angewendet.

Im Rahmen der Auftragsfreigabe wird die Bereitstellung der Ressourcen veranlaßt, die je nach Gestaltung der Fertigung ein Bring- oder Holsystem beinhalten kann. Dazu werden alle erforderlichen Belege erstellt. Zu ihnen können *Laufkarten, Materialscheine, Lohnscheine* und *Rückmeldescheine* gehören. Verfügt das Unternehmen über entsprechende EDV-Systeme (z. B. ein Betriebsdatenerfassungssystem), können die Informationen beleglos weitergegeben werden.

4.4.7
Auftragsüberwachung

Die Auftragsüberwachung ist im wesentlichen eine Fortschrittsüberwachung der Werkstattaufträge. Sie basiert auf *Soll-/Ist-Vergleichen* von

Terminen und Mengen, kann aber auch die Überwachung auftragsbezogener Kennzahlen beinhalten. Bei erheblichen Soll-/Ist-Abweichungen wird durch eine Veränderung der Kapazitätsbelegung oder eine erneute Feinterminierung die Einhaltung des Eigenfertigungsprogramms angestrebt. Die Ergebnisse der Auftragsüberwachung werden nicht nur im eigenen Fertigungsbereich verwandt, sondern auch an andere Bereiche der PPS, z. B. die Auftragskoordination, weitergeleitet.

Die benötigten Daten für die Auftragsüberwachung sind Start- und Endtermin des Arbeitsgangs, Zeitpunkt einer Unterbrechung, Anzahl der gefertigten Teile, Ausschuß- und Gutteile sowie Wiederaufnahme unterbrochener Arbeitsgänge. Diese Daten werden von der *Betriebsdatenerfassung* an die Auftragsüberwachung weitergegeben.

4.4.8
Ressourcenüberwachung

Die Ressourcenüberwachung beinhaltet die Überwachung von Materialien und Kapazitäten an Maschinen, Werkzeugen, Vorrichtungen und anderen Hilfsmitteln. Die Ressourcenüberwachung gewinnt – wie die Auftragsüberwachung – ihre Informationen aus der Betriebsdatenerfassung.

Im Zuge der Ressourcenüberwachung wird die Belastungssituation der Kapazitäten kontrolliert. Bei kurzfristigen Überlastungen oder einer unausgeglichenen Auslastung der Kapazitäten wird eine Änderung der Reihenfolgeplanung oder eine neue Feinterminierung angestoßen (Umplanung von Aufträgen).

Gegenstand der Materialüberwachung hingegen ist die Kontrolle des Materialflusses und der Bestandsentwicklung im Fertigungsbereich. Diese stößt bei Störungen im Materialfluß korrigierende Maßnahmen an, z. B. dann, wenn sich durch fehlende Verfügbarkeiten Terminverschiebungen ergeben.

4.5
Fremdbezugsplanung und -steuerung

Das Beschaffungsprogramm als Ergebnis der Produktionsbedarfsplanung gliedert sich auf in ein Eigenfertigungs- und ein Fremdbezugsprogramm.

Bild 4-17. Aufgaben der Fremdbezugsplanung und -steuerung

Letzteres ist die Eingangsinformation für die Fremdbezugsplanung und -steuerung. Hierin ist festgelegt, welche Teile, Baugruppen und Erzeugnisse bez. Menge und Termin zu beschaffen sind. Der Trend geht in Produktionsunternehmen zu einer geringeren Fertigungstiefe; immer größere Teile des Leistungserstellungsprozesses werden ausgelagert [96].

Dadurch erhält die Fremdbezugsplanung und -steuerung eine immer größere Bedeutung. Rationalisierungspotentiale, die in diesem Aufgabenbereich erschlossen werden, haben eine überdurchschnittlich hohe Auswirkung auf den gesamten Unternehmenserfolg. Probleme ergeben sich hinsichtlich hoher Lagerbestände, die unter anderem zu hohen Kapitalbindungskosten sowie zu einem Verdecken von Problemen im Bereich der Materialdisposition führen. Weiterhin sind Erfordernisse, die sich aus Konzepten wie Just in Time und Kanban (s. Abschn. 4.10.3) ergeben, und daraus abzuleitende Anforderungen an die Fremdbezugsplanung und -steuerung zu berücksichtigen, indem die Produktion häufig lagerlos mit den benötigten Materialien zu versorgen ist. Die durchzuführenden Aufgaben sind in Bild 4-17 dargestellt.

4.5.1
Bestellrechnung

Ziel der Bestellrechnung ist die Ermittlung der *wirtschaftlichen Bestellmenge*. Diese bezieht sich innerhalb dieses Aufgabenbereichs auf fremdzubeziehende Materialien. Die Ermittlung von wirtschaftlichen Losgrößen ist Aufgabenbestandteil der Eigenfertigungsplanung und -steuerung. Ausgangspunkt für die Bestellrechnung sind sowohl die ermittelten *Nettosekundärbedarfe*, als auch *Nettoprimärbedarfe*, bei denen eine Entscheidung

4.5 Fremdbezugsplanung und -steuerung

zugunsten des Fremdbezugs gefallen ist (Handelsware). Sämtliche Bedarfe mit Wunschtermin und Menge sind bekannt. Die Bestellrechnung faßt die Bedarfe für einen bestimmten Zeitraum zu Bestellaufträgen zusammen. Unter Optimierungsgesichtspunkten (z. B. nach Andler oder Dynamischer Losgrößenbestimmung) werden optimale Bestellmengen gebildet [109]. Zu unterscheiden sind einerseits *Beschaffungskosten*, die mit steigender Stückzahl sinken. Hierunter fallen die Kostenarten Bestell-, Transport-, Versicherungs-, Verpackungskosten sowie Zusatzkosten bei ungünstigen Bestellmengen. Kostenmindernd wirken eingeräumte Rabatte, Boni und Skonti bei großen Bestellmengen. Andererseits fallen *Lagerkosten* an. Diese erhöhen sich bei großen Bestellmengen. Zinskosten für das gebundene Kapital sowie die Lagerhaltungskosten sind hier zu nennen. Neben den soeben aufgeführten Kriterien werden zusätzlich Aspekte wie die Lieferfähigkeit des Lieferanten, Größe des Lagerraums, Lagerfähigkeit der Ware (verderbliche Güter) sowie die Liquidität des eigenen Unternehmens in die Entscheidung über die optimale Bestellmenge mit einbezogen [95, 100, 104].

4.5.2
Angebotseinholung / -bewertung

Die Aufgabe Angebotseinholung / -bewertung ist insbesondere dann durchzuführen, wenn die zu deckenden Bedarfe das erste Mal auftreten und noch keine Lieferanten zugeordnet sind. Bei mehreren Lieferanten werden Anfragen gestellt. Hierzu orientiert sich der Sachbearbeiter an Firmen, die schon einmal geliefert haben, sowie an Firmen aus Katalogen, die das erforderliche Liefersortiment im Programm haben. Die eingehenden Angebote sind im Rahmen einer Angebotsbewertung zur Unterstützung der Lieferantenauswahl aufzubereiten und zu vergleichen.

4.5.3
Lieferantenauswahl

Während bei Einmalfertigern wegen der häufig neu zu beschaffenden Teile die Lieferantenauswahl auf Basis der Angebotsbewertung durchgeführt werden muß, kann die Auswahl bei Vorliegen einer Lagerfertigung bei häufig zu beschaffenden Teilen bereits im Vorfeld wahrgenommen werden. Dann werden im Teilestamm des zu beschaffenden Materials der Hauptlieferant sowie die Nebenlieferanten hinterlegt. Die Lieferantenauswahl steht in engem Zusammenhang mit der Bestellrechnung, da die Kostenarten je nach Lieferant unterschiedliche Ausprägungen aufweisen und in der *Bestellrechnung* Berücksichtigung finden.

Basierend auf den Ergebnissen der Angebotseinholung/-bewertung wird eine *Lieferantenbewertung* hinsichtlich der Kriterien Qualität, Liefertermintreue sowie Preisen und (Liefer-) Konditionen vorgenommen, die schließlich in der Auswahl eines (Haupt-) Lieferanten mündet. Ggf. werden mit den Lieferanten Rahmenvereinbarungen geschlossen. Über einen längeren Zeitraum sind hierin Abnahmemengen und Konditionen vereinbart. Kontrakte und Lieferpläne bestimmen die Mengen und Terminschranken für Abrufbestellungen.

4.5.4
Bestellfreigabe und Bestellüberwachung

Die Bestellfreigabe und -überwachung schickt basierend auf den Ergebnissen der vorgelagerten Arbeitsschritte die Bestellungen an die Lieferanten. Eine Terminüberwachung prüft laufend die in der Bestellung hinterlegten (Liefer-) Termine mit den tatsächlichen Wareneingängen und versendet ggf. Mahnungen. Bei besonders kritischen Bedarfen werden häufig Zwischenmeldungen bzw. Fortschrittskontrollen vereinbart. Bei *Wareneingang* werden die Lieferscheine sowie die Ware zunächst hinsichtlich Art und Menge geprüft. Eine Qualitätsprüfung schließt sich an die Warenannahme an. Die physische Lagerzuführung bedingt eine Bestandsveränderung. Bestellung und Lieferschein gehen zwecks Rechnungsprüfung an die Buchhaltung.

4.6
Auftragskoordination

Schwachstellenanalysen in Produktionsunternehmen fördern zumeist erhebliche Defizite hinsichtlich der Durchgängigkeit des Informationsflusses zutage. Ursache hierfür ist eine unzureichende Wahrnehmung des bereichsübergreifenden Auftragsmanagements. Hier werden daher die Aufgaben der Auftragsplanung, -steuerung und -überwachung zu einer integrierten

4.6 Auftragskoordination

Auftragskoordination zusammengefaßt [96]. Die Auftragskoordination ist eine Aufgabe, die in allen Phasen der Auftragsabwicklung von Bedeutung ist. Sie zählt daher zu den Querschnittsaufgaben.

Wesentliche Aufgaben der Auftragskoordination sind die Abstimmung der Aktivitäten aller an der Auftragsabwicklung beteiligten Bereiche und die Synchronisation der Aufgabenerfüllung in den unterschiedlichen Planungsebenen der PPS. Eine prozeßorientierte, bereichsübergreifende Grobplanung der Auftragsdurchläufe und die permanente Auftragssteuerung und -überwachung erfolgt mit dem Ziel, die Transparenz der Auftragsabwicklung zu erhöhen und die Flexibilität bei der Reaktion auf unternehmensinterne und -externe Störgrößen zu verbessern. Gleichzeitig werden objektive Entscheidungshilfen zur Lösung von Interessenskonflikten zwischen Fachbereichen sowie zur Ausregelung von Zielkonflikten im Sinne einer effizienten Erfüllung der Gesamtaufgabe des Unternehmens bereitgestellt.

Zu diesem Zweck umfaßt die Auftragskoordination alle Aufgaben, die eine integrierte Planung und Steuerung der Aufträge erlauben, daß heißt, hier wird der Auftrag vom Kunden angenommen, ständig überwacht und abgeschlossen. Alle den Auftragsablauf betreffenden wesentlichen Informationen müssen vollständig und zwangsläufig an die richtigen Stellen weitergeleitet werden. Dies beinhaltet die *Auftragserfassung, -klärung*, die Verfolgung der Kundenaufträge bzw. der Produktionsaufträge und die Grobplanung von Aufträgen hinsichtlich Terminen, Kapazitäten, Materialien und Kosten sowie die *Versandabwicklung*. Weiterhin gehört die *Angebotsbearbeitung* in diesen Aufgabenbereich.

In den Wirkungsbereich der Auftragskoordination fallen damit sowohl klassische Vertriebsaufgaben als auch klassische Aufgaben der Produktionsprogrammplanung. An dieser Stelle sei angemerkt, daß die Wahrnehmung der Aufgaben im Bereich der Auftragskoordination betriebs-

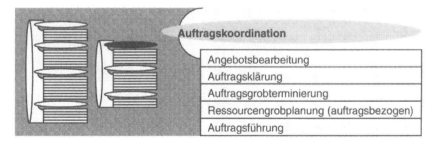

Bild 4-18. Aufgaben der Auftragskoordination

typspezifisch mit unterschiedlicher Intensität erfolgt. So entfällt bei der kundenanonymen Lagerproduktion der Aufwand für die Angebotsbearbeitung, da die Erzeugnisse katalogmäßig geführt und vertrieben werden. Bild 4-18 zeigt die Aufgaben der Auftragskoordination in einer Übersicht.

4.6.1
Angebotsbearbeitung

Ausgelöst durch eine Kundenanfrage ist es die Aufgabe der Angebotsbearbeitung, ein Angebot zu erstellen. Zu diesem Zweck werden in der PPS alle erforderlichen Aktivitäten bereichsübergreifend koordiniert und die notwendigen Informationen bereitgestellt. Die im Rahmen der Angebotsbearbeitung anfallenden Planungs- und Steuerungsaufgaben, wie beispielsweise die Lieferterminplanung, werden daher der PPS zugeordnet [18, 99].

Beginnend mit der Erfassung und Systematisierung der Anfragedaten werden die erforderlichen Informationen zur Angebotsbearbeitung aufbereitet. Im Rahmen der *Anfragebewertung* wird der Lieferumfang bestimmt, die Realisierbarkeit des Kundenproblems geprüft und je nach Auftragswahrscheinlichkeit die Angebotsform festgelegt. Danach kann die Umsetzung der Kundenanforderungen in eine technische Problemlösung angestoßen werden.

Aufgabe der *Lieferterminplanung* ist die Bestimmung des möglichen Liefertermins bzw. die Überprüfung des verlangten Liefertermins unter Berücksichtigung der Material- und Kapazitätsverfügbarkeit. Charakteristisch für diese *Grobterminierung* ist, daß nur Ecktermine geplant werden, da die Mengen- und Terminvorgaben häufig noch unsicher sind, genaue Angaben über den Produktionsablauf unter Umständen noch nicht vorliegen und der Bearbeitungsaufwand möglichst gering gehalten werden soll. Zumeist wird daher mit verdichteten Daten gerechnet, z. B. in Form von Belastungsprofilen oder Standarddurchlaufkurven. Dabei sollte die Umwandlungsrate und/oder die Auftragswahrscheinlichkeit der Angebote berücksichtigt werden. Komplexe Produktionsabläufe werden mit Hilfe der Netzplantechnik geplant.

Angebotskalkulation und Preisermittlung dienen der transparenten Kalkulation der Herstellkosten und der Bestimmung des Verkaufspreises. Die Ergebnisse der technischen und dispositiven Angebotsbearbeitung werden mit allen erforderlichen Unterlagen (z. B. auch Verkaufsbedingungen)

4.6 Auftragskoordination

zu einem Angebot zusammengestellt. In der Angebotsverfolgung wird die Überwachung des Fortschritts der Angebotsbearbeitung wahrgenommen, um die ständige Verfügbarkeit des aktuellen Bearbeitungsstands zu gewährleisten. Zudem erfolgt hier die Nachbereitung von Angeboten (z. B. Auftragsverlustanalyse).

4.6.2
Auftragsklärung

Nach Entgegennahme der Kundenbestellungen erfolgt in der Auftragsklärung ein Vergleich der Bestelldaten mit den Angebotsdaten und eine Überprüfung der eingehenden Bestellungen auf ihre technische Realisierbarkeit. Es folgt die Ermittlung des noch zu beschaffenden kundenspezifischen Lieferumfangs und die Bestimmung, welche Fachabteilung welche Einzelaufgaben erledigen muß. Die auftragsspezifischen Daten und Informationen werden so aufbereitet, daß allen an der Auftragsabwicklung beteiligten Bereichen die notwendigen Eingangsinformationen zur Verfügung stehen. Mit diesen Auftragsunterlagen liegt eine für alle Bereiche verbindliche Auslegung des Auftrags mit genauer Festlegung des Auftragsumfangs vor.

4.6.3
Auftragsgrobterminierung

Die Festlegung des groben Produktionsablaufs für einen längerfristigen Planungszeitraum ist eine weitere Aufgabe im Rahmen der Auftragskoordination. Dies beinhaltet die Grobterminierung des gesamten Auftragsdurchlaufs von den Vorlaufbereichen, wie z.B. Konstruktion, bis zur Teilefertigung und Montage. Dabei werden die für den gesamten Auftragsdurchlauf relevanten Ecktermine festgelegt und die erforderlichen Kapazitätsbedarfe bestimmt. Mit fortschreitendem Konkretisierungsgrad wird bei Erzeugnissen mit konstruktivem Aufwand während der Auftragsabwicklung (Erzeugnisse, deren Struktur bei Auftragseingang noch nicht eindeutig und vollständig konkretisiert werden kann) in der Regel eine mehrmalige Aktualisierung der Grobplanung erforderlich. Bei komplexen Produktionsabläufen empfiehlt sich die Führung von hierarchischen Auftragsnetzen.

4.6.4
Ressourcengrobplanung (auftragsbezogen)

In der Ressourcengrobplanung im Rahmen der Auftragskoordination wird überprüft, ob die grobterminierten Aufträge mit den vorhandenen Ressourcen (Personal, Betriebsmittel, Hilfsmittel und Material) realisierbar sind. In der *Kapazitätsdeckungsrechnung* wird dazu zunächst der Kapazitätsbedarf ermittelt und dem verfügbaren Kapazitätsangebot gegenübergestellt. Durch Abgleich oder Anpassung wird dann eine *Ressourcenabstimmung* vorgenommen. Eine *Materialdeckungsrechnung* findet in der Auftragskoordination in Form einer *Vorabdisposition* statt. Gemeint ist die längerfristige Bestellung von schwer zu beschaffendem Material oder Material mit langer Wiederbeschaffungszeit bzw. Durchlaufzeit (sog. Langläufer). Ziel der Vorabdisposition ist es, unter Vermeidung einer unnötigen Kapitalbindung eine hohe Materialverfügbarkeit zu gewährleisten und den frühzeitigen Produktionsbeginn von Langläufern sicherzustellen. Das mit den zur Verfügung stehenden Ressourcen abgestimmte Termingerüst ist Eingangsinformation für die mittelfristige Termin- und Kapazitätsplanung in allen Produktionsbereichen [95, 100, 102].

4.6.5
Auftragsführung

Durch die Auftragseinsteuerung wird der Start der Auftragsabwicklung in den Vorlaufbereichen (Konstruktion, Arbeitsplanung, Qualitätssicherung, Betriebsmittelbau usw.) ausgelöst. Dazu werden die Auftragsunterlagen mit den zuvor abgestimmten Eckterminen und ggf. Prioritätsvorgaben an die entsprechenden Produktionsbereiche weitergeleitet. Die Feinplanung und -steuerung in den Vorlaufbereichen ist dagegen Aufgabe der jeweiligen Fachbereiche. Allerdings hat die PPS die Aufgabe, die Einhaltung der Ecktermine zu überwachen. Diese Auftragsverfolgung erstreckt sich über alle Produktionsbereiche und dient dazu, eine hohe Transparenz über die gesamte Auftragsabwicklung zu erlangen, um Störungen jeglicher Art frühzeitig zu erkennen und diese angemessen auszuregeln. Weiterhin ist es Aufgabe der Auftragsführung, auf interne und externe Anfragen jederzeit aktuelle Auskünfte über den Auftragsbearbeitungsstand zu geben. Eine umfassende Auftragsführung erstreckt sich damit vom Auftragseingang bis

Bild 4-19. Die Aufgaben des Lagerwesens

zum Versand und kann als entscheidungsunterstützende Aufgabe mit Querschnittscharakter verstanden werden. In den Aufgabenbereich der Auftragsführung einzubeziehen ist ferner die auftragsbezogene Kostenverfolgung der in der Kalkulation bestimmten Kosten. Der Schwerpunkt liegt hierbei auf der auftragsbegleitenden Gegenüberstellung von geplanten Auftragsbudgets und den in den Produktionsbereichen anfallenden Ist-Werten, um ebenso wie bei Terminüberschreitungen rechtzeitig Steuerungsmaßnahmen einzuleiten.

4.7 Lagerwesen

Zielsetzung des Lagerwesens ist die korrekte Zuordnung der Lagergüter (Roh-, Hilfs- und Betriebsstoffe, Teile, Baugruppen, Erzeugnisse etc.) zu Lagerplätzen innerhalb unterschiedlicher Lagerorte bei der Einlagerung einerseits sowie dem schnellen Auffinden der Artikel für eine Auslagerung andererseits. Das Lagerwesen umfaßt als Aufgabenbereich innerhalb der PPS die *Lagerbewegungsführung, Bestandssteuerung, Lagerort- und Lagerplatzverwaltung, Chargenverwaltung* sowie eine *Lagerkontrolle* und *Inventur* (Bild 4-19). Als Abgrenzung zur Produktionsbedarfsplanung, in der eher planerische und dispositive Tätigkeiten vollzogen werden, haben die genannten Aufgaben des Lagerwesens einen verwaltenden, Auskunft erteilenden Charakter. Die in der Bestandssteuerung wahrgenommenen Tätigkeiten (Führung der aktuellen Lagerbestände) sind Voraussetzung für die im Aufgabenbereich Produktionsbedarfsplanung erläuterte Brutto-/Nettosekundärbedarfsermittlung.

Innerhalb eines Produktionsunternehmens kann bez. des Materialflusses entlang der Wertschöpfungskette (Beschaffung, Produktion, Distribution) unterschieden werden in:
- *Beschaffungslager* (Wareneingangslager, Zubehörteilelager, Rohstofflager, Hilfsstofflager, Betriebsstofflager, Reservelager),
- *Zwischen- und Fertigwarenlager* (Handlager, Zwischenlager Fertigteile),
- *Bereitstellungs- und Kommissionierlager* sowie
- *Absatz- bzw. Auslieferungslager* (Fertigwarenlager, Versandlager) (s. Abschnitt 3.3).

Die unterschiedlichen Läger werden als *Lagerorte* bezeichnet. *Lagerplätze* sprechen den konkreten Aufbewahrungsplatz des Lagerguts an und werden durch die Angaben Gang, Ebene und Fach beschrieben.

4.7.1
Lagerbewegungsführung

Eine exakte *Bestandssteuerung* erfordert die Erfassung der Zu- und Abgänge des Lagers bzw. der Lagerorte. Bestandteil der Aufgabe Lagerbewegungsführung ist also zunächst die Erfassung der Lagerzugänge in einem Wareneingangslager, z. B. über Barcodes. Die *Materialannahme* schließt eine erste Identitätsprüfung mit ein. Die *Mengenprüfung* wird meist im Wareneingang als Voll- oder Stichprobenprüfung vorgenommen. Die Qualitätsprüfung obliegt dagegen meist einer gesonderten, nachgelagerten Stelle im Unternehmen. Die verfügbaren Lagergüter sind entsprechend des Bedarfs hinsichtlich Menge und Termin dem Lager, der Fertigung oder dem Vertrieb (Handelsware) weiterzuleiten. Unkontrollierte *Lagerbewegungen* sind generell zu vermeiden, indem Umbuchungsvorgänge innerhalb eines Lagerorts bzw. zwischen verschiedenen Lagerorten erfaßt werden. Umlagerungen können dabei aufgrund technologischer (z. B. Umschichten und Wenden von Holz) sowie organisatorischer Gegebenheiten auftreten [104].

4.7.2
Bestandssteuerung

Die Bestandssteuerung steht in enger Verbindung zu den Aufgaben Brutto-/ Nettosekundärbedarfsermittlung des Aufgabenbereichs Produktionsbe-

Datum	Aktivseite (Bestand/ Zugänge)		Passivseite (Reservierung/ Abgänge)		Disponibler Bestand
15.4.	Bestand	+700		-300	+700
15.4.			Reservierung	-200	+400
18.4.			Abgang		+200
19.4	Zugang	+300		-150	+500
23.4			Abgang		+350
15.5.	Zugang	+760			+1110

Bild 4-20. Dispositives Konto zur Lagerverwaltung

darfsplanung. Pro geführtem Lagergut (Vorliegen eines Teilestamms) wird ein sogenanntes *dispositives Konto* eingerichtet. Die Aktivseite beinhaltet:
- den *(physischen) Lagerbestand*, der durch die Erfassung der Zu- und Abgänge in der Lagerbuchführung fortgeschrieben wird.
- *Geplante Zugänge* aus Fremdbezügen und eigengefertigten Teilen.

Die Passivseite weist aus:
- *Reservierungen* und
- *geplante Entnahmen* für eingeplante Fertigungsaufträge.

Dieses dispositive Konto (Bild 4-20) ermöglicht eine Übersicht über Bedarfe und Bestände, die eine wesentliche Grundlage bei der Planung zukünftiger Aufträge darstellt.

4.7.3
Lagerort- und Lagerplatzverwaltung

Gleiche Lagergüter können zur selben Zeit an verschiedenen Lagerorten und -plätzen aufbewahrt werden. Die Lagerort- und Lagerplatzverwaltung stellt einerseits die Zuordnung des entprechenden Lagerguts zu einem geeigneten Aufbewahrungsort sicher. Das Material kann dabei alternativ chaotisch oder nach fest vorgegebenen Lagerplätzen eingelagert werden. Andererseits gewährleistet sie das zielsichere Wiederfinden der benötigten Lagergüter.

4.7.4
Chargenverwaltung

Aus folgenden Gründen kann eine Chargenverwaltung in einem Unternehmen unter anderem notwendig werden:
- Ausgehend von möglichen Regreßansprüchen *(Produkthaftungsgesetz)*, die an das Produktionsunternehmen gestellt werden, muß sichergestellt werden, daß die in das Produkt eingeflossenen Fertigungs- und Lieferantenchargen zurückverfolgbar sind.
- Bei angezeigten, fehlerhaften Lieferungen muß die Verwendung in Erzeugnissen identifizierbar sein, um z. B. gezielte Rückrufaktionen durchführen zu können.
- Bei fehlerhaften Produkten muß ermittelt werden können, welcher Teilprozeß für den Fehler verantwortlich ist.

Für *chargenpflichtige Materialien* muß jeder Teilbestand einer Charge zugeordnet werden. Zu jeder Charge werden unter anderem die Informationen Verfallsdatum, Wareneingangsdatum, Herkunftsland und Lagerbestand pro Lagerort geführt. Bei jeder Warenbewegung innerhalb der Unternehmung entlang der Wertschöpfungskette muß immer die Chargennummer angegeben werden [103, 110].

4.7.5
Lagerkontrolle

Ziel einer Lagerkontrolle ist es, das Lagerwesen rentabel zu führen, indem möglichst alle Rationalisierungspotentiale umfassend ausgeschöpft werden. Hierzu bieten sich beispielsweise folgende Auswertungen:
- *Materialbestandslisten* (z. B. geordnet nach Materialklassen, Bestandskonten, Lagerwert etc.),
- Analyse der *Umschlagshäufigkeit* (Ermittlung der Reichweiten, Ermittlung der Lagerhüter) und
- Analyse der *Transportmittelnutzung*.

Aus den Ergebnissen lassen sich Maßnahmen zur besseren Gestaltung des Lagerwesens ableiten.

4.7.6
Inventur

Die Inventur vergleicht den *Buchbestand* mit dem physischen Bestand. Durch Diebstahl, Schwund, Fehlbuchungen etc. können hier Abweichungen auftreten. Aufgrund der Gesetzeslage (Handels- und Steuerrecht) sowie der Notwendigkeit der korrekten Berücksichtigung der Bestandsmengen bei der Disposition führen Unternehmen diesen Abgleich durch. Man unterscheidet (zeitlich) in Stichtags- und permanente Inventur (körperliche Bestandsaufnahme ohne Betriebsunterbrechung auf das ganze Jahr verteilt) sowie (mengenmäßig) in eine Inventur des gesamten Materialumfangs und in eine Stichprobeninventur. Nach der Auswahl des *Inventurumfangs* wird eine *Inventurerfassungsliste* mit dem buchmäßigen Sollbestand sowie einem freien Feld für die Eintragung des Istbestands erstellt. Soll-/Ist-Abweichungen stehen für die Lagerkontrolle zur Verfügung. Zusätzlich sind die Differenzen im dispositiven Konto zu berücksichtigen [104].

4.8
PPS-Controlling

Unter Controlling versteht man die zielbezogene Erfüllung von Führungsaufgaben, die der systemgestützten Informationsbeschaffung und -verarbeitung zur Planerstellung, Koordination und Kontrolle dient [111]. Dem PPS-Controlling obliegt im Rahmen der wirtschaftlichen Lenkung des Produktionsbereichs die Aufgabe der Unterstützung der Produktionsleitung, indem es transparente und verständlich interpretierbare Informationen erarbeitet und der Produktionsleitung zur Verfügung stellt. [101]

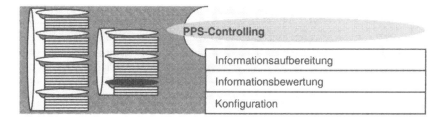

Bild 4-21. Aufgaben des PPS-Controlling

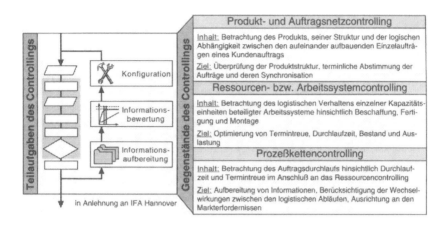

Bild 4-22. Teilaufgaben und Gegenstände des Controllings

Das Controlling beinhaltet die Teilaufgaben *Informationsaufbereitung*, *Informationsbewertung und Konfiguration* (Bild 4-21).

Das Controlling der PPS läßt sich auch nach dem Betrachtungsgegenstand oder den Sichten gliedern. Es lassen sich das *Produkt- und Auftragsnetzcontrolling*, das *Ressourcen- bzw. Arbeitssystemcontrolling* und das *Prozeßkettencontrolling* unterscheiden (Bild 4-22).

4.8.1
Informationsaufbereitung

Auf Basis der Konzepte zum PPS-Controlling erfolgt zunächst die Beschaffung von PPS-Daten. Für die Beschaffung der Informationen ist eine Strukturierung erforderlich, die die Kenntnis des Informationsbedarfs der betroffenen Entscheidungsträger, der Ziele und der Planwerte sowie der auf sie wirkenden Einflußgrößen voraussetzt. Mit Hilfe von Modellen, die Wirkungen von Einflußgrößen auf Ziele der PPS beschreiben, können mögliche Einflußgrößen ermittelt und Informationsstrukturen sinnvoll gebildet werden.

Die Daten können in unverdichteter Form oder bereits zu Kennzahlen verdichtet bereitgestellt werden. Die weitere Aufbereitung und Darstellung von PPS-Daten erfolgt im Rahmen der festgelegten Vorgehensweisen zur Unterstützung und Bewertung von Planungs- und Steuerungsprozessen. Die

4.8 PPS-Controlling

Vorgehensweisen, die zeitlichen und inhaltlichen Einsatzfelder und die verfolgten Ziele bestimmen die Form der Aufbereitung von PPS-Daten. Die verwendeten Aufbereitungstechniken (z. B. Kennlinien oder Graphiken) bilden im Zusammenspiel mit den EDV-technischen Realisierungsmöglichkeiten die Gesamtverfahrensweisen zur Aufbereitung und Bewertung von PPS-Daten.

4.8.2 Informationsbewertung

Die Aufbereitung der gewonnenen Informationen dient zur Entscheidungsvorbereitung. Die Art der Aufbereitung hängt von den Zielen bei der Bewertung ab. So sind mit der Angabe einer aussagekräftigen Kennzahl in der Regel auch die Einflußgrößen bekannt, mit denen diese Kennzahlen beeinflußt werden können. Die Beeinflussung der Kennzahlen durch die Einflußgrößen kann Teil eines Wirkungsmodells sein. Beispielsweise wirkt die Erhöhung des Mindestbestands für ein Teil, das einen hohen Stückwert hat und häufig sowie regelmäßig umgesetzt wird, in der Regel steigernd auf Termintreue und Bestände.

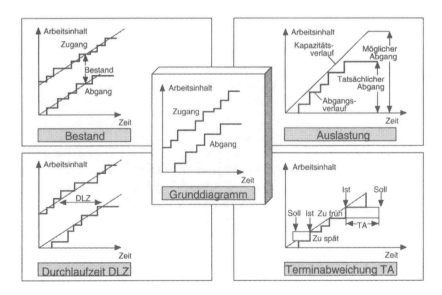

Bild 4-23. Kennzahlendiagramme zur Informationsbewertung [vgl. 100]

Bei kurzfristig angelegten Regelungen, z.B. aufgrund der aktuellen Durchlaufzeiten, wird die Aufbereitung der Informationen direkt in der Produktionssteuerung, beispielsweise in Form von Soll-/Ist-Vergleichen, durchgeführt (Bild 4-23).

Mit der Bewertung eng verbunden sind damit Hinweise, wie bestimmte betriebliche Kennzahlen verbessert werden können. Mit Hilfe von Entscheidungsmethoden und auf der Basis einer Gewichtung der PPS-Teilziele können dann mögliche Alternativen für die weitere Vorgehensweise entwickelt und gegenübergestellt werden.

4.8.3
Konfiguration

Bei bekannten Zusammenhängen können Reaktionsmaßnahmen festgelegt und unter Umständen sogar automatisiert werden. In anderen Fällen sind Maßnahmen abzuwägen, zu erarbeiten und vorzuschlagen, die zu einer optimalen Zielerreichung führen. Eine Konfiguration kann aber schon die bloße Weitergabe von veränderten Zielgewichten bedeuten.

Automatisierte Maßnahmen können z.B. bei der Verwendung von Formeln für die Berechnung von PPS-Parametern zum Einsatz kommen. Diese Formeln werden dann auf der Basis von ausgewerteten PPS-Daten eingesetzt oder verändert. Beispielsweise kann eine automatische Vergabe von Prioritäten so verändert werden, daß der Einfluß der verbleibenden Zeit zum Liefertermin auf die Priorität zunimmt. Ähnlich werden nicht automatisierte Maßnahmen für die Ermittlung und den Einsatz von *PPS-Parametern* eingesetzt oder verändert.

Gegenstand des PPS-Controlling sind alle Planungs- und Steuerungsprozesse in der Produktion. Die Umsetzung von Veränderungsmaßnahmen kann damit auch ablauforganisatorisch wirksam werden. Als strategische Maßnahme ist die Verlagerung von Dispositionsspielräumen in die Fertigung ein mögliches Beispiel. Zu den längerfristigen Konfigurationsmaßnahmen zählen auch die Veränderung, Neuentwicklung, Beschaffung oder die Einführung von Programmen oder Programmteilen.

4.9 Ausprägungen der Arbeitssteuerung
4.9.1 Morphologie

Die Beschreibung der PPS-Aufgaben erfolgte ohne Berücksichtigung von konkreten Randbedingungen und ohne Hinweise darauf, unter welchen Randbedingungen die Aufgaben in welcher konkreten Form tatsächlich zur Anwendung kommen.

In *Ablaufmodellen* werden die Aufgaben in eine raumzeitliche Ordnung gebracht und so die Auftragsabwicklung genauer beschrieben. Der entstandene Ablaufzusammenhang erzeugt eine besondere Sicht auf die einzelnen Aufgaben und führt zu einer genaueren Darstellung des Aufgabeninhalts.

Die Heterogenität der Auftragsabwicklung in Produktionsunternehmen läßt allerdings kein umfassendes typunabhängiges Ablaufmodell zu, das für sämtliche Unternehmen Gültigkeit besitzt. Ein solches Modell würde aufgrund der sehr großen Zahl von zu berücksichtigenden Fallunterscheidungen komplex und unübersichtlich.

Deshalb werden für die folgenden vier Auftragsabwicklungstypen besondere Eigenschaften der Abläufe und damit besondere Ausprägungen der Arbeitssteuerung erläutert. Im einzelnen sind dies:
- *Auftragsfertiger,*
- *Rahmenauftragsfertiger,*
- *Variantenfertiger* und
- *Lagerfertiger.*

Für die meisten Produktionsunternehmen, die verschiedene Auftragsabwicklungstypen in sich vereinigen, sind Mischformen der beschriebenen Formen der Arbeitssteuerung relevant.

Zur Abgrenzung der Auftragsabwicklungstypen wird auf ein *morphologisches Merkmalsschema* zurückgegriffen, in dem Merkmale und deren Ausprägungen zur Beschreibung der Typen festgelegt sind (Bild 4-24). Das Merkmal „*Auftragsauslösungsart*" beschreibt die Initiierung der Auftragsabwicklungsaktivitäten und legt mit seinen Ausprägungen jeweils einen der vier oben genannten Typen fest. Die Folgemerkmale beziehen sich auf die Ausführung der Erzeugnisse, die Durchführung der Dispositionsmaßnahmen sowie die Abwicklung des Fertigungsprozesses [112].

Der *Auftragsfertiger* weist bez. des Initialmerkmals die Ausprägung „Produktion auf Bestellung mit Einzelaufträgen" auf. Dieser Auftragsabwicklungstyp stellt den typischen kundenauftragsbezogenen *Einmalfertiger*

Auftragsabwicklungs-merkmale		Merkmalsausprägungen			
1	AUFTRAGSAUS-LÖSUNGSART	Produktion auf Bestellung mit Einzelaufträgen	Produktion auf Bestellung mit Rahmenaufträgen	kundenanonyme Vorprod./kundenauftragsbezogene Endprod.	Produktion auf Lager
2	ERZEUGNIS-SPEKTRUM	Erzeugnisse nach Kundenspezifikation	typisierte Erzeugnisse mit kundenspezifischen Varianten	Standarderzeugnisse mit Varianten	Standarderzeugnisse ohne Varianten
3	ERZEUGNIS-STRUKTUR	mehrteilige Erzeugnisse mit komplexer Struktur	mehrteilige Erzeugnisse mit einfacher Struktur	geringteilige Erzeugnisse	
4	ERMITTLUNG DES ERZEUGNIS-/KOMPONENTENBEDARFS	bedarfsorientiert auf Erzeugnisebene	erwartungs-/bedarfsorientiert auf Komp.ebene	erwartungsorientiert auf Komp.ebene	erwartungsorientiert auf Erzeugnisebene	verbrauchsorientiert auf Erzeugnisebene
5	AUSLÖSUNG DES SEKUNDÄRBEDARFS	auftragsorientiert	teilw. auftragsorientiert teilw. periodenorientiert	periodenorientiert	
6	BESCHAFFUNGSART	weitgehender Fremdbezug	Fremdbezug in größerem Umfang	Fremdbezug unbedeutend	
7	BEVORRATUNG	keine Bevorratung von Bedarfspositionen	Bevorratung von Bedarfspositionen auf unteren Strukturebenen	Bevorratung von Bedarfspositionen auf oberen Strukturebenen	Bevorratung von Erzeugnissen
8	FERTIGUNGSART	Einmalfertigung	Einzel- und Kleinserienfertigung	Serienfertigung	Massenfertigung
9	ABLAUFART IN DER TEILEFERTIGUNG	Werkstattfertigung	Inselfertigung	Reihenfertigung	Fließfertigung
10	ABLAUFART IN DER MONTAGE	Baustellenmontage	Gruppenmontage	Reihenmontage	Fließmontage
11	FERTIGUNGSSTRUKTUR	Fertigung mit hohem Strukturierungsgrad	Fertigung mit mittlerem Strukturierungsgrad	Fertigung mit geringem Strukturierungsgrad	
12	KUNDENÄNDERUNGSEINFLÜSSE WÄHREND DER FERTIGUNG	Änderungseinflüsse in größerem Umfang	Änderungseinflüsse gelegentlich	Änderungseinflüsse unbedeutend	

Bild 4-24. Morphologische Auftragsabwicklungsmerkmale [112]

dar. Repräsentativ sind in diesem Zusammenhang der *Sondermaschinenbau* (z. B. Papiererzeugungsmaschinen) und der *Anlagenbau* (Anlagen mit komplexen Aggregaten, z. B. Zerkleinerungsanlagen) zu nennen.

Der *Rahmenauftragsfertiger* ist durch die Auftragsauslösungsart „Produktion auf Bestellung mit Rahmenaufträgen" gekennzeichnet. Charakteristisch ist das Vorliegen langfristiger *Rahmenvereinbarungen* bzw. -aufträge, die es diesen Unternehmen (z. B. einem Automobilzulieferer) ermöglichen, über die Laufzeit der Rahmenvereinbarungen ihre PPS auf eine genauere Planungsbasis zu stellen. Als Besonderheit ist die Lieferabrufsystematik zu nennen, innerhalb derer der Kunde zu bestimmten Zeitpunkten mit dem Zulieferer in Kontakt tritt und die benötigte Erzeugnismenge hinsichtlich Liefertermin und Menge konkretisiert.

Die Auftragauslösungsart „kundenanonyme Vorproduktion / kundenauftragsbezogene Endproduktion" kennzeichnet den *Variantenfertiger* (z. B. Möbelhersteller). Dieser Typ zeichnet sich insbesondere durch eine auftragsanonyme Vorproduktion bis zu einer festgelegten Ebene, der sogenannten Bevorratungsebene, aus. Das Vorliegen eines Kundenauftrags löst dann eine auf diesen Auftrag bezogene Endproduktion aus. Dies beschränkt sich in der betrieblichen Praxis meist auf eine Endmontage der lagerhaltig verfügbaren Baugruppen.

Die „Produktion auf Lager" findet man beim *Lagerfertiger*. Die Aktivitäten der Auftragsabwicklung gehen von einem auftragsanonymen Absatzplan aus. Der Kunde bestellt ausschließlich von einem Erzeugnislager und hat keinen Einfluß auf die Auftragsabwicklung. Vertreter des Lagerfertigers finden sich im Verbrauchsgüter produzierenden Gewerbe (z. B. Kühlschränke, Unterhaltungselektronik). Im folgenden werden die vier genannten Auftragsabwicklungstypen hinsichtlich ihrer charakteristischen Besonderheiten vorgestellt [113].

4.9.2
Auftragsfertiger

Beim Auftragsfertiger initiiert ein einzelner Kundenauftrag die Auftragsabwicklung. Jeder Kundenauftrag erzeugt bei diesem Auftragsabwicklungstyp einen individuellen Primärbedarf. Der Primärbedarf entsteht durch die nach *Kundenspezifikation* zu produzierenden Erzeugnisse bzw. durch typisierte Erzeugnisse mit *kundenspezifischen Varianten*.

Die Festlegung der Erzeugniskonstruktion kann vollständig nach den Anforderungen der Kunden erfolgen. Jeder Kundenauftrag hat dann den Charakter einer Neukonstruktion. Typisierte Erzeugnisse mit kundenspezifischen Varianten bauen auf einer bestehenden Grundkonstruktion für verschiedene Erzeugnistypen auf, die einen Anteil an *Standardbaugruppen* (und -teilen) enthalten. Auf der Basis der vorliegenden *Grundkonstruktion* wird dazu eine den Kundenanforderungen entsprechende Erzeugnisausführung durch eine Anpassungskonstruktion realisiert. Die Erzeugnisse sind mehrteilig und haben eine komplexe Struktur (Bild 4-25).

Bedarfspositionen werden bei dem hier beschriebenen Auftragsfertiger in größerem Umfang fremdbezogen. Bei vielen Unternehmen des (Sonder-) Maschinenbaus liegt ein weitgehender Fremdbezugsanteil vor. Die Zukaufbaugruppen werden dabei in mehreren Arbeitsgängen zu einem Gesamterzeugnis montiert. Der Eigenfertigungsanteil beschränkt sich in diesen Fällen zumeist auf vergleichsweise geringe Teilefertigungsarbeiten (z. B. auf

Auftragsabwicklungs-merkmale		Merkmalsausprägungen			
1	AUFTRAGSAUS-LÖSUNGSART	Produktion auf Bestellung mit Einzelaufträgen	Produktion auf Bestellung mit Rahmenaufträgen	kundenanonyme Vor-prod./kundenauftrags-bezogene Endprod.	Produktion auf Lager
2	ERZEUGNIS-SPEKTRUM	Erzeugnisse nach Kunden-spezifikation	typisierte Erzeugnisse mit kundenspezi-fischen Varianten	Standard-erzeugnisse mit Varianten	Standard-erzeugnisse ohne Varianten
3	ERZEUGNIS-STRUKTUR	mehrteilige Erzeugnisse mit komplexer Struktur	mehrteilige Erzeugnisse mit einfacher Struktur	geringteilige Erzeugnisse	
4	ERMITTLUNG DES ERZEUGNIS-/KOMPO-NENTENBEDARFS	bedarfsorientiert auf Erzeugnis-ebene	bedarfsorientiert auf Komp.ebene	erwartungs-/ erwartungs-orientiert auf Komp.ebene	erwartungs-orientiert auf Erzeugnisebene	verbrauchs-orientiert auf Erzeugnisebene
5	AUSLÖSUNG DES SEKUNDÄR-BEDARFS	auftragsorientiert	teilw. auftragsorientiert teilw. periodenorientiert	periodenorientiert	
6	BESCHAFFUNGS-ART	weitgehender Fremdbezug	Fremdbezug in größerem Umfang	Fremdbezug unbedeutend	
7	BEVORRATUNG	keine Bevorratung von Bedarfspositionen	Bevorratung von Bedarfspositionen auf unteren Strukturebenen	Bevorratung von Bedarfspositionen auf oberen Strukturebenen	Bevorratung von Erzeugnissen
8	FERTIGUNGSART	Einmalfertigung	Einzel- und Klein-serienfertigung	Serienfertigung	Massenfertigung
9	ABLAUFART IN DER TEILEFERTIGUNG	Werkstattfertigung	Inselfertigung	Reihenfertigung	Fließfertigung
10	ABLAUFART IN DER MONTAGE	Baustellenmontage	Gruppenmontage	Reihenmontage	Fließmontage
11	FERTIGUNGS-STRUKTUR	Fertigung mit hohem Strukturierungsgrad	Fertigung mit mittlerem Strukturierungsgrad	Fertigung mit geringem Strukturierungsgrad	
12	KUNDENÄNDERUNGS-EINFLÜSSE WÄHREND DER FERTIGUNG	Änderungseinflüsse in größerem Umfang	Änderungseinflüsse gelegentlich	Änderungseinflüsse unbedeutend	

Bild 4-25. Morphologische Merkmale des Auftragsfertigers

kleinere Schweißarbeiten an der Grundkonstruktion) bzw. auf die Montage der Baugruppen zum Gesamtprodukt. Die Erzeugnisstrukturstückliste besitzt hierbei eine geringe Strukturtiefe bei gleichzeitig hoher Produktkomplexität.

Der Auftragsfertiger lagert Bedarfspositionen auf unteren Struktur-ebenen des Primärerzeugnisses, wie z.B. preisgünstige, oft zu verarbeitende Rohmaterialien. Darüber hinaus lagert er Standardbaugruppen, wie z.B. technische Steuerelemente.

Die Fertigungsart ist entweder eine ausgeprägte *Einmalfertigung* oder die *Einzel- und Kleinserienfertigung*. In der Teilefertigung kommt das Prinzip der *Werkstattfertigung* oder der *Inselfertigung* zum Einsatz. Die Montage des Erzeugnisses erfolgt entweder ortsfest auf einer Baustelle oder als Montage in Gruppen. Die Fertigungsstruktur beim Auftragsfertiger besitzt einen mittleren bis hohen Strukturierungsgrad. Änderungseinflüsse wirken durch nachträglich eingehende Kundenwünsche in größerem Umfang auf den Fertigungsprozeß ein, wobei konstruktive Änderungen am Erzeugnis auch noch bei weit fortgeschrittener Fertigung auftreten können.

4.9 Ausprägungen der Arbeitssteuerung

Als erste Schritte der Auftragskoordination sind die Anfrageerfassung und Angebotsbearbeitung zu nennen, die beim Auftragsfertiger in der Regel vor jedem Auftrag durchgeführt werden. Für die Angebotsbearbeitung werden stets eine größere Anzahl von Daten kundenauftragsindividuell bestimmt und verarbeitet. Mit einer Anfrage sind hauptsächlich die vier Aspekte „technische Machbarkeit", „Liefertermin", „Preis" und „Konditionen" verbunden. Oft werden dabei erste Konstruktionszeichnungen dem Angebot beigestellt. Die Angebotsbearbeitung erhält beim Auftragsfertiger durch den erheblichen Arbeitsumfang im Vergleich zu den anderen hier vorgestellten Auftragsabwicklungstypen einen besonderen Stellenwert. Dieser wird durch die Detaillierung der Angebotsbearbeitung in Anfragebewertung, Lieferterminplanung, Preisermittlung und Angebotserstellung im Rahmen dieses Prozesses zum Ausdruck gebracht.

Sind die Ecktermine für einen Kundenauftrag fixiert, wird aus diesen Terminen resultierend die Vorabdisposition der bekannten Langläuferteile und -materialien (Teile und Rohmaterial mit einer überproportional langen Durchlauf- oder Wiederbeschaffungszeit) vorgenommen. Parallel zur Vorabdisposition werden die Konstruktion und die Arbeitsplanung mit der Erstellung der entsprechenden Unterlagen zu den jeweiligen Teilprojekten beauftragt. Es handelt sich hierbei um eine sequentielle Erteilung von

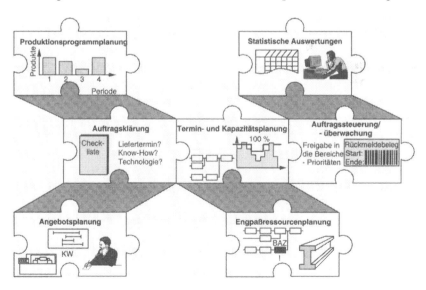

Bild 4-26. Organisation einer Auftragsleitstelle [114]

Konstruktions- und Arbeitsplanungsaufträgen für die jeweils anstehenden Teilprojekte.

Obwohl der *Arbeitsplan* und die *Stückliste* noch nicht erstellt wurden, können zu nicht näher spezifizierten Teilen oder Baugruppen bereits die Kapazitäten reserviert oder sogar Fertigungsaufträge erteilt werden. Bei diesem Prozeß liegen lediglich grobe Vergleichsdaten für die Kapazitäts- und Materialbedarfe vor. Ist ein Teilprojekt aufgrund der Plandaten grundsätzlich realisierbar, wird dieses freigegeben und der auftragsbezogene Teil des Produktionsprogramms an die Produktionsbedarfsplanung übergeben. Treten z. B. durch spät erkannte konstruktive Änderungen oder zusätzlich erforderliche Arbeitsgänge erhebliche Terminverzögerungen auf, wird für die nachfolgenden Teilprojekte die Auftragsgrobterminierung mit der anschließenden Ressourcengrobplanung aktualisiert.

Neben diesen der langfristigen Planung zuzuordnenden Aufgaben werden im Rahmen der Auftragskoordination weiterhin die mittel- bzw. kurzfristigen Aufgaben der *Versandabwicklung* mit der anschließenden Versandfreigabe durchgeführt. Ein Bestandteil der Versandfreigabe beim Auftragsfertiger besteht in der umfangreichen Funktionsfähigkeitsprüfung des Produkts. Besonders beim Auftragsfertiger tritt, bezogen auf ein Erzeugnis, ein hoher innerbetrieblicher Kommunikationsaufwand auf, der z. B. durch eine *Auftragsleitstelle* koordiniert werden kann.

Beim *Auftragsfertiger* ist es häufig notwendig, bestimmte Standardbaugruppen oder Rohmaterialien im voraus zu produzieren bzw. zu beschaffen. Auf diese Weise können trotz langer Produktionszeiten kürzere Lieferzeiten erreicht werden. Ergebnis der Grobplanung ist das *Produktionsprogramm*, welches sich aus Aufträgen zusammensetzt, die aus kundenauftragsbezogenen Projekten (Auftragskoordination) und zu einem geringeren Anteil aus auftragsanonymen Baugruppen (Absatzplanung im Rahmen der Produktionsprogrammplanung) resultieren.

Die Sekundärbedarfsermittlung baut beim Auftragsfertiger häufig auf komplexen Stücklisten mit einer hohen Anzahl an Baugruppen und Teilen und einer im Vergleich zu den anderen Betriebstypen hohen Anzahl von Stücklistenstufen auf. Die Stücklisten enthalten häufig Teile und Baugruppen, für die noch keine Stammdaten existieren. An die Stücklistenverwaltung werden deshalb hohe Ansprüche an Flexibilität und Übersichtlichkeit gestellt. Die Planzeiten, die für die folgende Termin- und Kapazitätsplanung benötigt werden, werden beim Auftragsfertiger entweder durch Vergleichsdaten ähnlicher Aufträge oder mit Hilfe von Erfahrungswerten abgeleitet. Sie sind deshalb mit einer größeren Ungenauigkeit verbunden. Weiterhin kann oftmals lediglich eine ungefähre Aussage über die benötigten Maschinen- bzw. Personalkapazitäten getroffen werden.

Können Aufträge aus dem Beschaffungsprogrammvorschlag z. B. aufgrund fehlender Kapazitäten nicht realisiert werden, sind für diese alternative Wege der Beschaffung zu bestimmen (z. B. Fremdvergabe). Eine Entscheidung darüber wird im Rahmen der Auftragsführung gefällt. Die Änderung kann eine Aktualisierung der Planung für Teilprojekte und Baugruppen bedeuten.

Nachdem das Eigenfertigungsprogramm bekannt ist, muß der Fertigung ein detailliertes Zeitgerüst zur Belegung der Kapazitäten zur Verfügung gestellt werden. Dazu ist zunächst der Fertigungsumfang der im Eigenfertigungsprogramm enthaltenen Aufträge hinsichtlich der Durchlaufzeit und des Kapazitätsbedarfs einzelner Arbeitsgänge zu bestimmen und zu konsolidieren. Dieser Schritt beinhaltet die Überprüfung der Arbeitsunterlagen (Konstruktionszeichnung, Stückliste, Arbeitsplan etc.) hinsichtlich der Durchführbarkeit und die Prüfung der Verfügbarkeit der benötigten Materialien und Baugruppen.

Die folgende Losbildung faßt die innerhalb eines durch das Eigenfertigungsprogramm eingegrenzten Zeitraums zu produzierenden Baugruppen- und Teilebedarfe mit gleichen Arbeitsgangfolgen zusammen. Bei der anschließenden Feinterminierung werden auf Arbeitsgangebene die Termine innerhalb des für den Arbeitsgang vorhandenen zeitlichen Puffers festgelegt. Dabei können zur Reduzierung der Durchlaufzeiten in der Teilefertigung bestimmte Lose überlappt gefertigt werden. Bisher wurden im Rahmen der Produktionsbedarfsplanung die Kapazitäten lediglich auf Gruppenebene abgestimmt. Im Rahmen der Feinterminierung erfolgt die Zuordnung der Arbeitsgänge zu einzelnen Kapazitäten. Hierbei wird zunächst davon ausgegangen, daß unbegrenzte Kapazitäten zur Verfügung stehen.

In der anschließenden Ressourcenfeinplanung wird die tatsächliche Ressourcenbelastung berücksichtigt und eine Kapazitätsabstimmung vorgenommen. Das Ergebnis der Ressourcenfeinplanung ist der jeweilige Vorrat an Arbeitsaufträgen, die innerhalb einer Periode (z. B. eines Tages) an einer Kapazität gefertigt werden können. Die Kapazität ist im Fall der Montage z. B. Montagepersonal. Gibt es für den Vorrat der Arbeitsaufträge noch einen zeitlichen Spielraum, wird für diesen Vorrat die Abarbeitungsreihenfolge unter Beachtung entsprechender Planungsregeln, wie z. B. *FIFO* (First In First Out), festgelegt.

Das Ergebnis der vorangegangenen Schritte der Eigenfertigungsplanung und -steuerung ist der Werkstattprogrammvorschlag, auf dessen Basis die Verfügbarkeit von Material und Kapazitäten vor Fertigungsbeginn nochmals geprüft wird. Sind die Ressourcen vorhanden, wird der Werkstattauftrag zur Fertigung freigegeben. Werkstattaufträge umfassen auch die auf eine *Außenmontage* bezogenen Montageaufträge. Gerade bei diesen Montageaufträgen kann bereits eine Freigabe erfolgt sein, ohne daß alle Materialien zur Verfügung stehen.

Die Auftragsüberwachung bzw. die Ressourcenüberwachung dient im wesentlichen der Fortschrittskontrolle der Werkstattaufträge. Der Auftragsfortschritt und die Ressourcen werden heute vielfach mittels eines BDE-Systems überwacht. Ergeben sich aufgrund von Störungen terminliche Abweichungen, muß die Durchführbarkeit des Eigenfertigungsprogramms hinterfragt werden. Dieses kann durch die Auftragsleitstelle erfolgen, die über die Reaktion entscheidet. Darüber hinaus wird der Kunde im Rahmen der Auftragsführung über den Terminverzug informiert. Die Auftragskoordination nimmt während des gesamten Projektfortschritts die Aufgabe der Projektverfolgung wahr, um jederzeit Auskünfte über den aktuellen Bearbeitungsstand geben zu können. Die Aufgaben, die bei der Auftragskoordination wahrzunehmen sind, können in einer Auftragsleitstelle zusammengefaßt werden.

Auf der Basis des Fremdbezugsprogramms wird die Bestellrechnung durchgeführt. Der als Ergebnis vorliegende Bestellprogrammvorschlag wird als Eingangsinformation zur Anfrageerstellung verwendet. Der Auftragsfertiger klärt im Rahmen der Angebotseinholung die konstruktiven Details mit dem Lieferanten ab. Nach der Angebotsbewertung erfolgt die *Lieferantenauswahl* nach unternehmensspezifisch definierten Kriterien, wie z.B. Preisen, Lieferterminen, Qualität und Umwelt.

Sind die Bestellungen des Bestellprogrammvorschlags grundsätzlich realisierbar, werden diese freigegeben und damit verbunden die Lieferaufträge erstellt und versandt. Die zum Bestellvorgang vom Lieferanten eingehenden Lieferdaten dienen der sich dem Lieferauftrag anschließenden Bestellüberwachung. Neben der gängigen Lieferauftragsverfolgung sind Reklamationen gegenüber einem Lieferanten Bestandteil der Bestellüberwachung. Der Auftragsfertiger benötigt für die Rohmaterialien und die geringe Anzahl an kundenanonym vorgefertigten Baugruppen und Teilen ein vergleichsweise kleineres Lager.

4.9.3
Rahmenauftragsfertiger

Beim Rahmenauftragsfertiger erfolgt die Auslösung des Primärbedarfs durch wenige Kundenaufträge mit längerfristigen Vereinbarungen einer größeren Zahl von Lieferungen. Typische Vertreter dieser Gruppe sind *Automobilzulieferer und Systemlieferanten* (Bild 4-27).
Häufig wird beim Rahmenauftragsfertiger das Fortschrittzahlenkonzept angewendet. Das *Fortschrittzahlenkonzept* ist ein auf kumulierten Werten basierendes Planungs- und Steuerungskonzept für die nach dem Fließprinzip organisierte montageorientierte *Serien- und Massenfertigung* (s. Abschn. 4.10). Dabei wird eine erzeugnisbezogene Gliederung des gesamten Produktionsprozesses in sogenannte Kontrollblöcke vorausgesetzt. Diese Blöcke werden stets mit Fortschrittszahlen über ein- und abgehende Werte gezählt.

	Auftragsabwicklungs-merkmale	Merkmalsausprägungen			
1	AUFTRAGSAUS-LÖSUNGSART	Produktion auf Bestellung mit Einzelaufträgen	Produktion auf Bestellung mit Rahmenaufträgen	kundenanonyme Vorprod./kundenauftragsbezogene Endprod.	Produktion auf Lager
2	ERZEUGNIS-SPEKTRUM	Erzeugnisse nach Kundenspezifikation	typisierte Erzeugnisse mit kundenspezifischen Varianten	Standarderzeugnisse mit Varianten	Standarderzeugnisse ohne Varianten
3	ERZEUGNIS-STRUKTUR	mehrteilige Erzeugnisse mit komplexer Struktur	mehrteilige Erzeugnisse mit einfacher Struktur	geringteilige Erzeugnisse	
4	ERMITTLUNG DES ERZEUGNIS-/KOMPO-NENTENBEDARFS	bedarfsorientiert auf Erzeugnisebene	erwartungs-/bedarfsorientiert auf Komp.ebene	erwartungsorientiert auf Komp.ebene	erwartungsorientiert auf Erzeugnisebene	verbrauchsorientiert auf Erzeugnisebene
5	AUSLÖSUNG DES SEKUNDÄR-BEDARFS	auftragsorientiert	teilw. auftragsorientiert teilw. periodenorientiert	periodenorientiert	
6	BESCHAFFUNGS-ART	weitgehender Fremdbezug	Fremdbezug in größerem Umfang	Fremdbezug unbedeutend	
7	BEVORRATUNG	keine Bevorratung von Bedarfspositionen	Bevorratung von Bedarfspositionen auf unteren Strukturebenen	Bevorratung von Bedarfspositionen auf oberen Strukturebenen	Bevorratung von Erzeugnissen
8	FERTIGUNGSART	Einmalfertigung	Einzel- und Kleinserienfertigung	Serienfertigung	Massenfertigung
9	ABLAUFART IN DER TEILEFERTIGUNG	Werkstattfertigung	Inselfertigung	Reihenfertigung	Fließfertigung
10	ABLAUFART IN DER MONTAGE	Baustellenmontage	Gruppenmontage	Reihenmontage	Fließmontage
11	FERTIGUNGS-STRUKTUR	Fertigung mit hohem Strukturierungsgrad	Fertigung mit mittlerem Strukturierungsgrad	Fertigung mit geringem Strukturierungsgrad	
12	KUNDENÄNDERUNGS-EINFLÜSSE WÄHREND DER FERTIGUNG	Änderungseinflüsse in größerem Umfang	Änderungseinflüsse gelegentlich	Änderungseinflüsse unbedeutend	

Bild 4-27. Morphologische Darstellung des Rahmenauftragsfertigers

Beim Rahmenauftragsfertiger existiert eine enge logistische Verbindung zum Auftraggeber. Kennzeichnend sind häufige Bedarfsmitteilungen der Auftraggeber mittels Abrufaufträgen. Diese Abrufe enthalten ein weites Informationsspektrum hinsichtlich Mengen und Lieferterminen (Bild 4-28). Entsprechend dem Wesen der Auftragsabwicklung mit Rahmenaufträgen werden die zugehörigen Abrufe sukzessive mengenmäßig und terminlich detailliert. Die konkret für einen Liefertermin bereitzustellenden Mengen werden normalerweise so kurzfristig mitgeteilt, daß eine zeitgerechte Fertigstellung der Erzeugnisse auf der Basis von Annahmen zum Absatz vorgenommen werden muß. Die Annahmen resultieren dabei aus den mit den Kunden geschlossenen Rahmenvereinbarungen bzw. Rahmenaufträgen, die allerdings noch eine erhebliche Unsicherheit hinsichtlich der abzusetzenden Mengen aufweisen.

Hier wird davon ausgegangen, daß nach erstmaliger Vereinbarung eines Entwicklungsauftrags ein konstruktiver Aufwand entsteht, der bei den anschließenden Rahmenaufträgen und Abrufen nicht mehr auftritt.

		Planungshorizont	Planungsraster	Mengenabweichung
1. Ebene	Rahmenvereinbarung (Quotierung)	12 Monate	Quartal	± 30-50%
2. Ebene	Rahmenvertrag (Materialfreigabe)	6 Monate	Monat	± 20%
3. Ebene	Lieferabruf (Fertigungsfreigabe)	1-6 Monate	für die: 1. - 2. Woche: Tag 3. - 15. Woche: Woche 16. - 28. Woche: Monat	fix ± 10% ± 20%
3. Ebene	Feinabruf	max. 4 Wochen	Tag oder Stunde	fix
3. Ebene	produktionssynchroner Abruf	Abruf unmittelbar vor Lieferung	Stunde	fix

Bild 4-28. Abrufsystematik bei der Rahmenauftragsfertigung [101]

4.9 Ausprägungen der Arbeitssteuerung

Nach der Konstruktion des kundenspezifischen Produkts kann dieses als Standardprodukt des Rahmenauftragsfertigers aufgefaßt werden. Dementsprechend umfaßt das Erzeugnisspektrum sowohl typisierte Erzeugnisse mit kundenspezifischen Varianten als auch Standarderzeugnisse mit und ohne Varianten.

Beim Abschluß einer Rahmenvereinbarung werden in der Regel die Mengen und Termine lediglich grob vereinbart (Mengenabweichungen bis zu 50 %), so daß der Bedarf pro Periode erwartungsorientiert auf der Basis aller Rahmenvereinbarungen kumuliert prognostiziert wird. Häufig liegen die hier beschriebenen Rahmenvereinbarungen beim Unternehmen nicht vor, woraufhin auf der Basis der Marktentwicklung der Absatz kundenanonym geplant wird.

Grundlegendes und allgemein bekanntes Planungsinstrument der Grobplanung sind die eingehenden Rahmenaufträge, gegen die die anschließenden Lieferabrufe gebucht werden. Eine weitere Detaillierung der Systematik bei Rahmenvereinbarungen stellen die *Feinabrufe* bzw. *produktionssynchronen Abrufe* dar. Während nach dem Eingang der Lieferabrufe die Beschaffungsplanung noch korrigiert werden kann, sind bei Übermittlung der Feinabrufe bzw. produktionsynchronen Abrufe durch den Kunden keine Änderungen für die Fertigung und den Fremdbezug mehr möglich.

Die sehr kurzfristigen Fein- und produktionssynchronen Abrufe werden aus Lagerbeständen oder direkt von der Endmontage bedient. Zum Beispiel kann nach dem Eingang eines Feinabrufs noch die kundenspezifische Verpackung vorgenommen werden. Diese wird dann allerdings nicht mehr mittelfristig geplant. Der produktionssynchrone Abruf erfolgt unmittelbar vor der Lieferung und läßt dementsprechend keine Arbeitsgänge mehr zu. Ein Beispiel für eine vollständige Rahmenvereinbarungssystematik ist in Bild 4-28 dargestellt.

Die Auslösung des Sekundärbedarfs erfolgt einerseits periodenorientiert für diejenigen standardisierten Baugruppen, die über mehrere Rahmenaufträge aggregiert disponiert werden können, und andererseits (rahmen-) auftragsorientiert für kundenauftragsspezifische Baugruppen. Dabei wird der Fall des Rahmenauftragsfertigers berücksichtigt, der ausschließlich auftragsorientiert die Sekundärbedarfe auslöst.

Der Fremdbezug dieser Baugruppen kann abhängig vom Produkt sowohl unbedeutend sein als auch in größerem Umfang vorgenommen werden. Die Bevorratung wird entweder direkt auf Erzeugnisebene oder auf unteren Strukturebenen des Erzeugnisses vorgenommen. Die Bevorratung von Erzeugnissen kommt durch die wirtschaftliche Losgröße zustande, die oft höher festgelegt ist, als die vom Auftraggeber mittels Abrufen spezifizierte Menge, so daß die verbleibende Restmenge eingelagert wird.

Bei dem hier betrachteten Rahmenauftragsfertiger sind überwiegend die Serienfertigung oder sogar die Massenfertigung vorzufinden. Entsprechend dieser vorwiegend auftretenden Fertigungsarten läuft die Teilefertigung als *Reihen-* oder *Fließfertigung* und die Montage als *Reihen- oder Fließmontage* ab. Die *Inselfertigung* und die *Gruppenmontage* sind ebenfalls bei einem Rahmenauftragsfertiger anzutreffen.

Die Fertigung besitzt einen mittleren oder nur geringen Strukturierungsgrad. Der vergleichsweise komplexe Fall tritt beim Auftragsfertiger bzw. beim Variantenfertiger auf. Die Konstruktion und die Arbeitsplanung werden für Rahmenaufträge vorwiegend in der Vorbereitungsphase zu einem Rahmenauftrag tätig. Aufgrund des vorliegenden Seriencharakters werden hier in entscheidendem Maße die Herstellkosten des Erzeugnisses festgelegt. Bis zu diesem Zeitpunkt hat der Kunde die Möglichkeit, Änderungen einzubringen. Nach dem Vertragsabschluß nehmen diese Änderungsmöglichkeiten ab und sind während der Fertigung unbedeutend.

Rahmenvereinbarungen werden meist dann getroffen, wenn ein Kunde einen großen Bedarf an (gleichen bzw. ähnlichen) Erzeugnissen über eine bestimmte Zeit erwartet. Der Kunde sichert sich mit einer Rahmenvereinbarung günstige Lieferkonditionen (unter anderem günstiger Preis) und eine garantierte Lieferbereitschaft. Für das die Erzeugnisse herstellende Unternehmen liegen die Vorteile von Rahmenvereinbarungen in einer garantierten Mindestabnahmemenge eines Erzeugnisses oder Erzeugnistyps und damit in einer besseren Planbarkeit von Materialbedarfen, Materialbeschaffungen, Kapazitätsauslastungen und so weiter über einen festgelegten Zeitraum.

Die Rahmenvereinbarung steht am Beginn des hier betrachteten Auftragsabwicklungsprozesses. Auf der Basis von mit den Kunden getroffenen Rahmenvereinbarungen plant der Rahmenauftragsfertiger seinen erwarteten Absatz pro Periode. Bei Abschluß und Erfassung einer Rahmenvereinbarung mit einem Kunden liegen bereits Rahmenvereinbarungen mit anderen Kunden bzw. mit dem gleichen Kunden zu anderen Produkten vor. Die Absatzplanung bezieht sich somit zunächst nur auf diese spezielle Rahmenvereinbarung und prognostiziert auf deren Basis die erwarteten Bedarfe. Dabei muß die Rahmenvereinbarung nicht auf ein spezielles Produkt bezogen sein, sondern kann auch rein wert- bzw. mengenbezogen zu einer Produktgruppe ausgehandelt werden. Die Absatzplanung beim

Rahmenauftragsfertiger hat dabei unter anderem die Aufgabe, Schwankungsbreiten von zu einer Rahmenvereinbarung eingehenden Lieferabrufen zu prognostizieren.

Im Anschluß an die Absatzplanung werden die Ressourcen für diese Rahmenvereinbarung grob geplant. Dabei werden ggf. mit Ersatzstücklisten bzw. -arbeitsplänen, in denen Daten auf einem hohen Aggregationsniveau (Betrachtung von Material- und Kapazitätsgruppen) enthalten sind, die periodenorientierten Bedarfe den vorhandenen Ressourcen unter Berücksichtigung der bereits für andere Rahmenvereinbarungen reservierten Ressourcen zugeordnet. Das Ergebnis der Grobplanung der Ressourcen ist das Absatzprogramm für die Rahmenvereinbarung.

Die eingehenden Rahmenaufträge werden im folgenden nach deren Erfassung dem rahmenvereinbarungsbezogenen *Absatzprogramm* gegenübergestellt. Waren bisher die Bruttobedarfe der Primärerzeugnisse durch eine produktgruppenbezogene Rahmenvereinbarung nicht bekannt, werden diese im folgenden Schritt basierend auf den Rahmenaufträgen ermittelt und mit der Rahmenvereinbarung verrechnet.

Dabei können gleiche Primärbedarfe aus unterschiedlichen Rahmenaufträgen für einen festgelegten Zeitraum kumuliert werden. Anschließend werden unter Berücksichtigung der vorhandenen Bestände und der bereits geplanten Zu- und Abgänge die zu produzierenden Nettobedarfe bestimmt. Informationen über die ermittelten Bruttobedarfe werden für die Bestandsplanung zur Verfügung gestellt. Daraus lassen sich die Reichweiten und Bestellbestände für eine dynamische Verbrauchssteuerung der Primärbedarfe und der Sekundärbedarfe (Teile und Rohmaterialien) ableiten. Produktionsaufträge zu Primärerzeugnissen können beim Rahmenauftragsfertiger auch verbrauchsgesteuert durch Unterschreitung des Bestellbestands ausgelöst werden. Die Unterschreitung wird durch die Fortschreibung des dispositiven Kontos im Rahmen der Bestandssteuerung festgestellt.

Die Ressourcen können sowohl unabhängig (durch Kumulation über mehrere Aufträge) als auch abhängig von einem Rahmenauftrag verplant werden. Bei einer Abhängigkeit vom Rahmenauftrag können aufgrund der mit dem Auftrag verbundenen Schwankungsbreite zum Zeitpunkt der Ressourcengrobplanung Abweichungen zur späteren Bestellmenge auftreten (Bild 4-28: bis 20%), die bei der Grobplanung z.B. durch Sicherheitsfaktoren entsprechend berücksichtigt werden müssen.

Gehen *Lieferabrufe* beim Rahmenauftragsfertiger ein, werden diese nach der Erfassung dem Rahmenauftrag zugeordnet und mit den bis zu diesem

Zeitpunkt geplanten Primärbedarfen verglichen. Bei einer Abweichung von den im Produktionsprogrammvorschlag hinterlegten Erzeugnisbedarfen wird der entsprechende Auftrag des Produktionsprogrammvorschlags korrigiert.

Die Produktionsprogrammfreigabe setzt die grundsätzliche Machbarkeit des Produktionsprogrammvorschlags voraus; ansonsten sind die Ressourcen z. B. durch die Vergabe von Aufträgen an externe Unternehmen langfristig abzustimmen.

Beim Rahmenauftragsfertiger ist mit nur geringen Kundenänderungseinflüssen während der Fertigung zu rechnen. Die Fertigungsabläufe sind in der Regel bekannt. Eine Überprüfung der Fertigungsunterlagen durch die Eigenfertigungsplanung und -steuerung erfolgt deshalb nur in Ausnahmefällen.

Bei einem Rahmenauftragsfertiger haben die Aufgaben der Angebotseinholung und -bewertung und die anschließende Lieferantenauswahl bereits einmalig stattgefunden, so daß für die Fremdbezugsteile der Hauptlieferant bzw. die Nebenlieferanten im Teilestamm hinterlegt sind. Häufig werden Rahmenvereinbarungen mit den Lieferanten über die Laufzeit der mit dem Kunden bestehenden Rahmenvereinbarung getroffen. Nachdem eine Rahmenvereinbarung mit dem Kunden über Mindestabnahmeumfänge (Stückzahlen oder Werte) fixiert wurde, werden die zu späteren Zeitpunkten folgenden Rahmenaufträge und Abrufe erfaßt. Dabei liegt eine sukzessive Konkretisierung der Erzeugnisse hinsichtlich Mengen und Terminen vor. Die zeitlich letzten Abrufe des Kunden geben die genauen Mengen, Termine und ggf. Anlieferungsorte an. Zu diesem Zeitpunkt sind die Produkte bereits lieferfähig eingelagert oder können zumindest innerhalb des bis zum Liefertermin verbleibenden Zeitraums endproduziert und für den Versand vorbereitet werden.

Nach der Abruferfassung folgt die Prüfung der Produkte hinsichtlich ihrer Verfügbarkeit zum vom Kunden angegebenen Liefertermin. Sind die zu liefernden Produkte verfügbar, wird der Versandauftrag erstellt. Der Versandauftrag stößt im Rahmen des Lagerwesens die Lagerbewegungsführung (Lagerplatz- und -ortbestimmung) und die Bestandssteuerung (Abbuchung der Produkte) an.

Ein typisches Problem des Rahmenauftragsfertigers ist, daß einerseits ungeplante Abrufmengen nur aus den Sicherheitsbeständen eines Erzeugnislagers erfüllt werden können, andererseits die aufgrund von überhöhten Rahmenvereinbarungen bzw. Rahmenaufträgen zuviel produzierten Men-

4.9 Ausprägungen der Arbeitssteuerung

gen abgefangen werden müssen. Vielfach wird daher eine Bevorratung von Standard-Baugruppen auf unteren Strukturebenen, die in mehrere kundenspezifische Produkte einfließen können, angestrebt.

4.9.4 Variantenfertiger

Der als Variantenfertiger definierte Auftragsabwicklungstyp produziert seine Erzeugnisse auf Basis einer kundenanonymen Vorproduktion mit anschließender kundenauftragsbezogener Endproduktion (Bild 4-29) [115].

Das *Erzeugnisspektrum* setzt sich aus typisierten Erzeugnissen mit kundenspezifischen Varianten und Standarderzeugnissen mit Varianten zusammen. Während beim Auftragsfertiger bedingt durch die kundenspezifischen

Auftragsabwicklungs-merkmale	Merkmalsausprägungen			
1 AUFTRAGSAUS-LÖSUNGSART	Produktion auf Bestellung mit Einzelaufträgen	Produktion auf Bestellung mit Rahmenaufträgen	kundenanonyme Vorprod./kundenauftragsbezogene Endprod.	Produktion auf Lager
2 ERZEUGNIS-SPEKTRUM	Erzeugnisse nach Kundenspezifikation	typisierte Erzeugnisse mit kundenspezifischen Varianten	Standarderzeugnisse mit Varianten	Standarderzeugnisse ohne Varianten
3 ERZEUGNIS-STRUKTUR	mehrteilige Erzeugnisse mit komplexer Struktur	mehrteilige Erzeugnisse mit einfacher Struktur	geringteilige Erzeugnisse	
4 ERMITTLUNG DES ERZEUGNIS-/KOMPONENTENBEDARFS	bedarfsorientiert auf Erzeugnisebene	bedarfsorientiert auf Komp.ebene	erwartungsorientiert auf Komp.ebene	erwartungsorientiert auf Erzeugnisebene	verbrauchsorientiert auf Erzeugnisebene
5 AUSLÖSUNG DES SEKUNDÄRBEDARFS	auftragsorientiert	teilw. auftragsorientiert teilw. periodenorientiert	periodenorientiert	
6 BESCHAFFUNGSART	weitgehender Fremdbezug	Fremdbezug in größerem Umfang	Fremdbezug unbedeutend	
7 BEVORRATUNG	keine Bevorratung von Bedarfspositionen	Bevorratung von Bedarfspositionen auf unteren Strukturebenen	Bevorratung von Bedarfspositionen auf oberen Strukturebenen	Bevorratung von Erzeugnissen
8 FERTIGUNGSART	Einmalfertigung	Einzel- und Kleinserienfertigung	Serienfertigung	Massenfertigung
9 ABLAUFART IN DER TEILEFERTIGUNG	Werkstattfertigung	Inselfertigung	Reihenfertigung	Fließfertigung
10 ABLAUFART IN DER MONTAGE	Baustellenmontage	Gruppenmontage	Reihenmontage	Fließmontage
11 FERTIGUNGSSTRUKTUR	Fertigung mit hohem Strukturierungsgrad	Fertigung mit mittlerem Strukturierungsgrad	Fertigung mit geringem Strukturierungsgrad	
12 KUNDENÄNDERUNGSEINFLÜSSE WÄHREND DER FERTIGUNG	Änderungseinflüsse in größerem Umfang	Änderungseinflüsse gelegentlich	Änderungseinflüsse unbedeutend	

Bild 4-29. Morphologische Darstellung des Variantenfertigers

Anpassungen ein vergleichsweise hoher Konstruktionsaufwand je Kundenauftrag erforderlich ist, verringert sich dieser beim Variantenfertiger aufgrund der kundenanonymen Vorproduktion bei ähnlicher Erzeugniskomplexität zu einer Anpassungskonstruktion.

Der Varianterfertiger stellt zumeist mehrteilige Erzeugnisse mit komplexer oder einfacher Struktur her. Aufgrund der kundenauftragsbezogenen Endproduktion werden die Erzeugnisbedarfe bedarfsorientiert ermittelt. Die kundeanonyme Vorfertigung bedingt eine erwartungs- oder verbrauchsorientierte Ermittlung des Sekundärbedarfs. Stehen Baugruppen in direktem Auftragsbezug, werden diese allerdings bedarfsorientiert disponiert. Entsprechend erfolgt für kundenauftragsspezifische Sekundärbedarfe die Auslösung auftragsorientiert und für kundenanonyme Sekundärbedarfe periodenorientiert. Die Beschaffungsart dieser Sekundärbedarfe kann in Abhängigkeit von der Art des Enderzeugnisses einen weitgehenden Fremdbezug (Bandbreite der nicht selbst gefertigten Sekundärbedarfe groß) oder die verstärkte Eigenfertigung mit geringerem Fremdbezug (Bandbreite der nicht selbst gefertigten Sekundärbedarfe gering) beinhalten.

Um den Aufwand der kundenauftragsspezifischen Produktion möglichst gering zu halten, produziert der hier betrachtete Variantenfertiger sein Erzeugnis soweit wie möglich kundenanonym vor. Daher bevorratet der Variantenfertiger einerseits Bedarfspositionen auf oberen Strukturebenen. Andererseits kann die kundenauftragsbezogene Endproduktion einen so großen Anteil an der gesamten Produktion aufweisen, daß nur eine Lagerung auf unteren Strukturebenen stattfindet.

Die vom Variantenfertiger selbst produzierten Sekundärmaterialien werden in *Einzel- und Kleinserien- bzw. in Serienfertigung* hergestellt. In der kundenauftragsbezogenen Endproduktion liegen in der Regel kleinere Lose vor als in der kundenauftragsanonymen Vorproduktion. Überwiegend liegt dabei eine *Werkstatt-, Insel- oder Reihenfertigung* vor. Die Montage findet als *Gruppen-* oder *Reihenmontage* statt. Die Fertigung weist einen hohen oder mittleren Strukturierungsgrad auf. Ist allerdings ein Fremdbezug von Baugruppen auf oberen Strukturebenen des Enderzeugnisses in großem Umfang vorhanden, verringert sich der Anteil der Eigenleistungen des Variantenfertigers und damit verbunden auch der Strukturierungsgrad der Fertigung.

Während der Fertigung treten beim Variantenfertiger nur noch gelegentlich Änderungen am Erzeugnis auf. Gerade bei der kundenanonymen Vorproduktion sind kurzfristige Änderungseinflüsse durch Kunden von untergeordneter Bedeutung.

Eine erzeugnisneutrale Vorfertigung von Erzeugnisbaugruppen bis unmittelbar unter die Erzeugnisebene läßt sich nicht immer konsequent durchführen. Vielfach ist eine auftragsneutrale Vorfertigung nur auf bestimmten Strukturstufen durchführbar, so daß bestimmte *Variantenbaugruppen* und -teile nach Eingang eines Kundenauftrags noch kundenspezifisch endgefertigt bzw. nachbestellt werden müssen. In diesem Fall beschränkt sich die *kundenanonyme Vorfertigung* lediglich auf einige Standardbaugruppen und Teile.

Aufgrund der im Rahmen der Auftragskoordination erfaßten Kundenanfrage wird die Angebotsbearbeitung vorgenommen. Die einzelnen Aufgaben der Angebotsbearbeitung erreichen durch den Standardanteil am Erzeugnis nicht den Umfang, wie er beim Auftragsfertiger vorzufinden ist.

Nach Eingang des Kundenauftrags wird die technische Klärung vorgenommen und anschließend der Auftrag grob terminiert. Die Auftragsklärung verursacht zwar einen internen Kommunikationsaufwand zwischen den Unternehmensbereichen, dieser ist jedoch aufgrund des Standardisierungsgrads der Baugruppen bei als gleich angenommener Produktkomplexität geringer als beim Auftragsfertiger.

Oft werden beim Auftragseingang eine Produktgruppe und die beschreibenden Merkmale des gewünschten Erzeugnisses genannt. Diese Merkmalsbeschreibungen (z. B. Farben, Abmaße oder Materialien) treten beim Variantenfertiger an die Stelle der gestaltgebenden (Konstruktions-) Zeichnungen beim Auftragsfertiger. Ein wesentlicher Teil der kundenspezifischen Varianten kommt durch eine Neukombination vorhandener Standardbaugruppen zustande.

Die nachfolgende Ressourcengrobplanung wird auftragsbezogen vorgenommen. Besteht durch Kundenspezifikationen ein Konstruktionsbedarf, werden die Aufträge zur Erstellung von Zeichnungen, Stücklisten und Arbeitsplänen erteilt.

Der Absatz wird beim hier betrachteten Variantenfertiger aufgrund der Nachfrageentwicklung des Markts geplant. Die erwartungsorientierte Absatzplanung basiert auf heuristischen oder stochastischen Planungsmethoden. Das Absatzprogramm enthält die Summen der abzusetzenden Erzeugnisse einer Produktgruppe pro Absatzperiode.

Der hier betrachtete Variantenfertiger unterscheidet zwei Fälle bei der Ermittlung des kundenanonymen Produktionsprogramms:
- die Variante wird als Standardprodukt innerhalb einer Produktgruppe geführt, das heißt, es ist eine eigene Sachnummer vorhanden, oder

- die Variante wird über eine Produktkonfiguration generiert, das heißt, es existiert nur eine Sachnummer für alle möglichen Varianten einer Produktgruppe.

Für den ersten Fall der eindeutig definierten Variante wird eine Primärbedarfsplanung durchgeführt. Dabei werden die *Produktgruppenbedarfe* aus dem Absatzprogramm (z. B. über *Anteilsfaktoren*) disaggregiert. Mit dem so ermittelten Bruttoprimärbedarf wird mit Hilfe der Bestandsdaten aus der Bestandssteuerung ein Nettoabgleich durchgeführt.

Im zweiten Fall wird zunächst der Montagebedarf kumuliert über die Produktgruppe prognostiziert. In einem weiteren Schritt wird für diese Produktgruppe der Teile- und Baugruppenbedarf mittels Ersatzdaten (z. B. Mengenrelationen) abgeleitet. Auf der Basis des Montagebedarfs sowie Teile- und Baugruppenbedarfs werden die Bereitstellungstermine der Teile und Baugruppen ermittelt. Schließlich wird auch für die so ermittelten Bruttobedarfe ein Nettoabgleich durchgeführt.

Für eine dynamische Bestimmung von Reichweiten und Bestellbeständen werden Daten über die zu produzierenden Erzeugnismengen bzw. Teile- und Baugruppenmengen aus der Primärbedarfsplanung bzw. der Ableitung des Teile- und Baugruppenbedarfs der Bestandsplanung zur Verfügung gestellt. Bei der Ressourcengrobplanung werden aggregierte Kapazitätsangebotsdaten verwendet.

Die Beschaffungsart wird beim hier betrachteten Variantenfertiger abhängig von der eigenen Kapazitätsauslastung bestimmt. Nach der erfolgten Abstimmung der Kapazitäten wird das Beschaffungsprogramm freigegeben. Die Freigabe kann sowohl zentral (ein planender Bereich für alle Werkstatt- und Einkaufsbereiche) als auch dezentral (mehrere planende Bereiche für unterschiedliche Werkstatt- und Einkaufsbereiche) erfolgen. Für einen Fertigungsbereich mit überwiegendem Kundenauftragsbezug werden die Aufträge terminorientiert freigegeben. Aufträge für einen Fertigungsbereich ohne Kundenauftragsbezug können auch bestands- oder belastungsorientiert freigegeben werden.

In der Vorproduktion, die beim Variantenfertiger vorwiegend kundenauftragsanonym ist, können für einige Teile oder Baugruppen sehr gleichmäßige Bedarfsverläufe auftreten. Für diese Teile oder Baugruppen können Beschaffungsaufträge – wie beim Lagerfertiger auch – ohne Einbeziehung der Produktionsbedarfsplanung verbrauchsorientiert angelegt und freigegeben werden. In diesen Fällen werden Bestandsgrößen (z. B. Kanbanpuffergrößen, s. Abschn. 4.10.3) und Beschaffungslosgrößen (Kanbanlosgrößen) in der Bestandsplanung festgelegt. Die Bestandssteuerung stößt dann die Anlage der Beschaffungsaufträge automatisch bei dem Verbrauch des entsprechenden Materials an. Die entstehende Ressourcenbelastung ist in den übergeordneten Planungsebenen zu berücksichtigen.

Beim Variantenfertiger spielt die Zusammenfassung gleichartiger Bedarfe eine besondere Rolle, da viele unterschiedliche Kundenaufträge auf gleiche Baugruppen und Teile zugreifen. Für erstmalig zu beschaffende Fremdbezugsteile wird eine Anfrage erstellt. Nach dem Eingang der Angebote, die zum besseren Vergleich einer Angebotsbewertung unterzogen werden, erfolgt die Lieferantenauswahl nach unternehmensspezifisch definierten Kriterien.

Laufend eingehende Kundenaufträge werden mit den kundenanonym vorgefertigten Baugruppen bedient. Beim Variantenfertiger können im Rahmen einer *Kanbansteuerung* die Aufgaben der *Pufferauslegung* (Bestandsplanung), *Puffersteuerung* (Bestandssteuerung) und *Pufferführung* (Lagerbewegungsführung) auftreten.

Der Variantenfertiger verfügt über ein – verglichen mit dem Auftragsfertiger – größeres *Halbteilelager* (z. B. ein Hochregallager) zur Lagerung der kundenanonym vorproduzierten Teile und Baugruppen.

4.9.5
Lagerfertiger

Der hier beschriebene Auftragsabwicklungstyp des Lagerfertigers fertigt ausschließlich nach Programm auf der Grundlage von Prognosen. Die Erzeugnisse werden ab Lager geliefert, nachdem sie vom Kunden aus einem Katalog selektiert wurden (Bild 4-30).

Beim Lagerfertiger liegen ausschließlich Standarderzeugnisse vor, denen jeglicher kundenspezifischer Einfluß auf die Erzeugniskonstruktion fehlt. Die Erzeugnisausführungen werden vom Unternehmen selbst (unter Berücksichtigung der Marktbedürfnisse) festgelegt und in ihrem fertigen Zustand gelagert. Allerdings können Standarderzeugnisse unterschiedliche kundenauftragsanonyme Varianten (z. B. Schraube M10x24 und M10x34) besitzen, die als kundenanonymes Erzeugnis gelagert werden. Bei den Produkten handelt es sich um mehrteilige Erzeugnisse mit einfacher Struktur (z. B. Baubeschläge) oder auch geringteilige Erzeugnisse mit einfacher Struktur (z. B. Schrauben).

Auftragsabwicklungs-merkmale	Merkmalsausprägungen				
1 AUFTRAGSAUS-LÖSUNGSART	Produktion auf Bestellung mit Einzelaufträgen	Produktion auf Bestellung mit Rahmenaufträgen	kundenanonyme Vor-prod./kundenauftrags-bezogene Endprod.	Produktion auf Lager	
2 ERZEUGNIS-SPEKTRUM	Erzeugnisse nach Kunden-spezifikation	typisierte Erzeugnisse mit kundenspezi-fischen Varianten	Standard-erzeugnisse mit Varianten	Standard-erzeugnisse ohne Varianten	
3 ERZEUGNIS-STRUKTUR	mehrteilige Erzeugnisse mit komplexer Struktur	mehrteilige Erzeugnisse mit einfacher Struktur	geringteilige Erzeugnisse		
4 ERMITTLUNG DES ERZEUGNIS-/KOMPO-NENTENBEDARFS	bedarfsorientiert auf Erzeugnis-ebene	erwartungs-/bedarfsorientiert auf Komp.ebene	erwartungs-orientiert auf Komp.ebene	erwartungs-orientiert auf Erzeugnisebene	verbrauchs-orientiert auf Erzeugnisebene
5 AUSLÖSUNG DES SEKUNDÄR-BEDARFS	auftragsorientiert	teilw. auftragsorientiert teilw. periodenorientiert	periodenorientiert		
6 BESCHAFFUNGS-ART	weitgehender Fremdbezug	Fremdbezug in größerem Umfang	Fremdbezug unbedeutend		
7 BEVORRATUNG	keine Bevorratung von Bedarfspositionen	Bevorratung von Bedarfspositionen auf unteren Strukturebenen	Bevorratung von Bedarfspositionen auf oberen Strukturebenen	Bevorratung von Erzeugnissen	
8 FERTIGUNGSART	Einmalfertigung	Einzel- und Klein-serienfertigung	Serienfertigung	Massenfertigung	
9 ABLAUFART IN DER TEILEFERTIGUNG	Werkstattfertigung	Inselfertigung	Reihenfertigung	Fließfertigung	
10 ABLAUFART IN DER MONTAGE	Baustellenmontage	Gruppenmontage	Reihenmontage	Fließmontage	
11 FERTIGUNGS-STRUKTUR	Fertigung mit hohem Strukturierungsgrad	Fertigung mit mittlerem Strukturierungsgrad	Fertigung mit geringem Strukturierungsgrad		
12 KUNDENÄNDERUNGS-EINFLÜSSE WÄHREND DER FERTIGUNG	Änderungseinflüsse in größerem Umfang	Änderungseinflüsse gelegentlich	Änderungseinflüsse unbedeutend		

Bild 4-30. Morphologische Darstellung des Lagerfertigers

Die Primärbedarfsauslösung erfolgt auf der Basis kundenanonymer Absatzprognosen. Die Kundenaufträge werden beim Lagerfertiger ausschließlich über ein Fertigwarenlager abgewickelt, wobei die Liefervereinbarungen beliebig festgelegt werden können. Der grobe Erzeugnisbedarf wird auf der Basis von Absatzprognosen ermittelt, während der auf einer detaillierteren Betrachtungsebene ermittelte Bedarf (z. B. im Wochenraster) verbrauchsorientiert gesteuert werden kann. Der Sekundärbedarf wird periodisch ausgelöst. Die Bevorratung von Erzeugnissen schließt die Lagerung von Sekundärmaterialien auf oberen und unteren Strukturebenen ein. Der Fremdbezugsanteil wird als eher gering angenommen, das heißt, das Erzeugnis wird vom Unternehmen zu einem wesentlichen Teil direkt auf der Basis von Rohmaterialien produziert.

Beim „reinen" Lagerfertiger liegt eine *Serien- oder Massenfertigung* vor. Dabei sind überwiegend die *Reihenfertigung bzw. die Fließfertigung* anzutreffen. Die Montage findet als *Reihen- oder Fließmontage* statt. Der

4.9 Ausprägungen der Arbeitssteuerung

Strukturierungsgrad der Erzeugnisse ist gering bis mittel. Durch die kundenanonyme Produktion treten keine Kundenänderungseinflüsse während der Fertigung auf. Die Auslösung von Produktionsaufträgen beruht beim Lagerfertiger auf dem aus der Nachfrageentwicklung und der Analyse der aktuellen Kundenbestellungen und -anfragen abgeleiteten Produktionsprogramm.

Für die Erstellung des erzeugnisbezogenen Produktionsprogramms ist der Abwicklungsprozeß der Kundenbestellung nebensächlich. Lediglich zur Aufnahme der Marktentwicklungen fließen aus diesem Informationen über die aktuellen Kundenbestellungen und -anfragen und die Lagerbestandsdaten in die Produktionsprogrammplanung ein.

Zunächst wird aufgrund der Nachfrageentwicklung des Markts in der Absatzplanung ein Verkaufsprogramm erstellt, in dem die zu Erzeugnisgruppen aggregierten Summen der nach Plan abzusetzenden Erzeugnisse unter Angabe der Absatzperiode angegeben werden. In der Regel wird die Absatzplanung auf der Ebene der Erzeugnisgruppen durchgeführt. Abhängig von der Anzahl unterschiedlicher Endprodukte kann der Bedarf in der Absatzplanung aber auch schon auf Erzeugnisebene prognostiziert werden.

Aus dem Verkaufsprogramm erzeugt die Primärbedarfsplanung den Produktionsprogrammvorschlag. Dazu werden zunächst im Rahmen der Bruttoprimärbedarfsplanung die Erzeugnisgruppen (z. B. mit Hilfe von Anteilsfaktoren) disaggregiert und die zu produzierenden Bedarfe je Erzeugnis ermittelt. In der Nettobedarfsermittlung wird auf der Basis der Bestandsdaten aus der Bestandssteuerung der Nettoabgleich durchgeführt.

In der Bestandsplanung werden für die Produkte, die verbrauchsgesteuert disponiert werden sollen, die Mindestbestände bzw. Reichweiten ermittelt (die Bestandsplanung kann z. B. durch Lagerkennlinientechniken unterstützt werden). Für rein verbrauchsorientiert disponierte Produkte löst die Bestandssteuerung später bei Unterschreitung des Bestellbestands die Anlage eines entsprechenden Produktionsauftrags aus.

Nach der Nettoprimärbedarfsermittlung werden in der auftragsanonymen Ressourcengrobplanung die Bedarfe periodenbezogen den Kapazitäten gegenübergestellt. Lassen sich die geplanten Bedarfe mit den zu den jeweiligen Zeiträumen vorhandenen Kapazitäten produzieren, wird das Produktionsprogramm freigegeben. Ist der Produktionsprogrammvorschlag nicht realisierbar, müssen die Ressourcen abgestimmt werden. Die Abstimmung hat zum Ziel, das Verkaufsprogramm z. B. durch eine Erhöhung des Kapazitätsangebots oder die Änderung der Anteile einer Erzeugnisgruppe an den Produktionsmengen einer Erzeugnisgruppe durchzusetzen.

Da beim Lagerfertiger kein Kundenauftragsbezug zu berücksichtigen ist, können die insgesamt angelegten Beschaffungsaufträge problemlos auf den festgelegten Dispositionsstufen zu den jeweils frühesten Bedarfszeitpunkten zusammengefaßt werden.

Die Beschaffungsart ist beim Lagerfertiger in vielen Fällen bereits im Teilestamm eindeutig hinterlegt. Diese mittelfristige Termin- und Kapazitätsplanung kann bei denjenigen Lagerfertigern entfallen, die z. B. aufgrund vergleichsweise unkomplexer Bedarfsstrukturen und genauer Planzeiten direkt im Rahmen der Eigenfertigungsplanung und -steuerung eine *Ressourcenbelegungsplanung* (unter Umständen unter Einsatz eines Leitstands) durchführen können und dabei die Reihenfolgen der Aufträge an den Einzelkapazitäten festlegen.

Die zu produzierenden Losgrößen bzw. Bestellmengen müssen beim Lagerfertiger nicht zu jedem Nettosekundärbedarf erneut berechnet werden. Vielmehr werden die Losgrößen und Bestellmengen mit unterschiedlichen Modellen und Verfahren einmalig festgelegt und anschließend im Teilestamm hinterlegt. In der Regel sind diese dann für die Lebensdauer eines Produkts unter der Voraussetzung gleichbleibender Fertigungsbedingungen festgelegt.

Um die Voraussetzungen für eine möglichst große Planungssicherheit in der Eigenfertigungsplanung und -steuerung zu schaffen, wird beim Lagerfertiger vor der Freigabe des Beschaffungsprogramms die Materialverfügbarkeit sichergestellt. Die Verfügbarkeitsprüfung kann sowohl physisch als auch buchungstechnisch vorgenommen werden.

Die Beschaffungsprogrammfreigabe erfolgt beim Lagerfertiger aufgrund der großen Auflagenhöhen zentral. Die Bestellvorschläge werden an die Fremdbezugsplanung und -steuerung übergeben. Erfolgt die Eigenfertigungsplanung und -steuerung dezentral, so werden die Fertigungsaufträge an die entsprechenden Fertigungsbereiche übergeben.

Bei sehr gleichmäßigen Bedarfsverläufen können Beschaffungsaufträge auch ohne Einbeziehung in die Produktionsbedarfsplanung verbrauchsorientiert angelegt und freigegeben werden. In diesen Fällen werden Bestandsgrößen (z. B. *Kanbanpuffergrößen*) und Beschaffungslosgrößen *(Kanbanlosgrößen)* in der Bestandsplanung festgelegt. Die Bestandssteuerung stößt dann die Anlage der Beschaffungsaufträge automatisch bei dem Verbrauch des entsprechenden Materials an. Die entstehende Ressourcenbelastung ist in den übergeordneten Planungsebenen zu berücksichtigen.

Beim Lagerfertiger ist die Anzahl an für die Fertigungsplanung und -steuerung relevanten Produktänderungen in einem Betrachtungszeitraum sehr klein. Zusätzlich ist nicht mit *Kundenänderungseinflüssen* während der Fertigung zu rechnen. Die Fertigungsabläufe sind also in der Regel bekannt. Eine Überprüfung der Fertigungsunterlagen durch die Eigenfertigungsplanung und -steuerung erfolgt deshalb nicht oder nur in Ausnahmefällen.

Beim Lagerfertiger verändern sich mit den Produkten auch die Fremdbezugsteile vergleichsweise selten. Deshalb können mit den Lieferanten längerfristige Lieferkonditionen vereinbart und die Bestellauftragsabwicklung vereinfacht werden. Im Rahmen der Auftragserfassung werden zunächst Sachnummern, Mengen und Wunschtermine ermittelt. Durch die vergleichsweise einfache Formalisierbarkeit kann diese Aufgabe leicht automatisiert werden. Im Anschluß an die Auftragserfassung wird zunächst eine Verfügbarkeitsprüfung durchgeführt. Hinsichtlich der Auftragspositionen, bei denen die Verfügbarkeitsprüfung zum Wunschtermin negativ ausfällt, erfolgt eine Rücksprache mit dem Kunden. Dabei können ein späterer Liefertermin oder ein Alternativerzeugnis (hinsichtlich des Funktionsumfangs vergleichbares Erzeugnis) genannt werden. Beim Lagerfertiger können im Rahmen einer Kanbansteuerung die Aufgaben der *Pufferauslegung* (Bestandsplanung), *Puffersteuerung* (Bestandssteuerung) und *Pufferführung* (Lagerbewegungsführung) auftreten.

4.10
Ausgewählte Strategien und Verfahren im Rahmen der Produktionsplanung und -steuerung

Nach der vorwiegend technisch orientierten Weiterentwicklung der Produktion im Laufe der letzten Jahrzehnte rückt der organisatorische Strukturwandel immer mehr in den Mittelpunkt der Rationalisierung. Ein zentraler Aspekt ist hierbei die Implementierung einer leistungsfähigen PPS, deren generelle Zielsetzung zunächst in der Gewährleistung von
- hoher *Termintreue*,
- hoher und gleichmäßiger *Kapazitätsauslastung*,
- kurzen *Durchlaufzeiten*,
- geringen *Lager- und Werkstattbeständen* und
- hoher *Flexibilität*

zu sehen ist [95]. Dabei verhalten sich unterschiedliche Zielsetzungen entweder neutral, komplementär oder konkurrierend zueinander. Der letztgenannte Fall, bei dem die Erfüllung eines Ziels die Erfüllbarkeit eines anderen negativ beeinflußt, wird auch als das „Polylemma der Ablaufplanung" bezeichnet [95, 103].

4.10.1
Übersicht

Zur Erreichung der genannten Ziele bieten sich für einzelne Aspekte der Planung und Steuerung Alternativen an, die sich zum Teil sehr grundlegend unterscheiden und die zu teilweise völlig unterschiedlichen Fertigungsstrukturen führen (Bild 4-31).

Innerhalb der PPS stellen die Aufgaben Produktionsprogrammplanung, Produktionsbedarfsplanung, Eigenfertigungs- und Fremdbezugsplanung und die Auftragskoordination jeweils unterschiedliche Anforderungen an

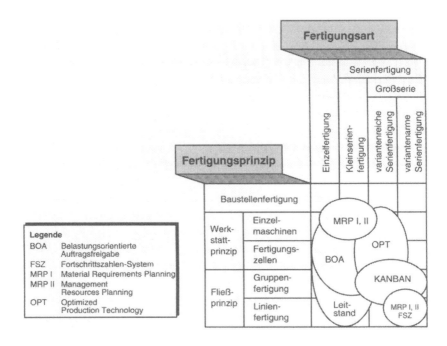

Bild 4-31. Strategien und Verfahren im Rahmen der PPS [116]

4.10 Strategien und Verfahren im Rahmen der Produktionsplanung und -steuerung

die Planungszeiträume [96]. Während sich z. B. die Produktionsprogrammplanung in der Regel langfristig gestaltet, handelt es sich bei der Eigenfertigungsplanung und -steuerung um kurzfristige Planungen. Werden die Planungszeiträume nun eher lang angesetzt, so sinkt die Flexibilität; gleichzeitig steigen die Kosten aufgrund höherer Lagerbestände und längerer Durchlaufzeiten. Die Planung basiert in diesem Falle meist auf statistischen Methoden. In Unternehmen, die hauptsächlich Großserien mit festen Lieferintervallen herstellen, fallen diese Nachteile im Vergleich zu der erhöhten Planungssicherheit und dem verringerten Verwaltungsaufwand allerdings kaum ins Gewicht. Verkürzen sich die Zeiträume, erhöht sich der Verwaltungs- und Planungsaufwand. Gleichzeitig steigt jedoch die Möglichkeit, auf Kundenwünsche schnell zu reagieren, und die Kosten für Lagerhaltung sinken. Im Extremfall führt dies zum *Just-in-Time-Prinzip*, bei dem eine Lagerhaltung praktisch nur noch auf der Straße zwischen Lieferant und Kunde stattfindet und Planungszeiträume in der Regel halbe Tage oder weniger betragen [99].

Eng verbunden mit der Frage nach Planungshorizonten ist die Entscheidung, ob Teile und Baugruppen im eigenen Unternehmen gefertigt oder zugekauft werden sollen (siehe Abschn. 2.10.3). Bei hohem Eigenfertigungsanteil ist der Bedarf an Informationsaustausch mit dem Zulieferer gering und der Wertschöpfungsanteil der eigenen Fertigung bleibt auf einem hohen Niveau [117]. Dem Trend zu geringeren Durchlaufzeiten und niedrigeren Lagerbeständen, z. B. nach dem JIT-Prinzip, kommt allerdings eher eine Verringerung der Fertigungstiefe entgegen. Logistische und produktionstechnische Probleme werden an den Zulieferer weitergegeben [117].

Auf operativer Ebene ist bezüglich der Reihenfolgeplanung zudem zu entscheiden, in welcher Richtung der Informationsfluß orientiert werden sollte. Beim klassischen Bring- oder *Push-Prinzip* laufen Material und Information parallel durch die einzelnen Stufen der Fertigung. Im Falle des Hol- oder *Pull-Prinzips*, das z. B. dem *Kanban-Konzept* zugrundeliegt, wird der Auftrag ans Ende der Fertigungskette gegeben. Jede Abteilung bestellt bei den ihr vorgelagerten Einheiten die nötigen Teile oder Baugruppen, so daß die Information dem Material entgegenfließt [117]. Dies hat den Vorteil, daß Werkstattbestände niedrig gehalten werden können; Reihenfolgeprobleme sind mit diesem Verfahren allerdings nicht zu lösen [95]. Im folgenden werden die in Bild 4-31 dargestellten Strategien und Verfahren im Rahmen der PPS erläutert. Auf die Besonderheiten des *Leitstandes* wird in Abschn. 6.8.3 eingegangen.

4.10.2
Management Resources Planning

Ursprung der PPS-Konzeptionen stellt das Mitte der 60er Jahre entwickelte Konzept des Material Requirements Planning *(MRP I)* dar. Die Ergänzung der einseitig material- bzw. mengenbezogenen Betrachtungen um die Kapazitätsplanung, verbunden mit der Abstimmung der Größen Menge und Kapazität, wurde dann in dem *MRP II-Konzept* (MRP II: *Management Resources Planning*) realisiert. Das in Bild 4-32 dargestellte MRP II-Konzept [117] zählt in seiner ursprünglichen Form zu den „herkömmlichen" Steuerungskonzepten [107], wobei eine möglichst hohe Auslastung der Kapazitäten im Vordergrund steht [117]. Die Grundlage bildet ein hierarchisches, rückwärtsterminiertes Sukzessivplanungskonzept, bei dem das Unterneh-

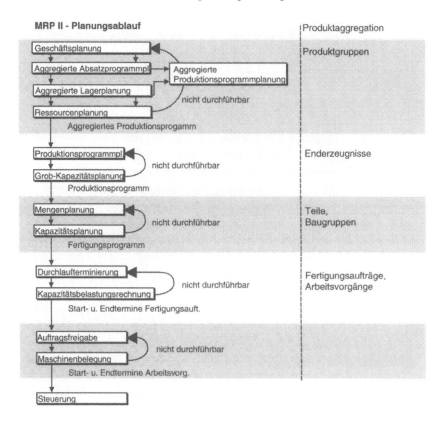

Bild 4-32. Das MRP II-Konzept

4.10 Strategien und Verfahren im Rahmen der Produktionsplanung und -steuerung 191

men in mehrere Planungsebenen eingeteilt wird. Die Ergebnisse einer Ebene bilden jeweils die Vorgabe für den nachgelagerten Bereich. Innerhalb der Ebenen werden wiederum Module gebildet, die für Mengenplanung, Durchlaufterminierung, Maschinenbelegung etc. verantwortlich sind. Eine Rückkopplung zur übergeordneten Ebene ist nur für den Fall vorgesehen, daß sich eine Vorgabe als nicht durchführbar herausstellt [117]. Die Einlastung der Aufträge auf Maschinen in der Fertigungsebene erfolgt nach Prioritätsregeln (wie „kürzeste Operationszeit – KOZ", „First In First Out – FIFO" etc.), die eine gleichmäßige Erfüllung mehrerer Zielsetzungen in der Regel aber nicht zulassen. Meist müssen erhöhte Durchlaufzeiten in Kauf genommen werden [117], und auf langen Planungszeiträumen basierende Entscheidungen führen häufig zu veralteten oder nicht durchführbaren Vorgaben. Akzeptanzprobleme, auch aufgrund von auf der Fertigungsebene nicht nachvollziehbaren Planungsentscheidungen, sind die Folge [107]. Zudem müssen die Module im oberen Bereich mit großen Puffern planen, damit auf den unteren Ebenen der Planungsspielraum erhalten bleibt. Eine „knappe" Ressourcenplanung ist somit kaum möglich [103].

4.10.3 Kanban

Das auf dem Hol-Prinzip basierende und in Bild 4-33 dargestellte Kanban-Konzept wurde Mitte der siebziger Jahre in Japan entwickelt [99, 121]. Grundlage des Konzeptes war die Forderung nach möglichst geringer Kapitalbindung in Zwischen- und Endlagern. Dies wurde durch ein System von *selbststeuernden Regelkreisen* zwischen den einzelnen Fertigungsstufen realisiert. Der grundlegende Unterschied zu herkömmlichen Fertigungssteuerungsprinzipien liegt darin, daß ein zur Bearbeitung freigegebener Auftrag als erstes in die Endmontage gegeben wird. Dort wird das bestellte Erzeugnis durch die Entnahme von Teilen aus kleinen *Pufferlägern* gefertigt.

Wird in einem der Läger ein Meldebestand unterschritten, so werden bei den vorgelagerten Abteilungen mit Hilfe einer Karte (japanisch: „Kanban") die zum Auffüllen benötigten Teile nachbestellt. In den vorgelagerten Abteilungen wird ebenso verfahren. So wird sichergestellt, daß immer nur eine definierte Menge an Zwischenprodukten innerhalb der Fertigung bevorratet wird; gleichzeitig können Bestellungen in der Regel sehr schnell bearbeitet werden [99]. Voraussetzung für den Einsatz ist jedoch, daß sich der

Teilebedarf regelmäßig gestaltet und eine ablauforientierte Anordnung der Betriebsmittel vorliegt. Typisches Einsatzgebiet ist demnach die Groß- und Massenfertigung nach dem Fließprinzip, wie sie in der Automobilindustrie vorliegt [107]. Ein Nachteil des Kanban-Konzepts besteht darin, daß es von einer unbegrenzten Kapazität der vorgelagerten Abteilungen ausgeht. Ferner ist eine Zuordnung von Prioritäten nicht durchführbar, da für das gleichzeitige Eintreffen zweier Aufträge oder das Auftreten eines neuen Auftrags während der Bearbeitung eines anderen keinerlei Vorschriften existieren [95].

Der Wunsch nach möglichst geringer Kapitalbindung liegt auch dem Just in time *(JIT)-Prinzip* zugrunde. Auf jeder Stufe des Unternehmens soll nur so viel beschafft, gefertigt und verteilt werden, wie nötig ist, um ein Produkt zum letztmöglichen Zeitpunkt fertigzustellen. Ziel ist auch hier die Verkleinerung von Lagerbeständen und die Verringerung der Durchlaufzeiten. Unterschieden wird nach JIT-Fertigung innerhalb eines Unternehmens, die unmittelbar zum Kanban-Konzept führt, und der zwischenbetrieblichen JIT-Anlieferung. Im ersten Fall wird die Kunde-Käufer-Beziehung für die einzelnen Abteilungen des eigenen Unternehmens übernommen. Eine Folge des Systems ist die Verschiebung der Lagerhaltung zum Zulieferer, der größere Bestände bevorraten muß oder seinerseits ein JIT-Konzept einführt. Zudem sinkt gewöhnlich die Fertigungstiefe der eigenen Produktion, der Schwerpunkt der Entwicklung verschiebt sich von technologischen Innovationen hin zur Effizienzsteigerung von Montagevorgängen [99]. Das in-

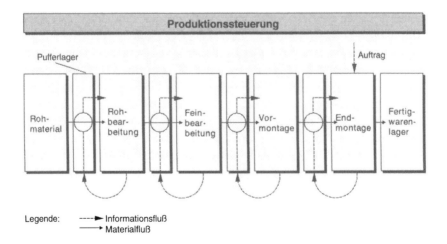

Bild 4-33. Kanban [121]

ner- und außerbetriebliche JIT-Prinzip wird sich vor allem in Branchen etablieren, die von starker Konkurrenz geprägt sind, da sich der Zulieferer in extremer Weise an den Bedürfnissen des Kunden orientieren muß. Gleichzeitig ist der Abnehmer sehr auf die Zuverlässigkeit seines Lieferanten angewiesen, da er bei Lieferschwierigkeiten nicht mehr auf eigene Pufferläger zurückgreifen kann [99]. Eine starke Aufwertung erfährt dadurch die Stellung der Qualitätssicherung, da beim Auftreten mehrerer Ausschußteile sofort die Produktion zum Erliegen kommt [107]. Die Qualitätsprüfung wird daher in der Regel in die Fertigung integriert. Hohe Motivation und Einsatzflexibilität der Mitarbeiter sind unabdingbare Voraussetzungen für eine erfolgreiche JIT-Fertigung [117].

4.10.4
Fortschrittszahlenkonzept

Das ebenfalls für die Großserienproduktion ausgerichtete Fortschrittszahlenkonzept stellt eine Kombination aus traditioneller Programm- und Mengenplanung und dem Holprinzip dar [117]. Eine Fortschrittszahl ist eine kumulierte Mengengröße, bezogen auf einen bestimmten Zeitpunkt (Bild 4-34) [117]. Unterschieden wird nach Ist- und Soll-Fortschrittszahlen, die dazu dienen, geplante und tatsächlich realisierte Größen miteinander zu vergleichen. Der betrachtete Unternehmensbereich wird in Kontrollblöcke gegliedert. Je nach Detaillierungsgrad können diese für Fertigungsstufen, Maschinengruppen oder Einzelmaschinen definiert werden [99]. Gleiches gilt für die Fortschrittszahlen, die als Lagereingangs- und Ausgangsfortschrittszahlen, Versandfortschrittszahlen etc. eingeführt werden können.

Durch den Vergleich von Soll- und Istwert innerhalb eines *Kontrollblocks* werden Rückstände und Vorläufe sichtbar, so daß korrigierend eingegriffen werden kann. Stellt man die Zahlenverläufe grafisch dar, so erhält man ein Zustandsdiagramm des Kontrollblocks, in dem der horizontale Abstand der Kurven die mittlere Durchlaufzeit und der vertikale Abstand den aktuellen Bestand darstellen [117]. Durch das Arbeiten mit Fortschrittszahlen vereinfacht sich die Kommunikation; Lager- und Umlaufbestände werden leichter kontrollierbar und systematische Fehler werden transparent. Zudem ist dieses Verfahren auf allen Ebenen des Unternehmens anwendbar [99].

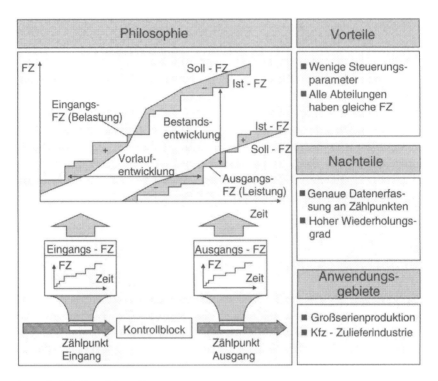

Bild 4-34. Fortschrittszahlentechnik

4.10.5
Belastungsorientierte Auftragsfreigabe

Die belastungsorientierte Auftragsfreigabe (Bild 4-35) ist für die nach dem Werkstättenprinzip organisierte Einzel- und Serienfertigung variantenreicher Produkte geeignet [124]. Grundlage dieses bestandsorientierten Systems ist die Annahme, daß zur Erzielung einer bestimmten Durchlaufzeit an einer Maschine die Einhaltung eines mittleren Bestands an Aufträgen nötig ist. Dies wird erreicht, indem man diejenige Menge an Arbeit von außen zuführt, die in einem definierten Zeitraum voraussichtlich fertiggestellt werden wird.

Eine Veränderung der Durchlaufzeit wird erreicht, indem entweder Zugang oder Abgang, also Belastung oder Leistung, verändert werden. Der

4.10 Strategien und Verfahren im Rahmen der Produktionsplanung und -steuerung 195

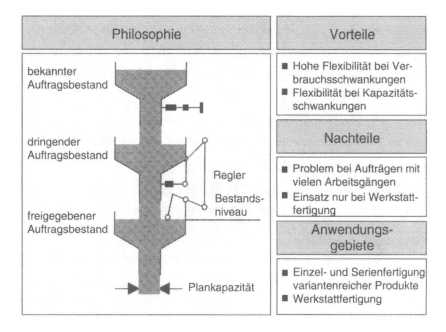

Bild 4-35. Belastungsorientierte Auftragsfreigabe [109, 124]

Quotient aus mittlerem Bestand und mittlerer Leistung wird dabei als „*mittlere gewichtete Durchlaufzeit*" bezeichnet („*Trichterformel*").

Pro Arbeitsplatz wird ein Belastungskonto eingerichtet, auf dem Zu- und Abgänge verbucht werden. Mit Hilfe dieses Kontos kann sichergestellt werden, daß eine vorgegebene Belastungsgrenze nicht überschritten wird [124]. Die Bearbeitung selbst erfolgt dann nach dem „First In First Out" – Prinzip [103], die Durchlaufterminierung vom Bedarfstermin aus rückwärts [124]. Da erst unmittelbar vor der Freigabe eines Auftrags geprüft wird, ob die benötigten Kapazitäten zur Verfügung stehen, erfolgt die anschließende Bearbeitung mit großer Wahrscheinlichkeit zügig und termingerecht [103].

4.10.6 Optimized Production Technology

Bei OPT handelt es sich – ebenso wie bei MRP II – um ein ressourcenorientiertes Konzept, bei dem aber der Materialfluß und nicht die Kapazitätsauslastung optimiert werden soll (Bild 4-36). Im Vordergrund der Betrachtung stehen diejenigen Betriebsmittel, bei denen mit Engpässen zu rechnen ist, da diese einen wesentlichen Einfluß auf Durchlaufzeiten und Bestände haben [99]. Für jeden Auftrag werden die während der Bearbeitung vermutlich auftretenden Engpässe ermittelt. Wird kein Engpaß gefunden, erfolgt eine Rückwärts-terminierung; tritt jedoch ein Engpaß auf, wird von dort aus vorwärts und rückwärts terminiert. Hierbei verschiebt sich ggf. bereits während der Planung der Fertigstellungstermin [125].

Zur Erhöhung des Durchsatzes können Transport- und Bearbeitungslosgrößen unterschiedlich gewählt werden, was eine überlappende Fertigung gestattet. Es besteht auch die Möglichkeit, je nach Arbeitsplatz mehr oder weniger große Lose zuzuteilen, wobei große Lose vorwiegend Engpaßarbeitsplätzen zugewiesen werden sollten. Zwischen den Arbeitsplätzen können Pufferlager vorgesehen werden, die eine Materialversorgung der Engpässe sicherstellen, sofern an anderer Stelle ein unvorhergesehenes

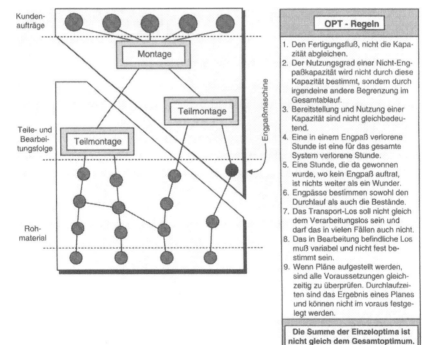

Bild 4-36. Optimized Production Technology [124]

4.10 Strategien und Verfahren im Rahmen der Produktionsplanung und -steuerung

Problem auftritt. Verbesserungen im Betriebsablauf werden nach diesem Verfahren nur erreicht, wenn Engpässe, z.B. durch verkürzte Rüstzeiten, gelockert oder beseitigt werden, während sich bei Nicht-Engpaßarbeitsplätzen Veränderungen nicht auswirken. Zum Auffinden und Beseitigen von Schwachstellen im Produktionsablauf ist dieses Verfahren demnach gut geeignet [117].

4.10.7 Einordnung und Bewertung

Welches Fertigungssteuerungskonzept sich als das geeignetste erweist, ist hauptsächlich von der Struktur der Produktionsprozesse, dem Erzeugnisspektrum und den Anforderungen an die Flexibilität abhängig (Bild 4-37). Ferner muß berücksichtigt werden, in welchem Maß Kapitalbindung in Lägern und Warteschlangen zugunsten hoher Lieferbereitschaft vertreten werden kann. Der Trend geht jedoch eindeutig zu geringen Beständen und hoher Termintreue, während der Aspekt der Maschinenauslastung an Bedeutung verloren hat [124].

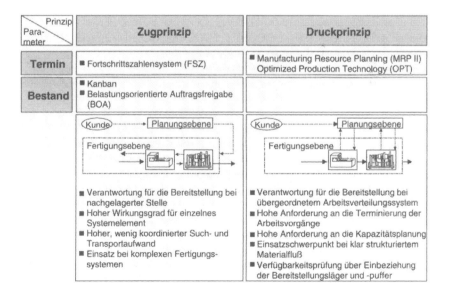

Bild 4-37. Bewertung von Strategien und Verfahren im Rahmen der PPS

Häufig sind gegensätzliche Zielsetzungen zu verwirklichen. Welcher Kompromiß der beste ist, muß im Einzelfall und ggf. für jede Produktgruppe eines Unternehmens gesondert untersucht werden. Neben der Möglichkeit zur Lösung der bestehenden Aufgaben muß bei der Einführung eines neuen Fertigungssteuerungskonzepts abgewogen werden, welche neuen Probleme entstehen können. So ist z. B. das Qualitätsmanagement beim JIT-Prinzip neu zu organisieren. Wird die Produktion teilweise zum Zulieferer verlagert, gewinnen die Lieferantenbeziehungen an Bedeutung [113]. Die Entscheidung für ein anderes Fertigungssteuerungskonzept bringt häufig hohe Kosten und ein hohes unternehmerisches Risiko mit sich. Daher sollte im Vorfeld sorgfältig geprüft werden, ob die finanzielle und personelle Situation eine tiefgreifende Veränderung als sinnvoll erscheinen lassen oder ob durch die gezielte Anpassung einzelner Parameter des bestehenden Fertigungsablaufs auch der gewünschte Effekt erreicht werden kann.

5 Integration der Arbeitsplanung in die Unternehmensprozesse

In der klassischen betrieblichen Ablauforganisation werden die Abteilungen Konstruktion, Arbeitsplanung und Fertigung sequentiell und arbeitsteilig durchlaufen. Der jeweils nachgelagerte Bereich übernimmt die vollständig ausgearbeiteten Dokumente, so daß keine bereichsübergreifende Abstimmung erfolgen kann und Änderungswünsche erst im Nachhinein eingebracht werden können. Dies führt zu kosten- und zeitaufwendigen Iterationsschleifen.

Diese Vorgehensweise genügt oftmals nicht mehr den heutigen markt- und kundenseitigen Forderungen nach kurzen Produktentwicklungszeiten, hoher Termintreue bei gleichzeitig hoher Produktqualität und niedrigen Kosten. Die vorhandenen organisatorischen und datentechnischen Schnittstellen führen zu Informationsverlusten verbunden mit einer Beeinträchtigung der Ergebnisqualität sowie mehrfachen Durchläufen und Rückkopplungen zwischen den einzelnen Bereichen.

Die Arbeitsplanung nimmt aufgrund ihrer Funktion als *Bindeglied zwischen Konstruktion und Fertigung* eine zentrale Rolle bei Umstrukturierungsmaßnahmen zur Optimierung der Unternehmensprozesse ein. Dabei wird grundsätzlich zwischen einer Integration von Konstruktion und Arbeitsplanung (s. Abschn. 5.1) und einer Integration von Arbeitsplanung und Fertigung (s. Abschn. 5.2) unterschieden.

5.1
Integration von Konstruktion und Arbeitsplanung

Im folgenden werden die aus den Problemstellungen an der Schnittstelle zwischen Konstruktion und Arbeitsplanung resultierenden Zielsetzungen vertieft (s. Abschn. 5.1.1). Anschließend werden Lösungsmöglichkeiten zum Aufbau einer *integrierten Produktentwicklung* aufgezeigt (s. Abschn. 5.1.2).

5.1.1
Motivation und Zielsetzung

Im Wettkampf um Marktanteile setzen Produktionsunternehmen heute vermehrt auf eine Verkürzung der Produktentstehungszeiten. Neue oder veränderte Produkte werden frühzeitig auf den Markt gebracht, um maximale Gewinn- und Marktanteile zu erzielen. Zukünftige Bedarfe müssen nicht nur rechtzeitig erkannt, sondern auch so schnell wie möglich umgesetzt werden [126, 127].

Zielsetzung einer integrierten Konstruktion und Arbeitsplanung ist es, die Gestaltung von Produkt und zugehörigen Prozessen aufeinander abzustimmen. Aufeinander *abgestimmte Produkt- und Prozeßparameter* führen neben einer Reduzierung der Durchlaufzeiten auch zu Kosten- und Qualitätsvorteilen. Teure, nachträgliche Änderungen an Produkt und Betriebsmitteln werden vermieden und die Entwurfsqualität wird aufgrund der rechtzeitigen Miteinbeziehung fertigungstechnischer und montagetechnischer Gesichtspunkte gesteigert. Ein Vergleich zwischen der europäischen und japanischen Automobilindustrie zeigt deutliche Differenzen in der Anzahl und den Zeitpunkten der erforderlichen Änderungen während der Produktentstehung (Bild 5-1), [vgl. 41].

Die Ansätze zur Parallelisierung und Integration von Produkt- und Prozeßgestaltung werden unter der Bezeichnung *„Simultaneous Engineering"* (S.E.) zusammengefaßt. Der Betrachtungszeitraum erstreckt sich von der ersten Produktidee bis zum marktreifen Produkt [3]. Oberster Leitgedanke ist es hierbei, möglichst viele Arbeitsschritte in der Produktentstehung zeitparallel durchzuführen, um die beschriebenen Zeit-, Kosten- und Qualitätsvorteile zu erreichen (Bild 5-1).

5.1.2
Integrationsansätze

Als Lösungsansätze zur Realisierung einer integrierten Konstruktion und Arbeitsplanung werden Formen der organisatorischen und datentechnischen

5.1 Integration von Konstruktion und Arbeitsplanung

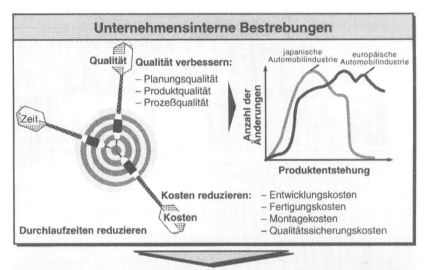

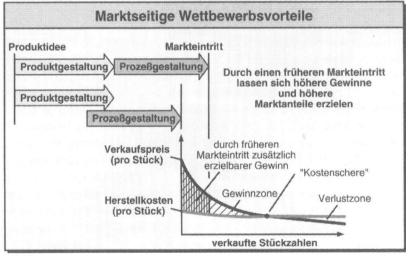

Bild 5-1. Zielsetzung des Simultaneous Engineering

Integration sowie des Einsatzes integrierend wirkender Methoden unterschieden (Bild 5-2) [6, 128]. Je umfassender das Integrationskonzept ausgestaltet wird, desto höher sind die erschließbaren Integrationspotentiale.

Organisatorische Integrationsansätze werden einerseits durch eine Reorganisation der Abläufe in Konstruktion und Arbeitsplanung unter Verwen-

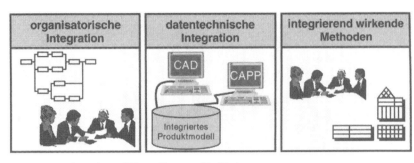

Bild 5-2. Integrationsansätze für Konstruktion und Arbeitsplanung

dung von Hilfsmitteln, wie Meilenstein- oder Entwicklungsplänen [3, 129-131], realisiert und andererseits durch die Einführung von teamorientierten aufbauorganisatorischen Strukturen [3, 132-134]. Im Rahmen einer *datentechnischen Integration* werden die EDV-technischen Hilfsmittel der Konstrukteure und Arbeitsplaner aufeinander abgestimmt. Hierzu zählt zum einen der Abgleich und Transfer von benötigten und erzeugten Produktdaten zwischen dem EDV-Arbeitsplatz eines Konstrukteurs und Arbeitsplaners und zum anderen die Möglichkeit gemeinsamer Anwendungen und Kommunikationsmöglichkeiten zu Abstimmungszwecken. Durch den Einsatz *integrierend wirkender Methoden*, wie Quality Function Deployment (QFD), Failure Mode and Effects Analysis (FMEA) und Design for Manufacture and Assembly (DFMA), wird eine Integration von Konstruktion und Arbeitsplanung zusätzlich verstärkt [128].

In Bild 5-3 wird die historische Entwicklung der unterschiedlichen Integrationsansätze dargestellt. Zu den ersten Formen einer Zusammenarbeit zwischen Konstruktion und Arbeitsplanung zählte die *Konstruktionsberatung* (s. Abschn. 2.2). Hiermit konnten insbesondere technologisch überzogene Qualitätsanforderungen ermittelt und an die tatsächlich notwendigen Anforderungen angepaßt werden, wie z.B. die Reduzierung von unnötig hohen Toleranzvorgaben. In der Praxis zeigte sich, daß dadurch die in der Fertigung erforderlichen Bearbeitungszeiten deutlich reduziert werden konnten [6].

Schwerpunkt der Konstruktionsberatung stellt die Abstimmung von Konstruktion und Arbeitsplanung während der Detaillierungsphase dar. Darüber hinaus bestehen jedoch zusätzliche Optimierungspotentiale bei Einflußnahme der Arbeitsplanung auf die Konstruktion zu einem früheren

5.1 Integration von Konstruktion und Arbeitsplanung

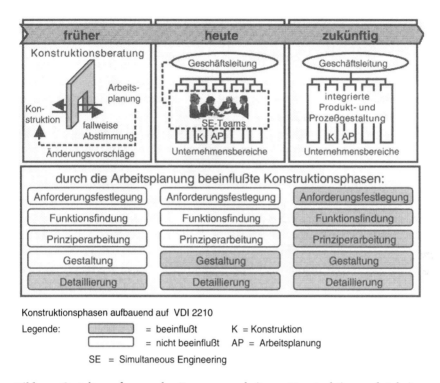

Bild 5-3. Gestaltungsformen der Zusammenarbeit von Konstruktion und Arbeitsplanung [6]

Zeitpunkt. Daher setzen heute verfolgte Integrationskonzepte bereits in der Gestaltungsphase ein. Auf diese Weise kann der Arbeitsplaner vor dem Hintergrund der zur Verfügung stehenden Technologien Einfluß auf die Gestalt des Produkts und seiner Komponenten nehmen. Stehen aus konstruktiver Sicht z.B. mehrere funktional gleichwertige Gestaltungsalternativen zur Wahl, so kann auf Basis der jeweils erforderlichen Prozeßfolgen eine Auswahlentscheidung getroffen werden. In vielen Unternehmen werden für größere Produktentwicklungsvorhaben daher *Simultaneous Engineering-Teams (SE-Teams)* gebildet [6]. Durch diese aufbauorganisatorische Maßnahme sollen die unterschiedlichen Sichtweisen von Konstruktion (funktionsorientierte Produktsicht) und Arbeitsplanung (technologieorientierte Produktsicht) überwunden und ein einheitliches Verständnis geschaffen werden. Gleichzeitig wird die Kommunikation zwischen Konstrukteur und Arbeitsplaner institutionalisiert. Hinsichtlich des EDV-Einsatzes ist die heutige Situation durch den paarweisen Datenaustausch über systemneutrale und systemspezifische Schnittstellen zwischen unterschiedlichen CAx-Systemen geprägt.

Zukünftige Integrationskonzepte werden jedoch noch früher im Produktentwicklungsprozeß ansetzen. Durch den frühzeitigen gegenseitigen Informationsaustausch zwischen Konstruktion und Arbeitsplanung werden die Voraussetzungen zum Erreichen eines aus funktionaler und technologischer Sicht optimierten Produkts geschaffen. Nachträgliche Änderungen werden somit auf ein Minimum reduziert. Indem der Arbeitsplaner die für ihn relevanten Eckdaten bereits vor Fertigstellung der Konstruktionszeichnungen erfährt, kann er bereits mit den ersten Schritten der Arbeitsplanung beginnen. Für die Grobplanung eines Getrieberitzels genügen z. B. Angaben zum Verzahnungstyp, dem Teilkreisdurchmesser, dem Modul und der geforderten Laufruhe. Anhand dieser Informationen kann der Arbeitsplaner bereits das Rohteil festlegen, die Prozesse und ihre Reihenfolge bestimmen und die Arbeitsplätze bzw. Maschinen ermitteln. Durch den vorgezogenen Beginn der Arbeitsplanung können erhebliche Zeit- und Wettbewerbsvorteile erzielt werden. Aktuelle Forschungsarbeiten beschäftigen sich im Rahmen einer datentechnischen Integration mit der Entwicklung integrierter Produktdatenmodelle, auf die sowohl CAD- als auch CAP-Systeme zugreifen können. Zu den möglichen zukünftigen Entwicklungen im Bereich der EDV-Unterstützung zählen somit integrierte, multiuserfähige CAD-CAP-Systeme [6].

Demnach läßt sich der folgende Ausblick geben. Bisher getrennt und sequentiell abzuwickelnde Aufgaben in Konstruktion und Arbeitsplanung werden zukünftig in neu zu definierende, integriert abzuwickelnde Planungsaufgaben zusammengefaßt. Von seiten der Arbeitsplanung sind sowohl die im Rahmen der Prozeßplanung als auch der Operationsplanung anfallenden Tätigkeiten betroffen. Dadurch ergeben sich neue Anforderungen an die Qualifikationsprofile der Mitarbeiter, die Organisationsformen der Unternehmen und die einzusetzenden EDV-Hilfsmittel.

5.2
Integration von Arbeitsplanung und Fertigung

Im folgenden werden Ansätze zur Integration der Arbeitsplanung mit der Fertigung vorgestellt. Ausgehend von Motivation und Zielsetzung werden verschiedene Integrationsmöglichkeiten erläutert sowie Organisationsformen für deren Umsetzung aufgezeigt.

5.2 Integration von Arbeitsplanung und Fertigung

5.2.1 Motivation und Zielsetzung

Die wesentliche Aufgabe der Arbeitsplanung besteht darin, gesicherte und aktuelle Planungsvorgaben für die Fertigung zur Verfügung zu stellen. In vielen Unternehmen ist die Arbeitsplanung zentral als eigene Abteilung organisiert. Bei der Auftragsabwicklung verursacht diese *Organisationsform* lange Durchlaufzeiten, eine mangelhafte Produktverantwortung sowie Reibungsverluste und Informationsdefizite an den organisatorischen Schnittstellen.

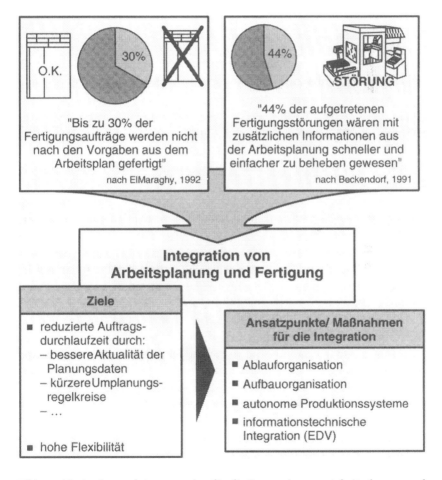

Bild 5-4. Motivation und Ansatzpunkte für die Integration von Arbeitsplanung und Fertigung [17]

Untersuchungen belegen, daß bis zu 30 % der Fertigungsaufträge nicht nach den Vorgaben aus dem Arbeitsplan gefertigt werden, weil diese Vorgaben falsch oder zum Zeitpunkt ihrer Umsetzung nicht mehr aktuell waren [135] (Bild 5-4). Ferner zeigen Analysen zu Störungen in der Fertigung und ihren Ursachen, daß etwa ein Drittel der Werkstattaufträge aufgrund von Störungen nicht wie geplant gefertigt werden konnten. Von diesen aufgetretenen Störungen wären ca. 44 % mit zusätzlichen Informationen in den Arbeitsunterlagen schneller und einfacher zu beheben gewesen [136].

5.2.2
Integrationsansätze

Mit neuen Integrationsansätzen, die zu einer Verbesserung des Informationsaustausches zwischen Arbeitsplanung und den Fertigungsbereichen führen, kann den genannten Defiziten begegnet werden. Aufgaben, die einst zentral in der Arbeitsvorbereitung durchgeführt wurden, werden jetzt in die Fertigung verlegt. Die optimale Gestaltung der Arbeitsplanung hängt dabei jeweils stark von den unternehmensspezifischen Randbedingungen wie dem Mitarbeiterpotential, der typischen Losgröße, der Fertigungstiefe usw. ab. So müssen für jeden Einzelfall die Gestaltungsfelder *Planungsumfang*, *Planungsort* und zugehörige *Planungsaufgaben* sowie *Planungszeitpunkt* spezifiziert werden (Bild 5-5).

Im Rahmen der Gestaltung des „Planungsumfangs" wird einerseits geklärt, was geplant wird, und anderseits die Planungstiefe festgelegt. Die Planungstiefe entspricht dem Detaillierungsgrad der Planung und läßt sich durch die Anzahl der Dokumente und die Menge der Daten pro Dokument eines Planungsvorgangs quantifizieren. Das Kriterium bei der Festlegung des geeigneten Planungsumfangs sind die minimalen Kosten, die aus Planungskosten und den daraus resultierenden Fertigungskosten bestehen. Die Lage des Optimums ist unter anderem von
- unternehmensorganisatorischen Merkmalen (z. B. Fertigungsprinzip),
- produktspezifischen Merkmalen (z. B. Komplexität),
- auftragsspezifischen Merkmalen (z. B. Losgröße),
- personalspezifischen Merkmalen (z. B. Qualifikation) und
- fertigungsspezifischen Merkmalen (z. B. Automatisierungsgrad)

abhängig und kann innerhalb eines Unternehmens für unterschiedliche Produkte oder Fertigungsverfahren variieren [17].

5.2 Integration von Arbeitsplanung und Fertigung

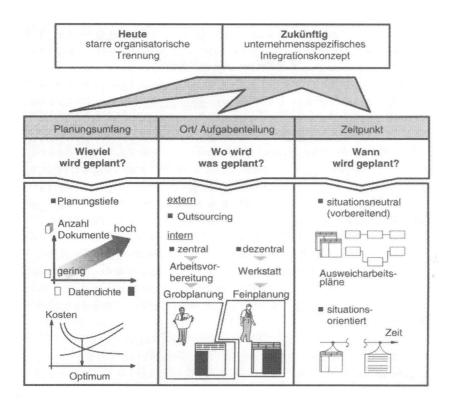

Bild 5-5. Gestaltungsfelder bei der Integration von Arbeitsplanung und Fertigung

Wie detailliert die Arbeitsplandaten sein müssen, hängt von den Anforderungen der Bereiche ab, in denen diese Daten genutzt werden. Ausgehend von einer Schwachstellenanalyse mit Schwerpunkt auf den Ursachen von Qualitäts- und Aktualitätsmängeln können die Anforderungen an die Arbeitsplandaten bestimmt werden. Abhängig von den betriebsspezifischen Randbedingungen (Mitarbeiterqulifikation, Losgröße) ist auch zu überprüfen, welche Auswirkungen ein Verzicht auf bestimmte Arbeitsplaninformationen hat. So können z. B. einfache Teile ohne detaillierte Informationen aus dem Arbeitsplan nur anhand der Zeichnung gefertigt werden, während komplexere Teile detailliert geplant werden.

Auch bei der Verbesserung der Informationsqualität muß das Aufwand/Nutzen-Verhältnis auf Basis einer Wirtschaftlichkeitsbetrachtung bestimmt werden. Der erforderliche Aufwand zur Erstellung der Planungsinformationen variiert dabei in Abhängigkeit von den eingesetzten Methoden und Hilfsmitteln, so daß auch hier eine Optimierung erforderlich ist.

Mit der Festlegung des Ortes der Arbeitsplanerstellung wird üblicherweise auch bestimmt, welche Aufgaben an welchem Ort durchgeführt werden sollen. Bezüglich des Ortes kann prinzipiell zwischen *intern* und *extern* unterschieden werden. Aufgrund der Bedeutung der Arbeitsplanung im Unternehmen kann der Planungsort nicht nur nach kostenmäßigen Gesichtspunkten gewählt werden. Vielmehr müssen die bei einer externen Planung einzusparenden Kosten in Relation zu den anderen Zielen gesehen werden. Hier sind insbesondere die Aspekte Know-how-Erhalt, Qualitätsverbesserung, Zeitreduzierung und Reaktionsschnelligkeit, z. B. im Störungsfall, zu nennen. Deshalb werden höchstens Teilaufgaben, wie z. B. die NC-Programmierung, an externe Anbieter vergeben. Im allgemeinen wird die Arbeitsplanung jedoch intern durchgeführt. Interne Organisationsformen können in *zentrale* und *dezentrale* Einheiten differenziert werden. Ferner sind auch unternehmensspezifische Mischformen aus zentralen und dezentralen Strukturen möglich.

In der Regel wird der Ort der Planung in Abhängigkeit vom Detaillierungsgrad der Planungsergebnisse gewählt. Weniger detaillierte Planungsaufgaben, wie das Festlegen von Eckterminen, die Prozeßplanung und insbesondere die strategischen Planungsaufgaben werden in einer zentralen Grobplanung durchgeführt, die die Schnittstelle zur Konstruktion bildet.

Die Feinplanung, die z. B. die Festlegung von Teilarbeitsvorgängen, die Zuordnung von Betriebsmitteln, die Ermittlung der Planzeiten und die Feinabstimmung der Kapazitätseinplanung beinhaltet, ist nahe der Produktion dezentral durchzuführen. Dadurch werden eine flexiblere Anpassung an veränderte Fertigungsvoraussetzungen, kürzere Regelkreise bei Störungen sowie die höhere Nutzung des Mitarbeiter Know-hows in der Fertigung ermöglicht [17].

Als letztes Gestaltungsfeld ist der Zeitpunkt der Planungsdurchführung zu definieren. Sowohl das Steuerungsprinzip als auch die Stör- und Änderungshäufigkeit sind dabei entscheidende Einflußgrößen.

Es wird angestrebt, durch eine geeignete Wahl des Planungszeitpunkts mit verbesserten oder aktuelleren Planungsvorgaben Störungen möglichst zu vermeiden. Ferner sollten auftretende Störungen durch direkte Maßnahmen behoben werden können Diese Ziele können prinzipiell mit zwei Ansätzen erreicht werden. Eine Möglichkeit ist eine situationsneutrale

5.2 Integration von Arbeitsplanung und Fertigung

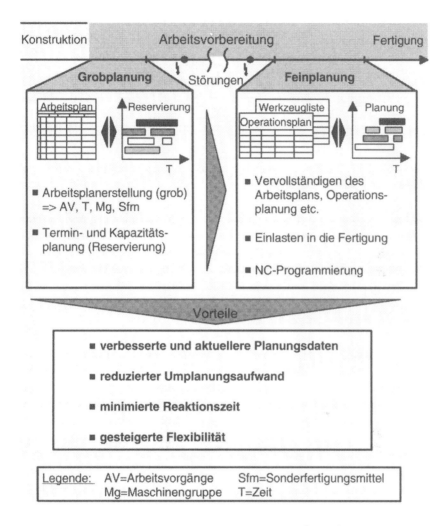

Quelle: Schneewind, 1994

Bild 5-6. Situationsorientierte Planung [137]

Planung mit alternativen Arbeitsplänen, die andere eine aktuelle und situationsorientierte Planung zu einem späten Zeitpunkt.

Welche Variante günstiger ist, hängt im wesentlichen von der Fertigungsart ab. Bei der Einzel- und Kleinserienfertigung ist die situationsorientierte Planung vorteilhafter. Hier ist der Planungsaufwand deutlich geringer, da keine Alternativen geplant werden müssen. Die strenge Sequenz von Arbeitsplanung und Fertigungssteuerung wird aufgelöst, d.h. Feinplanung und Feinsteuerung erfolgen quasi parallel und situationsorientiert möglichst kurz vor dem geplanten Starttermin. Dadurch werden direkt die Auslastung der relevanten Betriebsmittel sowie aufgetretene Störungen berücksichtigt und die Aktualität der Fertigungsdokumente ist gewährleistet [137] (Bild 5-6).

5.2.3
Organisatorische Integration

Die unternehmensspezifische Gestaltung der Arbeitsplanung muß in eine geeignete Organisationsform umgesetzt werden (Bild 5-7). Dazu muß das Arbeitsplanungsprofil geeignet in die Organisationsform des Unternehmens integriert werden. Ziel ist dabei die Erstellung eines Konzepts, dessen Umsetzung einerseits einen wirtschaftlichen Erfolg gegenüber bestehenden Strukturen erwarten läßt und das andererseits die optimale Ausprägung der vier Gestaltungsfelder gewährleistet.

Im folgenden soll kurz die Planungsinsel als Beispiel einer aktuellen Organisationsform der Arbeitsplanung erläutert werden. Dieser Ansatz basiert auf einer Funktionsintegration bei gleichzeitiger Segmentierung des Teilespektrums. Die Zielsetzung der Planungsinsel ist es, Produktkomponenten oder Endprodukte eines bestimmten Typs oder eines bestimmten Fertigungssystems möglichst vollständig zu planen. Die Planung wird dabei jeweils von einer Mitarbeitergruppe durchgeführt, die über ein erweitertes Planungswissen bez. des Planungsgegenstands verfügt und sowohl räumlich als auch organisatorisch in der Insel zusammengefaßt ist. Diese Organisationsform verbindet damit die Vorteile einer Dezentralisierung und Aufgabenteilung in Grob- und Feinplanung mit einem hohen Autonomiegrad des einzelnen Mitarbeiters. Ferner werden Funktionen und Arbeitsschritte zusammengefaßt, was u.a. zu einer Aufwertung der Arbeitsplätze in der Gruppe führt.

5.2 Integration von Arbeitsplanung und Fertigung

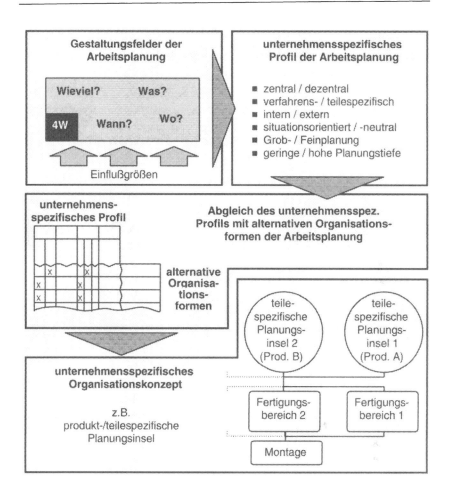

Bild 5-7. Ableitung des geeigneten Organisationskonzepts aus dem unternehmensspezifischen Profil der Arbeitsplanung [17]

6 EDV-Systeme in der Arbeitsvorbereitung

Mit sogenannten *CA-Systemen* wurden für die verschiedenen Aufgabenbereiche eines Produktionsunternehmens EDV-Systeme geschaffen, die Aufgaben der Planung, Steuerung, Durchführung und Kontrolle übernehmen oder unterstützen. Im folgenden werden die Rationalisierungsmöglichkeiten vorgestellt, die sich durch eine EDV-Unterstützung in der Arbeitsvorbereitung erschließen lassen. Hierzu wird die Vorgehensweise bei der Systemauswahl und bei der Einführung beschrieben.

6.1
Tätigkeitsspezifische EDV-Unterstützung

Zur Bewältigung der Aufgaben in Arbeitsplanung und Arbeitssteuerung bietet sich der Einsatz von EDV-Hilfsmitteln an. Mit ihnen kann der Zugriff auf große Datenvolumina und deren Verwaltung erleichtert werden, ein durchgängiger Informationsfluß unterstützt und mittels graphischer Aufbereitung komplexe Probleme transparenter gestaltet werden. Hierdurch können sowohl Durchlaufzeiten und Kosten gesenkt, als auch Planungsqualität und Flexibilität erhöht werden.

6.1.1
Rationalisierungsmöglichkeiten durch EDV-Einsatz in der Arbeitsplanung

Zu den Kernaufgaben der Arbeitsplanung gehören die Arbeitsplanerstellung, die Fertigungsmittelplanung sowie die Steuerprogrammerstellung. Mit Hilfe von EDV-Systemen können einzelne Planungsfunktionen oder

komplette Planungsabläufe, wie zum Beispiel die Arbeitsplanerstellung unterstützt bzw. automatisiert werden. Der Aufbau dieser Systeme muß in hohem Maße unternehmensspezifisch angepaßt werden [15], wobei die Randbedingungen der Automatisierbarkeit stark differieren. Kenngrößen zur Beurteilung der technischen *Automatisierbarkeit* sind:
- Algorithmierbarkeit der Planungsfunktion,
- Häufigkeit heuristischer Entscheidungen,
- Transparenz der Tätigkeit,
- Komplexität der Tätigkeit,
- anfallende Datenmenge,
- anfallender Verarbeitungsumfang.

So ist beispielsweise die *Vorgabezeitermittlung* mit ihren im wesentlichen mathematischen Zusammenhängen deutlich einfacher automatisierbar als die *Arbeitsvorgangsfolgeermittlung*, die durch nicht exakt faßbare Auswahlkriterien gekennzeichnet ist.

Für *Arbeitsplanerstellungssysteme* wurde Anfang der achtziger Jahre die Batch- oder Stapelverarbeitung entwickelt. Sie stellt die höchste Automatisierungsstufe dar, da die Arbeitsplanerstellung ohne Eingriff des Planers erfolgt. Die Umsetzung komplexer Planungsprobleme erfordert allerdings einen sehr hohen Programmieraufwand und ist mit zeit- und kostenintensiven Anpassungen des Planungssystems verbunden. Daher setzte sich die sogenannte interaktive Planung bzw. *Dialogplanung* durch. Hier werden nicht oder nur schwer algorithmierbare Tätigkeiten der Erfahrung und Kompetenz des Planers überlassen. Mit Hilfe von *Expertensystemen* kann Planungswissen in Datenbanken abgelegt und somit auch einem unerfahrenen Benutzer zugänglich gemacht werden. Bei sich wiederholenden Entscheidungen kann auf früher gemachte Erfahrungen zurückgegriffen werden.

Der Aufbau von EDV-Systemen in der Arbeitsvorbereitung orientiert sich an den Aufgaben der konventionellen Planung und Steuerung sowie dem organisatorischen Ablauf bei deren Durchführung. Zur optimalen Einbindung von EDV-Systemen in die Systemumgebung sind die betrieblichen Einflußgrößen von Bedeutung. Der spezifische Aufbau und die notwendigen Funktionen können abgeleitet werden, wenn Informationen über das Teilespektrum, eingesetzte Bearbeitungsverfahren und die Mengenentwicklung vorliegen. Ferner stellen der Informationsfluß, die eingesetzten Planungsarten, die vorhandenen EDV-Konfigurationen und Anwendungen sowie die Steuerungsmethode signifikante Einflußgrößen (Bild 6-1) dar.

6.1 Tätigkeitsspezifische EDV-Unterstützung

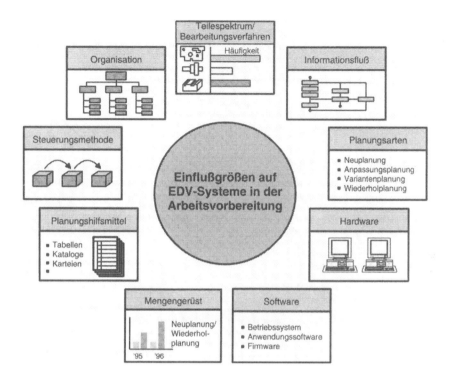

Bild 6-1. Einflußgrößen auf EDV-Systeme in der Arbeitsvorbereitung

6.1.2
Vorgehensweise zur Rationalisierung der Arbeitsplanung

Verbesserungen der Arbeitsplanung hinsichtlich der Durchlaufzeiten, des Planungsaufwands und der Qualität der Arbeitsergebnisse erfordern ein systematisches Vorgehen und sind Ziele, die kontinuierlich angestrebt werden müssen. Ein elementarer Ansatz für Verbesserungen besteht darin, die Organisationsform, die Planungsunterlagen sowie die Methoden und Hilfsmittel zu systematisieren. Erfolgreiche *Automatisierung* kann nur durch vorherige *Systematisierung* erzielt werden. Für den Rationalisierungserfolg neuer Methoden und Hilfsmittel ist es ferner entscheidend, daß die Maßnahmen von den Mitarbeitern unterstützt werden. Sie sind daher möglichst frühzeitig über Ziele und Vorgehensweise von Rationalisierungsvorhaben zu unterrichten und soweit möglich auch in die Ausgestaltung der Verbesserungsmaßnahmen einzubeziehen [15].

Systematisierung
Zur systematischen Erkennung und Einführung von Verbesserungen sind die folgenden Schritte von grundlegender Bedeutung (Bild 6-2):
- Ermittlung von Rationalisierungsschwerpunkten,
- Grobauswahl der Rationalisierungsmaßnahmen,
- Detailuntersuchung und Auswahl geeigneter Maßnahmen,
- Erstellung eines Rationalisierungskonzepts.

Zur Ermittlung von *Rationalisierungsschwerpunkten* muß die Problemstruktur erfaßt werden. Dies geschieht durch eine Analyse des Ist-Zustands. Bei der Analyse des aktuellen Zustands sind alle am Arbeitsplanungsprozeß beteiligten Einflußfaktoren zu berücksichtigen. Daher sind in der Regel Untersuchungen der zu planenden Werkstücke, der Planungstätigkeiten so-

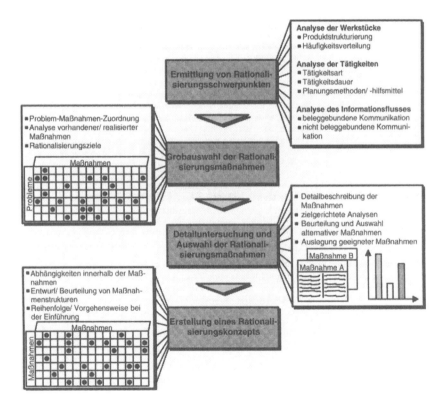

Bild 6-2. Vorgehensweise bei der Rationalisierung

wie der erstellten Information und der Informationsflüsse erforderlich. Zielsetzung der *Werkstückanalyse* ist, die jeweils vorhandene Teilevielfalt einzuschränken, um die teilweise oder vollständige Wiederverwendung vorhandener Unterlagen zu ermöglichen. Hierzu wird im Anschluß an eine Produktstrukturierung die Häufigkeitsverteilung aller ähnlichen Werkstücke ermittelt. Wesentlich ist, die geeignete Wiederholungsebene zu bestimmen, d. h. Produkt-, Baugruppen- oder auch Einzelteilebene, um Rationalisierungsmaßnahmen entsprechend dem Verhältnis Anwendungshäufigkeit zu Erstellungsaufwand zu ermitteln. Im Rahmen einer *Tätigkeitsanalyse* wird untersucht,
- welche Tätigkeiten in welchem Zeitraum ausgeführt werden,
- welche Planungsmethoden und -hilfsmittel dabei angewendet werden,
- auf welche Objekte sich die Tätigkeiten beziehen und welcher (Daten-) Umfang innerhalb einer Zeitspanne bearbeitet wird.

Anhand dieser Untersuchungen wird u. a. die Häufigkeit der auftretenden Tätigkeiten ermittelt, wodurch Prioritäten für die Einführung von Verbesserungsmaßnahmen gesetzt werden können. Die *Informationsanalyse* dient der Ermittlung der Kommunikationswege und -formen in der Arbeitsplanung. Aufgrund einer solchen Analyse können die Effizienz der bestehenden Informationsflüsse beurteilt bzw. Schwachstellen entdeckt werden. Dies ermöglicht Verbesserungsansätze bez. der Aufbau- und Ablauforganisation sowie des Belegwesens.

Neben der Auswertung vorhandener Unterlagen und Daten stellen Fragebögen, Interviews und die Selbstaufschreibung Erfassungsmethoden für die Aufnahme des Ist-Zustands dar. Zur Analyse der Auftragsabwicklung in der Arbeitsplanung kann man auch die *Prozeßelementemethode* [139] sinnvoll einsetzen. Mit ihrer Hilfe können Aspekte der Tätigkeits- und der Informationsanalyse gleichzeitig erfaßt und gezielt Ansatzpunkte für die Verbesserung der Abläufe gewonnen werden [15].

Bei der Grobauswahl von *Rationalisierungsmaßnahmen* sollen zunächst alle Möglichkeiten zur Verbesserung ermittelt werden. Mögliche Maßnahmen lassen sich in die Gruppen
- Aufbau geeigneter Organisations-, Ablauf- und Informationsstrukturen, sowie
- Einsatz geeigneter Planungsmethoden, -geräte und -hilfsmittel
  einteilen. Eine Problem-Maßnahmen-Matrix erlaubt die Zuordnung geeigneter Rationalisierungsmaßnahmen zu den Problemschwerpunkten und

erleichtert die Grobauswahl erheblich. Das Maßnahmenangebot der Problem-Maßnahmen-Matrix stellt nur einen Ausschnitt der Möglichkeiten dar.

Detailuntersuchungen liefern Aufschluß über die Aufwand/Nutzen Relation. Hierbei werden quantifizierbare Vorteile, die sich auf Aufwand oder Durchlaufzeit beziehen können, und nicht-quantifizierbare Vorteile, wie beispielsweise eine Qualitätssteigerung oder ein Flexibilitätsgewinn, unterschieden. Letztere sind deutlich schwieriger zu bewerten, ein sinnvolles Hilfsmittel stellt beispielsweise die Nutzwertanalyse dar. Bei der Bewertung von Verbesserungsmaßnahmen in der Arbeitsplanung ist zu beachten, daß die Auswirkungen oftmals erst in nachgelagerten Bereichen sichtbar werden [15].

Die Einführung von Rationalisierungsmaßnahmen erfordert in der Regel eine geeignete Strategie. Diese gewinnt an Bedeutung, wenn verschiedene Maßnahmen umgesetzt werden sollen. Dann ist es sinnvoll, die Abhängigkeiten geplanter und bereits eingeführter Maßnahmen zu ermitteln und aufeinander abzustimmen. Der Entwurf und die Beurteilung alternativer Maßnahmenstrukturen sowie die Reihenfolge und Vorgehensweise bei der Einführung sollten zu einem *Rationalisierungskonzept* zusammengefügt werden.

Automatisierung
Ein wirksames Werkzeug zur Rationalisierung in der Arbeitsplanung ist die Anwendung elektronischer Datenverarbeitung (EDV). Allerdings darf die Unterstützung der Arbeitsplanung durch *EDV-Systeme* nicht losgelöst von weiteren Rationalisierungsmaßnahmen gesehen werden. Durch die Anschaffung und Einführung von EDV alleine lassen sich in der Regel nicht die gewünschten Auswirkungen auf den Planungsprozeß erzielen. Es ist im Gegenteil damit zu rechnen, daß die *EDV-Einführung* ohne vorhergehende Systematisierung zu Effektivitätsverlusten führen wird. Ein typischer Fehler ist, daß bestehende Datenbestände unstrukturiert auf ein EDV-System gebracht werden. Mit dem so belasteten System ist vielfach nur eine schnellere Verwaltung des bestehenden Mißstands zu erreichen. Die erhofften Vorteile treten im Normalfall nicht in vollem Umfang ein. Weiterhin werden auch heute noch in vielen Bereichen Insellösungen geschaffen, die miteinander nur über Papier und den Menschen als Schnittstelle kommunizieren können. Diese sogenannten Medienbrüche stellen häufig Fehlerquellen dar [139]. Effizienter Einsatz von EDV-Systemen kann in der Regel nur erreicht

werden, wenn ein betriebsspezifisches Rationalisierungskonzept erarbeitet und umgesetzt wird.

Im Bereich der Arbeitsplanung kommen *Computer Aided Process Planning Systeme (CAPP-Systeme)* zur Unterstützung der Arbeitsplanerstellung, Tool-Management-Systeme zur Unterstützung der Betriebsmittelverwaltung und Systeme zur Steuerprogrammerstellung numerisch gesteuerter Produktionseinrichtungen zum Einsatz. Prüfplanung und -durchführung können mit Hilfe von *Computer Aided Quality Assurance Systemen (CAQ-Systeme)* unterstützt werden. *Produktionsplanungs- und Steuerungssysteme (PPS-Systeme)* werden im Bereich der Arbeitssteuerung verwendet. In den Abschnitten 6.3 - 6.8 wird auf die genannten Systeme näher eingegangen.

Um die genannten Systeme effizient zu nutzen, ist es erforderlich, Daten von einem System in ein anderes zu übertragen bzw. von diesem zu übernehmen. Die Notwendigkeit des *Datenaustauschs* mit angrenzenden Bereichen ergibt sich aufgrund der zentralen Stellung der Arbeitsvorbereitung zwischen Konstruktion und Fertigung. Diese datentechnische Integration bereitet wegen unzureichender *Schnittstellenformate* häufig Probleme. Durch eine elementbasierte Beschreibung der Werkstückgestalt, sogenannte *Features* (Kap. 6.2), und durch die Entwicklung standardisierter Datenaustauschformate für den gesamten Produktlebenszyklus im Rahmen der ISO 10303 *(STEP: Standard for the Exchange of Product Model Data)* wird dieses Problem zukünftig gelöst. Auf die Integration von EDV-Systemen wird in Kapitel 6.9 näher eingegangen.

6.1.3
Vorgehensweise zur Einführung von EDV-Systemen

Die Vorgehensweise bei der Auswahl und Einführung von EDV-Systemen (Bild 6-3) entspricht weitgehend der in Abschnitt 6.1.2 beschriebenen Vorgehensweise zur Ermittlung und Einführung von Rationalisierungsmaßnahmen für die Arbeitsplanung. Um die notwendigen Funktionen und den Aufbau von EDV-Systemen bestimmen zu können, müssen die betrieblichen Einflußgrößen bzw. der Ist-Zustand analysiert werden. Dies erfordert die Durchführung einer Analyse der Aufbau- und Ablauforganisation zur Einbindung der Systeme in den Betrieb. Ferner müssen Analysen des Teilespektrums, der Bearbeitungsverfahren und des Mengengerüsts durchgeführt werden, um ein geeignetes Systemkonzept zu ermitteln. Eine EDV-

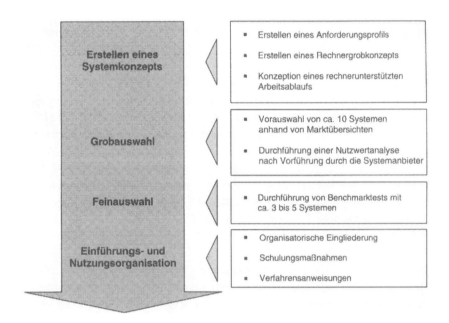

Bild 6-3. Vorgehensweise bei der Einführung von EDV-Systemen

gerechte Aufbereitung der Planungsunterlagen setzt außerdem die Analyse der Informationsflüsse sowie der eingesetzten Planungsunterlagen und -hilfsmittel voraus. Die betriebliche Systemumgebung, in die das neue System integriert werden soll, zählt ebenfalls zu den entscheidenden Einflußfaktoren.

Auf der Basis dieser Ergebnisse kann ein Anforderungsprofil erstellt werden, indem Systemfunktionen, Datenstrukturen und die Integrationsmöglichkeiten in die übrigen EDV-Anwendungen festgelegt werden. In der Regel sind firmenspezifische Neuerstellungen von EDV-Systemen nicht wirtschaftlich. Daher ist es sinnvoll, das erstellte Anforderungsprofil mit auf dem Markt erhältlichen Basissystemen zu vergleichen. Die Vielzahl von Systemen und Systemanbietern machen den Markt unübersichtlich. Der Aufwand zur Beschaffung von Informationen kann durch *Marktübersichten* reduziert werden. Zur Auswahl von CAPP- und PPS-Systemen stehen auch rechnergestützte Hilfsmittel zur Verfügung. Sinnvoll ist, die Auswahl eines geeigneten Systems zweistufig durchzuführen. In der *Grobauswahl* werden geeignete Systeme ermittelt. Als Hilfsmittel für diesen Abgleich kann eine Matrix erstellt werden, in der die Leistungsprofile dem Anforderungsprofil gegenübergestellt und bewertet werden. Dazu ist es notwendig, Fest- und Wunschforderungen zu definieren und diese zu gewichten. Die Hardwareauswahl spielt gegenüber der Softwareauswahl eine eher untergeordnete Rolle, gegebenenfalls kann vorhandene Hardware genutzt werden.

Die *Feinauswahl* erfolgt durch eine Wirtschaftlichkeitsbetrachtung, in der Nutzen und Kosten gegenübergestellt werden. In der Regel entstehen einmalige Kosten für Software und Systemeinführung und laufende Kosten für Pflege und Wartung des Systems.

Die Einführung von EDV-Systemen erfolgt im Rahmen eines Rationalisierungskonzepts, nach Abstimmung mit anderen geplanten Maßnahmen.

6.2 Feature-Technologie

Der zunehmende Einsatz von EDV-Systemen in Konstruktion und Arbeitsablaufplanung sowie die Bemühungen um die informationstechnische Integration beider Teilfunktionen der technischen Auftragsabwicklung bzw. der Produktentwicklung haben in den letzten Jahren zur Entwicklung der sogenannten *Feature-Technologie* geführt (vgl. Abschn. 6.5 und 6.9). Die Feature-Technologie ist ein wesentlicher Bestandteil der *Produktdatentechnologie*, wobei der Begriff Produktdatentechnologie für die Methoden und Hilfsmittel steht, die zur Repräsentation sowie zum Austausch von Erzeugnis- bzw. Bauteildaten in rechnerunterstützten Prozeßketten genutzt werden. Im folgenden werden die Grundlagen der Feature-Technologie sowie die Anwendungsfelder und Nutzenpotentiale dieser Technologie erläutert.

6.2.1 Grundbegriffe der Feature-Technologie

Die Integration der verschiedenen Teilfunktionen der Produktentwicklung erfordert neben der Repräsentation der Erzeugnis- bzw. der Bauteilgestalt auch die Berücksichtigung nicht gestaltspezifischer Produktinformationen vom Produktentwurf bis zu fertigungsspezifischen Informationen. Die Einführung von Objekten als Träger nicht gestaltspezifischer, sog. semantischer Produktinformationen führt zur Verwendung von Features, die häufig auch als „Technische Elemente" bezeichnet werden [vgl. 142]. Als Ursprung für den Begriff „Feature" gilt die Definition von GRAYER, nach der ein Feature als „die mit einer Maschinenoperation bearbeitbare, geometrische Region" definiert ist [140]. Motivation für die Einführung des Feature-Begriffs war hier die Entwicklung von Methoden zur automatisierten Erstellung von NC-Programmen für das Fräsen [144]. Die kontinuierliche Erschließung neuer Anwendungsfelder für die Feature-Technologie hat zu einer Erweiterung bzw. Verallgemeinerung der o. g. Definition geführt. Bei einem Feature handelt es sich um ein informationstechnisches Element, das die logische Verbindung einer Gestaltkomponente und einer semantischen Komponente darstellt [145].

Die Gestaltkomponente eines Features enthält die gestaltbeschreibenden Geometrie- und Topologieinformationen des Produkts. Die Geometrie beschreibt mathematisch eindeutig definierte Grundelemente (z. B. Punkte, Linien oder Flächen) sowie deren Lage im Raum. Die Topologie beschreibt räumliche Nachbarschaftsbeziehungen zwischen einzelnen Geometrieelementen. Zur Beschreibung der Gestalt müssen die benötigten geometrischen Grundelemente mit Hilfe der Topologie zueinander in Beziehung gesetzt werden [120].

Der Informationsgehalt der semantischen Komponente eines Features ist in der Regel verwendungsspezifisch determiniert. Im jeweiligen Anwendungskontext wird z. B. von *Konstruktions- oder Fertigungsfeatures* gesprochen, deren semantische Komponenten stark unterschiedlich ausgeprägt sind (vgl. Abschn. 6.2.2). Losgelöst vom Anwendungskontext werden Features häufig als Form-Features bezeichnet, deren semantische Komponente z. B. Oberflächen- oder Toleranzangaben enthalten kann.

6.2.2
Anwendungsfelder der Feature-Technologie

Wie bereits erwähnt, liegen die Ursprünge der Feature-Technologie im Anwendungsfeld der rechnerunterstützten Arbeitsablaufplanung (vgl. Abschn. 6.3 und 6.5). Parallel zu den Entwicklungen im o.g. Anwendungsfeld hat die Feature-Technologie in die rechnerunterstützte Konstruktion und die weitere *NC-Verfahrenskette* Einzug gehalten (vgl. Abschn. 6.5).

Bei einem *Konstruktionsfeature* handelt es sich um den referenzierten Ausschnitt eines Bauteils mit konstruktionsspezifischen Attributen (s. Bild 6-4).

6.2 Feature Technologie

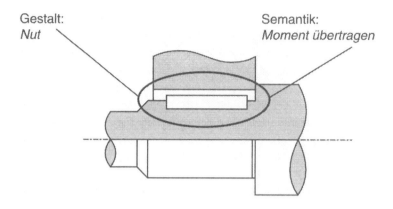

Bild 6-4. Konstruktionsfeature

Für die in Bild 6-4 dargestellte Paßfedernut beschreibt die semantische Komponente die Funktion, welche der referenzierte Ausschnitt der Bauteilgestalt erfüllt, in diesem Fall die Übertragung von Momenten.

Die Gestaltkomponente eines *Fertigungsfeatures* referenziert nicht ausschließlich einen Ausschnitt der Fertigteilgestalt. Ein Fertigungsfeature ist

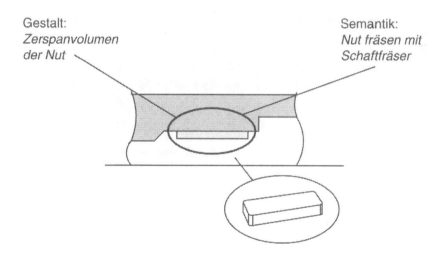

Bild 6-5. Fertigungsfeature

ein spezialisiertes Feature für den Gebrauch in der NC-Verfahrenskette, dessen semantische Komponente zur Abbildung fertigungsvorgangsbeschreibender Daten dient und dessen Gestaltkomponente das jeweils zugeordnete Zerspanvolumen repräsentiert (s. Bild 6-5).

Die Gestaltkomponente eines Fertigungsfeatures ist demnach der referenzierte Ausschnitt des Boole'schen Differenzvolumens aus Roh- und Fertigteilgestalt. Die semantische Komponente eines Fertigungsfeatures ist je nach Detaillierungsgrad der Arbeitsablaufplanung hinsichtlich der repräsentierten NC-Planungsdaten unterschiedlich ausgeprägt. Entsprechend der Unterscheidung in Prozeß- und Operationsplanung können *Prozeß- und Operationsfeatures* unterschieden werden. Während Fertigungsprozeß und eingesetzte Maschine signifikante Attribute eines *Prozeßfeatures* darstellen, so sind für ein *Operationsfeature* z. B. Teilarbeitsvorgang und eingesetztes Werkzeug charakteristisch (vgl. Abschn. 6.3 und 6.5).

Als ein weiteres Anwendungsfeld der Feature-Technologie hat das rechnerunterstützte Qualitätsmanagement Bedeutung erlangt. Hier sind insbesondere die featurebasierte Prüf- und Meßplanung sowie die Nutzung der Feature-Technologie zur EDV-Unterstützung der Methoden Quality Function Deployment (QFD) und Failure Mode and Effects Analysis (FMEA) zu nennen [142]. Laufende Forschungs- und Entwicklungsaktivitäten beschäftigen sich u. a. mit der Nutzung der Feature-Technologie für Montage- und Demontageaufgaben sowie für die automatische Klassifizierung von Bauteilen.

Welche Bedeutung die Feature-Technologie bereits für die industrielle Praxis erlangt hat, wird daran deutlich, daß der Austausch featurebasierter Produktdatenmodelle bereits Gegenstand der internationalen Normungsaktivitäten im Rahmen der *STEP*-Entwicklung geworden ist [141] (vgl. Abschn. 6.9.3). Das Nutzenpotential der Feature-Technologie für die rechnerunterstützte Arbeitsablaufplanung zeigt sich deutlich in der Umsetzung dieser Technologie in marktgängigen CAx-Systemen (vgl. Abschn. 6.5).

6.3
Prozeßplanungssysteme

Für die Prozeßplanung, deren Durchführung in Abschnitt 2.4 beschrieben wurde, stehen leistungsfähige Programme zur Verfügung, die verschiedene Planungsfunktionen integrieren und somit die Prozeßplanerstellung unterstützen oder z. T. automatisieren. Nach einer Definition des *Ausschuß für wirtschaftliche Fertigung e. V. (AWF)* bezeichnet der Begriff *CAP (Computer Aided Planning)* die EDV-Unterstützung bei der Prozeßplanung [146]. Darunter fallen allerdings gemäß der hier gemachten Festlegungen sowohl die Arbeitsplanerstellung als auch die NC-Programmierung. In der Praxis sind NC-Programmiersysteme jedoch meist eigenständige Produkte oder Module umfassender EDV-Systeme. Diese sind oft stärker der CAD-Umgebung zugeordnet, weil hier als Grundlage das benötigte Produktdatenmodell generiert wird. Im folgenden wird daher die Rechnerunterstützung bei der Arbeitsplanerstellung wie im Englischen mit *CAPP (Computer Aided Process Planning)* bezeichnet. Diese Terminologie wird verstärkt in der deutschsprachigen Fachliteratur genutzt [136, 147, 148].

Aufgrund gestiegener Qualitäts- und Zeitanforderungen wurde auch eine Rationalisierung der Planungsbereiche erforderlich. Im Rahmen der Prozeßplanung sind zunächst leicht algorithmierbare Tätigkeiten durch Rechner automatisiert worden, beispielsweise die Vorgabezeitermittlung. Die fortschreitende Rechnerentwicklung ermöglicht mittlerweile auch die Einbindung und Nutzbarmachung von Expertenwissen, so daß komplexe Entscheidungsprozesse in einem *Prozeßplanungssystem* abgebildet werden können. Mit der Nutzung von Prozeßplanungssystemen kann die Qualität der Prozeßpläne deutlich verbessert werden. Dies ist u. a. auf die Vermeidung von Mehrfacheingaben, die Durchführung von Routinetätigkeiten durch den Rechner und die Vereinfachung von Änderungen im Prozeßplan zurückzuführen [149]. Der Planungsaufwand wird dabei deutlich vermindert.

6.3.1
Funktionalitäten aktueller Prozeßplanungssysteme

Aktuelle Prozeßplanungssysteme können anhand der in Bild 6-6 dargestellten Charakteristika beschrieben werden. Ein wichtiges Auswahlkriterium ist die Planungsmethode, die in einem Prozeßplanungssystem unterstützt wird. Die Ausprägungen orientieren sich dabei an den in Abschn. 2.1 beschriebenen Planungsarten Varianten- und Generierungsprinzip.

Das Teilespektrum von Prozeßplanungssystemen ist häufig auf einzelne Werkstückgruppen beschränkt. Dies erfolgt vor dem Hintergrund der in den Unternehmen klar abgegrenzten Teilespektren, so daß keine Funk-

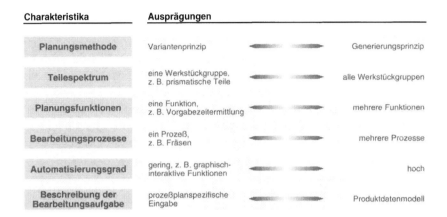

Bild 6-6. Charakteristika von Prozeßplanungssystemen

tionalität für ungenutzte Werkstückgruppen bereitgehalten wird. Es wird überwiegend nach den Werkstückgruppen „rotationssymmetrisch", „prismatisch" und „Freiform" beschrieben, was auch mit den eingesetzten Prozessen korreliert.

Zentrales Element des Prozeßplanungssystems ist seine Planungsfunktionalität. Diese reicht von einfachen Unterstützungsfunktionen, z. B. zur Vorgabezeitermittlung, bis hin zur gestalts- und technologieorientierten Prozeßauswahl. Einfache Prozeßplanungssysteme stellen häufig nur eine komfortable Möglichkeit zum Editieren von Prozeßplänen dar, während umfangreiche Systeme einen großen Teil der Planung selbständig durchführen können.

Analog zur Beschränkung auf ein eingegrenztes Teilespektrum umfaßt ein Prozeßplanungssystem unter Umständen nicht alle möglichen Bearbeitungsprozesse. Hier wird das System an die unternehmensspezifischen Gegebenheiten angepaßt, d.h. an die Prozesse, die durch den vorhandenen Maschinenpark bzw. existierende Zuliefererbeziehungen (Vergabe von Bearbeitungsaufträgen) abgedeckt werden.

Voraussetzung für eine *rechnerunterstützte Prozeßplanerstellung* ist die Vollständigkeit von Planungslogik und -information. Da dies in der Regel mit vertretbarem Aufwand nicht für alle Planungsfunktionen, Prozesse und Betriebsmittel erreicht werden kann, wird der Bediener eines Prozeßplanungssystems über Dialoge in den Planungsablauf eingebunden. Der *Automatisierungsgrad* eines Systems hat einen großen Einfluß auf die notwendige Qualifikation der Planer. Während sehr stark automatisierte Sy-

6.3 Prozeßplanungssysteme

steme von Personen mit geringerer Planungserfahrung bedient werden können, ist bei rein dialogorientierten Systemen nach wie vor ein erfahrener, qualifizierter Planer erforderlich. Demgegenüber erfordert ein automatisiertes Planungssystem die permanente Pflege durch einen Systembetreuer, der die umfangreichen Planungsbasen aktualisieren und konsistent halten muß.

Wichtiges Charakteristikum eines Prozeßplanungssystems ist darüber hinaus die Möglichkeit zur Beschreibung der Bearbeitungsaufgabe. Dies kann einerseits durch den Planer im System erfolgen, indem Gestalts- und Technologieanforderungen menügesteuert eingegeben werden. Dieser Vorgang kann andererseits über ein gemeinsam mit den übrigen Planungsbereichen genutztes Produktdatenmodell erfolgen. Somit ist dieses Charakteristikum zur Beurteilung der Integrationsfähigkeit des Prozeßplanungssystems in die NC-Verfahrenskette von großer Bedeutung (s. Abschn. 6.5).

Die Konzeption eines Prozeßplanungssystems ist in Bild 6-7 dargestellt. Diese Darstellung ist als „Maximalkonfiguration" zu verstehen. Je nach Ausprägung des Systems (s. o.) müssen nicht alle beschriebenen Komponenten vorhanden sein. Die abgebildeten Planungsfunktionalitäten orientieren sich an der Vorgehensweise der konventionellen Prozeßplanung (s. Abschn. 2.4). Zur Durchführung dieser Funktionen greift ein Prozeßplanungssystem auf produktspezifische Informationen sowie Planungswissen zurück. Die Informationsarten werden separat in einem *Produktdatenmodell* und einem *Wissensmodell* abgelegt.

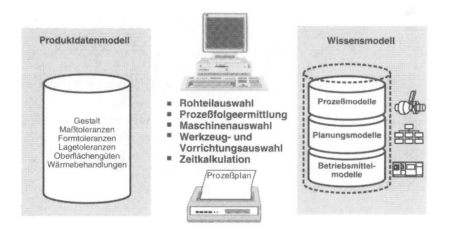

Bild 6-7. Konzeption rechnerunterstützter Prozeßplanungssysteme

Während im Produktdatenmodell werkstückspezifisch für jede neue Planungsaufgabe die Gestalts- und Technologieanforderungen abgelegt werden, repräsentiert das Wissensmodell das im Unternehmen vorhandene Planungs- und Prozeßwissen sowie zusätzliche Informationen über Betriebsmittel, Zeit- und Kostensätze etc.

Die hier aufgezeigte Systemkonzeption ist in verschiedenen Ansätzen verwirklicht [150, 151, 152, 153], die sich hinsichtlich ihrer Einbindung in die Planungsumgebung bzw. ihrer Spezifikation für den Betrieb, in dem sie eingesetzt werden, unterscheiden.

6.3.2
CAPP-Systeme

Prozeßplanungssysteme (CAPP-Systeme) werden z. T. als eigenständige Systeme konzipiert, mit denen entweder der Planer oder weitere Systeme der NC-Verfahrenskette kommunizieren müssen, um insbesondere die produktspezifischen Informationen zu erhalten. Dadurch wird der Umfang an Planungsfunktionen zwangsläufig beschränkt, weil dafür notwendige Informationen fehlen oder aufwendig eingelesen werden müßten. Solche Systeme werden demnach überwiegend für einfachere Werkstücke eingesetzt.

Prozeßplanungssysteme, die in eine komplette CAD-CAM-Anwendung integriert sind, können auf eine umfangreiche Produktbeschreibung aus dem Produktentwicklungszyklus zurückgreifen, ohne daß Daten über eine externe Schnittstelle ausgetauscht werden müssen. CAD-CAM-Anwendung heißt in diesem Fall ein rechnerunterstütztes System, welches Komponenten zur Konstruktion (CAD) und Planung (z. B. NC-Programmierung) in einer Systemschale integriert. Damit erschließt sich diese Form der Prozeßplanung auch für komplexe Bauteile, für die ein umfangreicher Satz von Gestalts- und Geometrieinformation Grundlage der Planung ist. Als nachteilig erweist sich jedoch der häufig große Funktionsumfang solcher Systeme, wobei durch die betriebsspezifische Ausrichtung der Planung nicht alle Module genutzt werden können. Ein nicht genutzter Teil des Systems könnte also Hardwareressourcen binden, die für andere Zwecke benötigt werden.

6.3.3
Nutzung von Programmierumgebungen für die Prozeßplanung

Prozeßplanungssysteme erfordern häufig eine anwendungsspezifische Konfiguration und müssen mit firmenspezifischen Stammdaten versorgt werden. Daher werden zur Realisierung von Prozeßplanungssystemen häufig *Programmierumgebungen* genutzt. Diese stellen einerseits Werkzeuge zur Maskengestaltung und Systemsteuerung zur Verfügung, mit der sich die allgemeinen Funktionen des Prozeßplanungssystems zur Gestaltung der Mensch-Rechner-Schnittstelle auslegen lassen. Andererseits wird ein Vorrat planungsspezifischer Strukturelemente bereitgestellt, mit dem sich die betriebsspezifischen Planungsabläufe modellieren lassen (Bild 6-8).

Als wichtigstes Element einer solchen Programmierumgebung sind Entscheidungstabellen anzusehen, in der die Planungslogik in Form von Wenn-Dann-Beziehungen abgebildet wird (Bild 6-9). Zur Abarbeitung der Planungslogik muß auf Planungsinformationen zurückgegriffen werden, die mit Hilfe von Logikelementen repräsentiert werden. Darunter sind Datenkonstrukte zu verstehen, die jeweils spezifisch entwickelt wurden, um beispielsweise eine Formel oder eine Variable darzustellen. Eingebundene Dateien können z.B. dazu genutzt werden, um einen Lagerkatalog oder

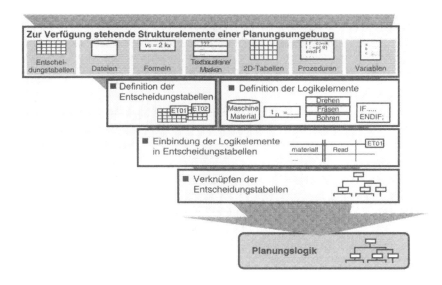

Bild 6-8. Nutzung einer Programmierumgebung zur Prozeßplanung – Vorgehensweise

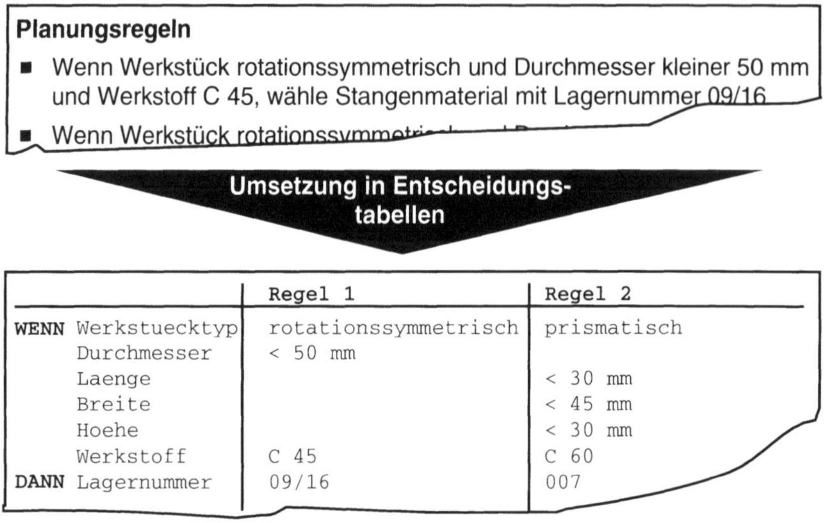

Planungsregeln

- Wenn Werkstück rotationssymmetrisch und Durchmesser kleiner 50 mm und Werkstoff C 45, wähle Stangenmaterial mit Lagernummer 09/16
- Wenn Werkstück rotationssymm...

Umsetzung in Entscheidungstabellen

		Regel 1	Regel 2
WENN	Werkstuecktyp	rotationssymmetrisch	prismatisch
	Durchmesser	< 50 mm	
	Laenge		< 30 mm
	Breite		< 45 mm
	Hoehe		< 30 mm
	Werkstoff	C 45	C 60
DANN	Lagernummer	09/16	007

Bild 6-9. Nutzung von Entscheidungstabellen

Maschinendaten zu speichern.

Um ein Prozeßplanungssystem in einer Programmierumgebung zu entwickeln, müssen in einem ersten Schritt die Planungsabläufe in Form von Wenn-Dann-Entscheidungen formuliert und in Entscheidungstabellen abgelegt werden [154]. Die dazu notwendigen Logikelemente müssen definiert und mit den entsprechenden *Entscheidungstabellen* verknüpft werden. Zur Entwicklung der gesamten Planungslogik werden die Entscheidungstabellen miteinander verbunden, d.h. die erforderlichen Referenzen werden implementiert.

Es ist aus mehreren Gründen vorteilhaft, solche Entscheidungstabellensysteme zu nutzen. Die Planungsabläufe können betriebsspezifisch modelliert werden, so daß auch vorhandene, bewährte Abläufe übernommen werden können. Eine ständige Erweiterbarkeit des Systems ist gegeben, indem neue Strukturelemente integriert werden. Nachteilig wirkt sich der hohe Implementierungsaufwand aus, da nicht nur die Planungsbasen erstellt werden müssen, sondern zusätzlich auch Funktionen modelliert werden, die in den vorher genannten Systemtypen bereits vorhanden sind.

Neuere Programmierumgebungen sind objektorientiert und ermöglichen damit eine transparente und erweiterungsfreundliche Strukturierung des Planungswissens. Mit ihnen können Prozeßpläne z.B. featurebasiert erstellt werden. Damit läßt sich ein größeres Werkstückspektrum generativ planen.

Darüber hinaus werden zukünftig Funktionen zur Grafikverarbeitung integriert werden, die eine grafisch-interaktive und damit bedienerfreundlichere Prozeßplanung ermöglichen.

6.4 Prüfplanungssysteme

EDV-Systeme in der *Prüfplanung* ermöglichen die Steigerung von Flexibilität und Termintreue im Unternehmen durch anforderungsspezifische Variation der Durchlaufzeiten und schnelle Anpassung bei Änderungen des Produktionsprogramms [155]. Ferner vereinfacht der EDV-Einsaz die Prüfplanverwaltung im Vergleich zur manuellen, papiergestützten Verwaltungsform [58].

6.4.1 EDV-Systeme zur Prüfplanung

Bei der EDV-Unterstützung in der Prüfplanung lassen sich zwei verschiedene Ansätze unterscheiden. In der Anfangszeit waren spezialisierte Einzelsysteme verbreitet, die ausschließlich Aufgaben der Prüfplanung übernahmen. Heute hingegen erfolgt die rechnerunterstützte Prüfplanung überwiegend durch *Computer Aided Quality Management-Systeme (CAQ- Systeme)*.

Einzelsysteme werden heute fast nur noch bei besonderen Anforderungen und zur Entwicklung neuer Methoden [156] eingesetzt. So werden Einzelsysteme z. B. zur Erstellung von komplexen Prüfplänen sicherheitsrelevanter Produkte verwendet. Ferner werden Einzelsysteme angeboten, die eine wissensbasierte Prüfplanung ermöglichen. CAQ-Systeme bestehen aus einzelnen, voneinander unabhängigen CAQ-Elementen, die eine Rechnerunterstützung in verschiedenen Phasen des Qualitätsmanagements bieten [157]. Die Prüfplanung ist eines der grundlegenden *CAQ-Elemente* neben Prüfauftragsverwaltung, Prüfmittelverwaltung und -überwachung, Prüfung, Qualitätsdatenauswertung und Zuverlässigkeitsberechnungen [157]. Die CAQ-Elemente verfügen über eine gemeinsame Datenbank oder eine Kopplung, über die ein Datenaustausch zwischen den Modulen möglich wird. Durch diese Verknüpfung lassen sich die Datenbestände nahezu redundanzfrei erstellen und elementübergreifend nutzen.

6.4.2
Funktionsumfänge

In der Prüfplanung lassen sich drei wesentliche Bereiche der EDV-Unterstützung unterscheiden: die *Prüfplanerstellung bzw. -anpassung*, die Planung der *Prüfdatenauswertung und -dokumentation* sowie die *Prüfskizzenerstellung und -verwaltung* [155]. Die erstellten Unterlagen werden an die Prüfsteuerung übergeben, die hieraus bei Bedarf Prüfaufträge generiert.

Die Schritte der manuellen Prüfplanung (vgl. Abschn. 2.7) werden bei der rechnerunterstützten Erstellung von Prüfplänen durch die Nutzung bereits vorhandener Informationen erleichtert. Neben der einfachen und durchgängigen Änder- und Erweiterbarkeit der Prüfpläne [56] liegt der Vorteil des Rechnereinsatzes insbesondere darin, daß einige Schritte automatisiert und viele Felder über im EDV-System hinterlegte Kataloge und Tabellen gefüllt werden können (Bild 6-10). Hierdurch entfällt das Nachschlagen und Übertragen von Daten aus anderen Quellen. Ferner wird die vollständige und methodische Erstellung aller benötigten Unterlagen erleichtert sowie die Fehlerhäufigkeit durch Plausibilitätskontrollen verringert.

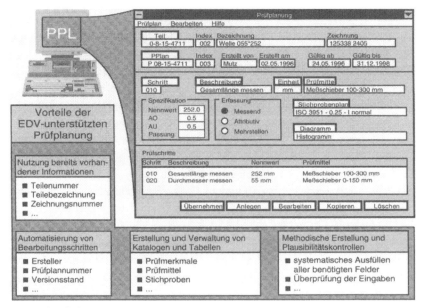

Legende: PPL Prüfplanung

Bild 6-10. Vorteile und Beispiel der EDV-gestützten Prüfplanung

Beim Ausfüllen des Prüfplankopfs können nach Eingabe einer Teilebezeichnung die zugehörige Teilenummer gesucht, Prüfplannummern und Versionsstand durch das System vergeben sowie Datum und Ersteller des Plans automatisch übernommen werden. Dies ermöglicht eine Rückverfolgung der Prüfplanhistorie. Prüfmerkmale, -mittel und -orte der Prüfschritte werden über Kataloge ausgewählt, die nach den individuellen Gegebenheiten erstellt und erweitert werden können. Hierdurch wird eine einheitliche Bezeichnung gleicher Merkmale bzw. Prüfmittel gewährleistet. Die Festlegung der Toleranzwerte kann durch die Übernahme von Werten aus Tabellen unterstützt werden, die Normen oder unternehmensinternen Vorschriften entsprechen. Stichproben werden im Prüfplan losgrößenunabhängig z. B. in Form von parts per million-Werten oder Dynamisierungsstandards eingetragen, bei deren Auswahl ebenfalls Tabellen verwendet werden können.

Die Planung der Prüfdatenauswertung und -dokumentation umfaßt die Auswahl oder Erstellung von Auswertungsformularen und -algorithmen der bei den Prüfungen ermittelten Daten. Hierfür bieten EDV-Systeme zahlreiche vordefinierte Möglichkeiten an. Generatoren erlauben darüber hinaus die Erstellung eigener Formulare und Algorithmen. Die für eine Prüfung benötigten Prüfskizzen werden ebenfalls vom EDV-System verwaltet. Häufig können sie auch direkt im System erstellt werden oder aber aus einem CAD-System übernommen werden (s. Abschn. 6.4.3).

6.4.3
Schnittstellen zu anderen EDV-Systemen

Die Prüfplanung erfordert zahlreiche Informationen aus unterschiedlichen betrieblichen Bereichen wie z. B. Produkt- und Prozeßdaten [56]. Diese Informationen werden häufig ebenfalls durch EDV-Systeme verwaltet. Um auf sie zugreifen zu können, sind *Software-Schnittstellen* zwischen der rechnerunterstützten Prüfplanung und diesen Systemen notwendig, Bild 6-11. Hierdurch entfällt die doppelte Dateneingabe mit den dadurch bedingten Aufwänden und Fehlern. Bisher konnten sich standardisierte Schnittstellen (z. B. Quality Data Exchange Specification (QDES)) noch nicht durchsetzen, so daß in der industriellen Praxis meist weiterhin eine individuelle Anpassung erforderlich ist.

Eine wichtige Schnittstelle für die Prüfplanung ist diejenige zu CAD-/ CAE-Systemen [143]. Hierdurch können bestehende Ergebnisse der Kon-

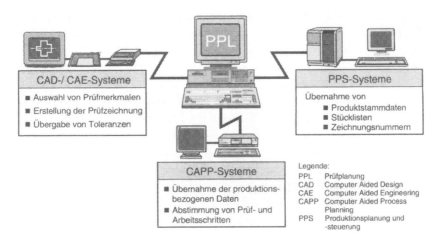

Bild 6-11. EDV-Schnittstellen zur Prüfplanung

struktion (z.B. Zeichnungen, Stücklisten) genutzt und teilweise oder vollständig für die Prüfplanung übernommen werden. Durch die Auswahl der Prüfmerkmale in der Konstruktionszeichnung läßt sich die Prüfzeichnung erheblich vereinfacht und beschleunigt erstellen. Die in der Konstruktionszeichnung vorgegebenen Toleranzen können übernommen werden. Schnittstellen zu Arbeitsplanungssystemen (CAPP-Systemen, vgl. Abschnitt 6.1) ermöglichen die Abstimmung von Prüf- und Arbeitsschritten im Produktionsprozeß [123]. Da Prüfschritte häufig schon im CAPP-System eingeplant werden, ist eine Übergabe der produktionsbezogenen Daten für diese Schritte an das EDV-System zur Prüfplanung sinnvoll. Hierdurch wird die bisherige Trennung zwischen Prüf- und Arbeitsplanung verringert. Häufig werden auch Schnittstellen zu Produktionsplanungs- und -steuerungssystemen (PPS-Systemen, vgl. Abschn. 6.8) realisiert. Hierdurch können Produktstammdaten wie Artikelbezeichnung und -nummer sowie Stücklisten- und Zeichnungsnummern in den Prüfplan übernommen werden.

6.5
NC-Verfahrenskette

Seit der Inbetriebnahme der ersten NC-Maschinen im Jahre 1953 am Massachusetts Institute of Technology (MIT) werden auch NC-Programmier-

6.5 NC-Verfahrenskette

systeme entwickelt, die den Anwender bei der Erstellung des Steuercodes für die Maschine unterstützen. Die Vorgehensweise zur NC-Programmerstellung ist bereits in Abschnitt 2.9 beschrieben worden. Die *rechnerunterstützte NC-Programmierung* baut darauf auf.

Durch eine Automatisierung der NC-Programmierung lassen sich abhängig von der Komplexität der Bearbeitungsaufgabe die Programmierkosten senken (Bild 6-12). Für komplizierte Werkstücke, z. B. aus dem Bereich des Werkzeugbaus, steigen die Kosten der manuellen Programmierung progressiv an. Hier lassen sich die Kostenvorteile einer rechnergestützten NC-Programmierung nutzen, die für komplexere Bauteile nur gering ansteigende Kosten aufweisen [122].

Der Begriff der NC-Verfahrenskette umfaßt aber nicht nur die Automatisierung der NC-Programmierung. Vielmehr ist darunter auch die Einbindung der NC-Planung und -Programmierung in den Ablauf der vor- und nachgelagerten Funktionen zu sehen (Bild 6-13). Damit ist die NC-Verfahrenskette ein technischer Kernprozeß, der das Ziel hat, die computerun-

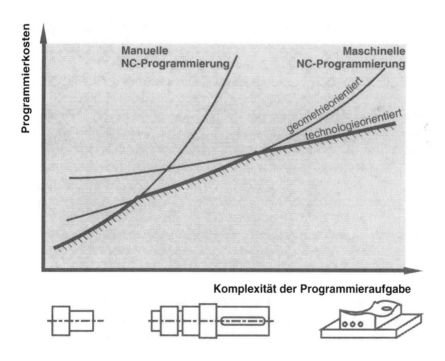

Bild 6-12. Vergleich der Programmierkosten für verschiedene Verfahren [122]

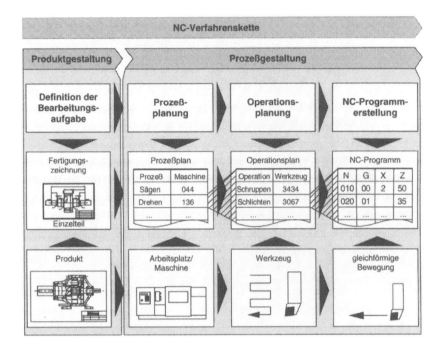

Bild 6-13. NC-Verfahrenskette [120]

terstützten Fertigungsprozesse optimal zu gestalten [8]. Die damit verfolgten Einzelziele sind in Bild 6-14 dargestellt. Ein Vorteil rechnerunterstützter NC-Programmierung ist die Möglichkeit, nach verschiedenen Kriterien optimierte Programme zu erzeugen. Basierend auf der einmal erzeugten Gestalts- und Technologiebeschreibung des Werkstücks können je nach Auftrag z. B. zeit- oder kostenoptimierte Programme erzeugt werden.

Die Durchgängigkeit der Schnittstellen zwischen den einzelnen Planungsprozessen ist also ein wichtiges Kriterium bei der Auslegung von Einzelsystemen der NC-Verfahrenskette. Probleme bei der Bereitstellung der erforderlichen Daten verursacht die Übernahme von CAD-Daten aus der Konstruktion in ein NC-Programmiersystem. Die derzeit hauptsächlich genutzten Schnittstellen *VDA-FS* und *IGES* können Geometriedaten nur unzureichend (keine Volumenmodelle) und Zusatzinformationen wie Technologiedaten oder Toleranzen überhaupt nicht übertragen. Deshalb verfügen NC-Programmiersysteme über Geometriemodule, mit denen die CAD-Daten NC-gerecht aufbereitet werden können. Hierunter ist u. a. die Definition von

6.5 NC-Verfahrenskette 237

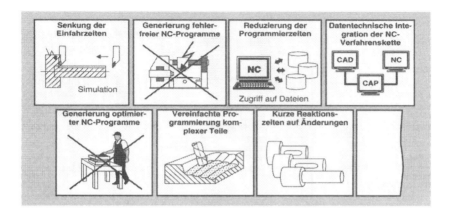

Bild 6-14. Ziele des Einsatzes von EDV-Systemen für die NC-Programmierung

Geometrieelementen als Bearbeitungskontur zu verstehen. In neueren Ansätzen werden Feature (technische Elemente) genutzt (s. Abschn. 6.2).

Eine Verbesserung der Datenqualität bei der Schnittstellenübertragung ist durch die neue Schnittstelle *STEP* (Standard for the Exchange of Product Model Data) zu erwarten, die zur Zeit als ISO 10303 [25, 118, 119] genormt wird. Umgangen wird das Problem der Datenübernahme aus CAD-Systemen von integrierten CAD/CAM-Systemen, bei denen für die Operationsplanung das interne Datenmodell verwendet wird.

Im Rahmen dieses Kapitels werden Systeme zur rechnergestützten NC-Programmerstellung (NC-Programmiersysteme) als Kern der NC-Verfahrenskette vorgestellt.

6.5.1
Funktionalitäten aktueller NC-Programmiersysteme

Anhand des allgemeinen Ablaufs der rechnergestützten NC-Programmierung (Bild 6-15) sollen die Funktionalitäten und Module von NC-Programmiersystemen erläutert werden. Hauptziel der NC-Programmierung ist – wie bereits in Abschn. 2.9 beschrieben wurde – die Erstellung eines steuerungsspezifischen NC-Programms, welches heute nach DIN 66025, zukünftig auch nach featurebasierten Standards erstellt wird.

Die Geometrieverarbeitung, d.h. die Beschreibung von Anfangs- und Endgeometrie ist der erste Schritt der NC-Programmerstellung und wird

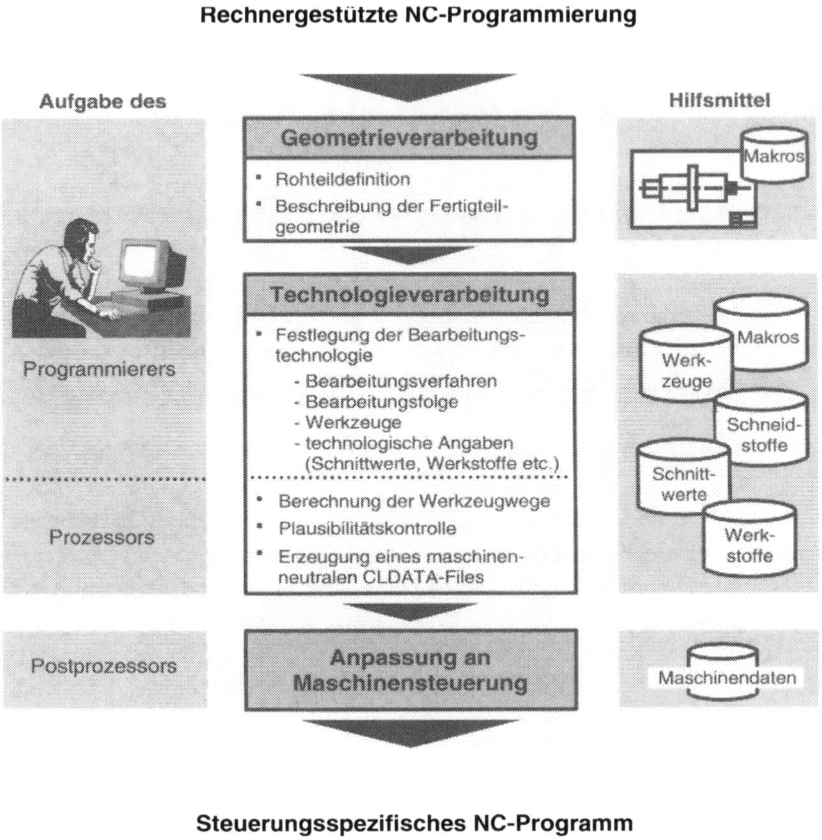

Rechnergestützte NC-Programmierung

Aufgabe des Programmierers

- Geometrieverarbeitung
  * Rohteildefinition
  * Beschreibung der Fertigteilgeometrie

- Technologieverarbeitung
  * Festlegung der Bearbeitungstechnologie
    - Bearbeitungsverfahren
    - Bearbeitungsfolge
    - Werkzeuge
    - technologische Angaben (Schnittwerte, Werkstoffe etc.)
  * Berechnung der Werkzeugwege
  * Plausibilitätskontrolle
  * Erzeugung eines maschinenneutralen CLDATA-Files

Prozessors

Postprozessors

- Anpassung an Maschinensteuerung

Hilfsmittel: Makros, Werkzeuge, Schneidstoffe, Schnittwerte, Werkstoffe, Maschinendaten

Steuerungsspezifisches NC-Programm

Bild 6-15. Allgemeiner Ablauf der rechnerunterstützten NC-Programmierung

durch Geometriemakros unterstützt. Die Anfangsgeometrie kann dabei die Endgestalt des vorhergehenden Prozesses sein, sie stellt also nicht zwingend den Rohzustand des Werkstücks dar. Im Zuge der folgenden Technologieverarbeitung werden für die definierte Geometrie Bearbeitungsoperationen festgelegt, Werkzeuge bestimmt und Schnittwerte ermittelt. Dazu stehen im Programmiersystem Methodendatenbanken und Technologieinformationen zur Verfügung. Häufig vorkommende Operationen, z. B. die Sequenz Schruppen-Schlichten oder das Bohren eines Tieflochs sind dabei in vielen NC-Programmiersystemen als Zyklen abgelegt und werden somit zusammenhängend geplant. In diesem Fall müssen nur noch gestalts- und technologiebeschreibende Parameter eingegeben werden; die Planung der Schnittstrategie ist Teil der Zyklusbeschreibung. Die Bearbeitungsfolge wird

6.5 NC-Verfahrenskette

in Form einer Werkzeugwegoptimierung geplant. Dabei kann z.B. die Anzahl der Werkzeugwechsel optimiert werden. Eine Simulation der Bearbeitung dient zur Kollisionskontrolle.

Aktuelle NC-Programmiersysteme lassen sich in erster Linie nach ihrem Automatisierungsgrad und ihrer Einsatzbreite klassifizieren (Bild 6-16). Dabei werden wiederum die zuvor identifizierten Module der Geometrie- und Technologiedatenverarbeitung unterschieden.

NC-Programmiersysteme sind beispielsweise in ihrer Repräsentation der Werkzeugwege und der Art, diese zu ermitteln, unterschiedlich ausgeprägt. Dies reicht von einer Einzelsatzprogrammierung, die nur die Punkt-zu-Punkt-Bewegung des Werkzeugs beschreibt, bis hin zu einer kompletten Beschreibung von Roh- und Fertigteilgestalt. Moderne NC-Programmiersysteme können diese Geometrieinformationen als Volumenmodell, z.B. als *Boundary-Representation-Modell (B-Rep-Modell)*, einlesen und nutzen diese rechnerinterne Darstellung sowohl zur Werkzeugwegberechnung als auch zur Simulation. Featurebasierte Systeme erlauben die featurebasierte Gestaltseditierung zur

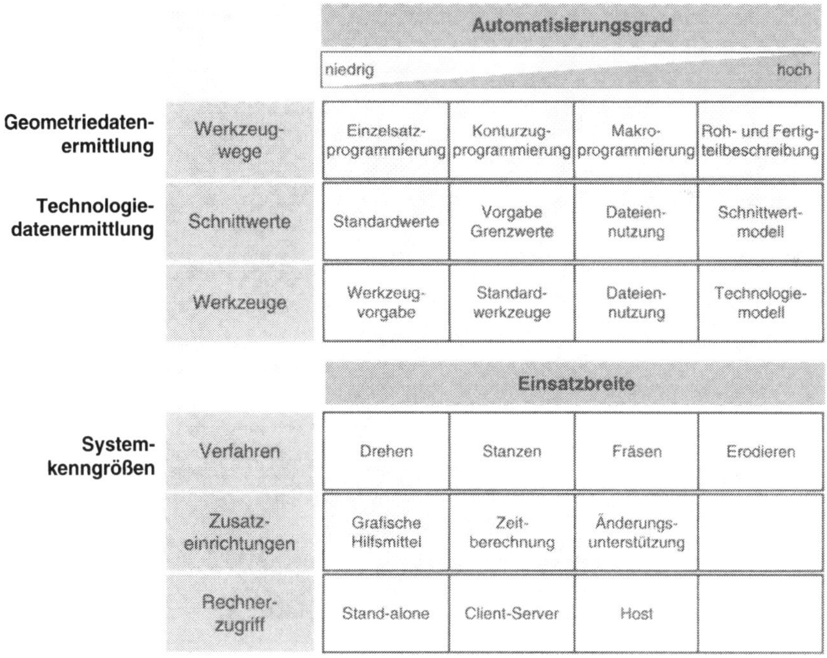

		Automatisierungsgrad			
		niedrig			hoch
Geometriedaten-ermittlung	Werkzeugwege	Einzelsatzprogrammierung	Konturzugprogrammierung	Makroprogrammierung	Roh- und Fertigteilbeschreibung
Technologiedatenermittlung	Schnittwerte	Standardwerte	Vorgabe Grenzwerte	Dateiennutzung	Schnittwertmodell
	Werkzeuge	Werkzeugvorgabe	Standardwerkzeuge	Dateiennutzung	Technologiemodell
		Einsatzbreite			
Systemkenngrößen	Verfahren	Drehen	Stanzen	Fräsen	Erodieren
	Zusatzeinrichtungen	Grafische Hilfsmittel	Zeitberechnung	Änderungsunterstützung	
	Rechnerzugriff	Stand-alone	Client-Server	Host	

Bild 6-16. Automatisierungsgrad und Einsatzbreite von NC-Programmiersystemen

Modifikation der Planung und sind z. T. in der Lage, diese Informationen als Geometriemodell wieder an die Konstruktion zu übergeben.

Die Technologiedatenermittlung kann auf Basis von Standardwerten erfolgen. Leistungsfähige Systeme hingegen arbeiten modellbasiert und versetzen den Planer in die Lage, NC-Programme iterativ zu optimieren.

Bezüglich ihrer Einsatzbreite können NC-Programmiersysteme ähnlich wie Arbeitsplanungssysteme nach den unterstützten Verfahren unterschieden werden. Zusatzeinrichtungen und -funktionalitäten, z.B. grafische Hilfsmittel, beschreiben weitere Systemeigenschaften.

Die Eigenschaften von NC-Programmiersystemen unterscheiden sich auch hinsichtlich ihres Einsatzortes (Bild 6-17). Der Einsatz von NC-

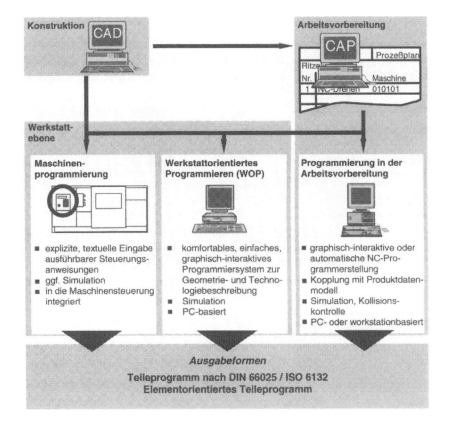

Bild 6-17. Organisatorische Einbindung der NC-Programmierung und genutzte Systeme [8]

Programmiersystemen kann werkstattfern im Büro erfolgen. Eine werkstattorientierte Programmierung (WOP) wird maschinennah an einem Arbeitsplatz im Produktionsbereich durchgeführt. Dementsprechende Systeme unterscheiden sich durch die Gestaltung der Mensch-Rechner-Schnittstelle, die im ersten Fall für den Prozeßplaner gestaltet ist, im zweiten Fall für die praxisorientierte Facharbeiterqualifikation ausgelegt ist.

Ähnlich wie in der Arbeitsplanung können auch für die rechnergestützte NC-Programmierung sowohl eigenständige als auch integrierte Systeme eingesetzt werden.

6.5.2
Verfügbare NC-Programmiersysteme

Eine früher vorgenommene Einteilung der NC-Programmiersysteme in manuelle, halbmaschinelle und maschinelle Systeme ist durch eine weitgehende Annäherung der Standardfunktionen mittlerweile überholt [9]. Die marktgängigen NC-Programmiersysteme lassen sich in eigenständige und integrierte Systeme unterteilen.

Eigenständige Systeme weisen in der Regel eine CAD-Schnittstelle auf und lesen auf diese Art die Gestaltsinformation ein. Eine alternative Möglichkeit ist die dialogorientierte Abfrage der Geometriedaten. In vielen Fällen müssen die CAD-Daten aufbereitet werden, um beispielsweise einen geschlossenen Konturzug zu erstellen. Eigenständige Systeme sind in vielen Fällen auf Personal Computer (PC) einsetzbar. Gerade im Werkstattbereich (WOP) werden sie häufig genutzt.

NC-Programmiersysteme werden auch als Module eines integrierten Systems eingesetzt. Damit decken diese Systeme einen großen Teil der Funktionen der NC-Verfahrenskette ab. Hier entfällt die oben beschriebene Schnittstellenproblematik, weil alle Module des integrierten Systems auf ein gemeinsames Produktdatenmodell zurückgreifen. Allerdings sind solche Systeme aufgrund ihres Umfanges für den Werkstattbereich ungeeignet.

Im internationalen Wettbewerb der Anbieter von NC-Programmiersystemen der NC-Verfahrenskette sind zwei unterschiedliche Richtungen zu identifizieren. Während die Systeme deutscher Herkunft dem Programmierer möglichst viele Eingriffsmöglichkeiten bieten, sind amerikanische und japanische Systeme viel stärker auf die möglichst vollautomatische Programmerzeugung ausgerichtet [9].

6.6
RC-Verfahrenskette

Bei der Programmierung von Industrierobotern werden *Off-line-* und *On-line-Verfahren* unterschieden. Während bei der On-line-Programmierung direkt am Roboter programmiert wird, erfolgt die Off-line-Programmierung EDV-unterstützt an Rechnern. Die mit der rechnerunterstützten Programmerstellung verbundenen Arbeitsschritte werden auch als *RC-Verfahrenskette* bezeichnet. In diesem Abschnitt wird zunächst auf die Elemente der RC-Verfahrenskette eingegangen. Anschließend werden die Schnittstellen in der Verfahrenskette erläutert sowie der Funktionsumfang moderner Off-line-Programmiersysteme dargestellt. Der Ablauf der Off-line-Programmierung wird am Beispiel Bahnschweißen beschrieben.

6.6.1
Elemente der RC-Verfahrenskette

Die Prozeßkette zur Off-line-Programmierung von Industrierobotern (RC-Verfahrenskette) umfaßt alle Schritte von der CAD-Datengenerierung bis zur Programmausführung in der *Roboterzelle* (Bild 6-18). Mit der Konstruktion im CAD-System wird die Gestalt des Werkstücks, das bearbeitet oder transportiert werden soll, festgelegt. Für die Roboterprogrammierung reicht die Gestaltbeschreibung im allgemeinen nicht aus, sondern muß um weitere Informationen ergänzt werden. Die Programmierung von Schweißrobotern erfordert z. B. technologische Angaben zur Spezifizierung der Schweißnähte, während bei Handhabungsaufgaben Angaben über Gewicht und mögliche Greifflächen benötigt werden.

Im Off-line-Programmiersystem wird auf Basis des systeminternen Robotermodells und des Werkstückmodells aus dem CAD-System anschließend das Roboterprogramm generiert. Das letzte Element der RC-Verfahrenskette ist die Roboterzelle, in der das Programm ausgeführt werden soll.

Da bei der Off-line-Programmierung nie sichergestellt werden kann, daß das Modell der Roboterzelle im Programmiersystem exakt mit der realen Zelle übereinstimmt, muß das Programm in einem Probelauf zunächst überprüft werden. Hier werden eventuell auftretende Kollisionen und ungenau angefahrene Punkte erkannt und entsprechend korrigiert. Der Zeitbedarf für Programmtests und Optimierungen in der Roboterzelle beim

6.6 RC-Verfahrenskette   243

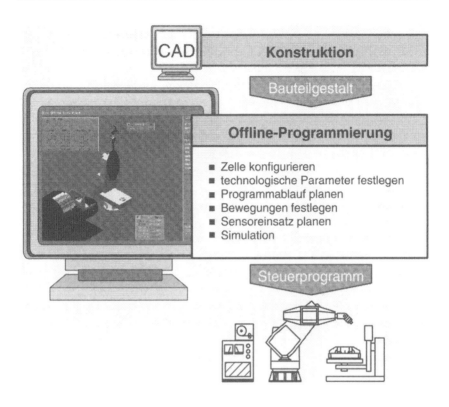

Bild 6-18. Prozeßkette zur Off-line-Programmierung von Industrierobotern

Off-line-Programmieren ist jedoch deutlich geringer als die Programmierzeit, wenn On-line programmiert wird. Dadurch ist die Off-line-Programmierung in vielen Fällen wirtschaftlicher und wird sich in Zukunft verstärkt durchsetzen [138].

6.6.2
Schnittstellen in der RC-Verfahrenskette

In der RC-Verfahrenskette werden Daten zwischen drei Einheiten ausgetauscht, dem CAD-System, dem Programmiersystem und der Roboterzelle. Für die Schnittstelle zwischen dem CAD-System und dem Off-line-Programmiersystem gelten die gleichen Einschränkungen wie zwischen CAD-System und NC-Programmiersystem; die zur Zeit verwendeten Schnittstellen lassen nur den Datenaustausch von Flächenelementen zu. Bei der Roboterprogrammierung werden jedoch Volumenbeschreibungen benötigt, u. a. um Kollisionsprüfungen durchführen zu können.

Die vom CAD-System übernommenen Daten müssen deshalb im Off-line-Programmiersystem aufbereitet werden. Dazu gehört einerseits die Überführung des Flächenmodells in ein Volumenmodell und andererseits die Ergänzung von technologischen Daten.

Über die Schnittstelle zwischen dem Programmiersystem und der Roboterzelle wird das Steuerprogramm übertragen. Für ein vollständiges Roboterprogramm müssen hier alle Bewegungsanweisungen und Zusatzfunktionen übermittelt werden. Gerade die Beschreibung von Bewegungsanweisungen ist jedoch problematisch, weil z. B. das reale Verhalten des Roboters im Programmiersystem nicht exakt nachgebildet werden kann. Umgangen wird dieses Problem bei hybriden Programmierverfahren. Hier wird nur ein Programmgerüst für die zu lösende Aufgabe Off-line festgelegt. Die Positionsangaben werden dann mit dem Industrieroboter vor Ort ermittelt und im Programm ergänzt. Unterstützt wird dieses Programmierverfahren z. B. durch die Sprache IRL (Industrial Robot Language) [73].

6.6.3
Funktionsumfang moderner Off-line-Programmiersysteme

Moderne Off-line-Programmiersysteme bieten umfangreiche Funktionen zur Erstellung von Roboterprogrammen. Diese lassen sich in Basisfunktionen und anwendungsspezifische Funktionen unterteilen. Die Basisfunktionen sind in Bild 6-19 dargestellt.

Anwendungsspezifische Zusatzfunktionen werden z. B. zur Programmierung von Bahnschweiß-, Punktschweiß- und Lackierrobotern benötigt, um die technologischen Parameter planen zu können.

Bei der Konfiguration der Zelle wird primär darauf geachtet, daß der Roboter alle erforderlichen Positionen erreichen kann. Diese Aufgabe wird von Programmiersystemen dahingehend unterstützt, daß der Programmablauf für eine gegebene Zellenkonfiguration simuliert werden kann. Sind einzelne Positionen nicht erreichbar, können die Komponenten der Zelle interaktiv neu positioniert werden. Nach einer Anpassung des Programms an die neu konfigurierte Zelle kann in einer erneuten Simulation getestet werden, ob das Programm ausführbar ist. Ist diese Randbedingung erfüllt, kann

6.6 RC-Verfahrenskette

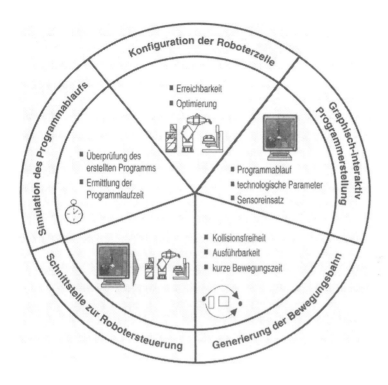

Bild 6-19. Basisfunktionen von Off-line-Programmiersystemen

die Zellenkonfiguration noch hinsichtlich der Programmlaufzeit optimiert werden. Dabei wird versucht, durch günstige Positionierung der Zellkomponenten die Verfahrzeit des Roboters zu verkürzen. Der Optimierungserfolg wird anschließend anhand der Programmlaufzeit überprüft, die bei der Simulation üblicherweise angegeben wird.

Im Rahmen der Planung des Programmablaufs werden die Reihenfolge der einzelnen Bearbeitungs- und Handhabungsschritte festgelegt sowie die zugehörigen Zusatzfunktionen bestimmt. Hierzu zählen z. B. die Greiferbewegungen bei Handhabungsoperationen oder Prozeßparameter beim Schweißen.

Die Einzelbewegungen zwischen den Operationen, die durch die Programmablaufplanung vorgegeben sind, können von den meisten Programmiersystemen automatisch bestimmt werden. Dazu werden zunächst die Achskonfigurationen des Roboters aus den Zielkoordinaten der anzufahrenden Punkte berechnet. Anschließend wird der Verfahrweg des Roboters zwischen den ermittelten Achskonfigurationen ermittelt. Randbedingung bei der Bestimmung der Roboterbewegungen ist einerseits, daß die Bewegungen kinematisch ausführbar sind, d. h. die Grenzen der Roboterachsen nicht überschritten werden. Zum anderen ist darauf zu achten, daß die Bewegungen kollisionsfrei verlaufen. Hier werden je nach System unterschiedliche Lösungen angeboten. Entweder kann das System bei der Generierung der Bewegungen direkt eine Kollisionsprüfung durchführen und automatisch entsprechende Ausweichbewegungen erzeugen, oder die Kollisionen werden dem Bediener erst bei der Simulation des Programmablaufs angezeigt und müssen dann interaktiv durch Änderungen im Programm umgangen werden.

Mit der *Simulation* werden neben der Überprüfung der Kollisionsfreiheit noch weitere Ziele verfolgt. Das Programmiersystem berechnet parallel die Programmlaufzeit, die damit als Vorgabezeit für die Arbeitsplanung zur Verfügung steht. Darüber hinaus kann der Programmierer anhand der Visualisierung des Programmablaufs erkennen, wo noch Optimierungspotential besteht, z. B. bei ungünstig gewählten Bewegungsbahnen.

Die Qualität der Simulation ist je nach Programmiersystem und eingesetzter Hardware stark unterschiedlich. Bei guten Simulationen können kontinuierliche Bewegungsabläufe parallel in mehreren Ansichten dargestellt werden, wodurch der Planer ein weitgehend realistisches Bild des Programmablaufs erhält. Als Minimalstandard können alle Systeme Bewegungsabläufe mit diskreten Roboterstellungen darstellen. Da in diesem Fall nicht der komplette Verlauf der Roboterbewegungen dargestellt wird, besteht die Gefahr, daß Kollisionen übersehen werden.

Die Aussagekraft von Simulationen wird oft dadurch beeinträchtigt, daß die Steuerung des Roboters Bewegungen anders generiert als das Programmiersystem. Ursache hierfür ist, daß viele Roboterhersteller ihre Steuerungsalgorithmen nicht offenlegen. Dies führt zu unterschiedlichen Bewegungsbahnen und bedingt, daß auch Programme, die mit einer Simulation überprüft wurden, direkt am Roboter getestet werden müssen.

Im allgemeinen kann sowohl der Roboter als auch das Werkstück, das gehandhabt oder bearbeitet werden soll, nicht exakt im Programmiersystem abgebildet werden. Abweichungen ergeben sich u. a. aufgrund des dynamischen Verhaltens des Roboters unter Last, da eine Roboterstruktur üblicherweise eine relativ hohe Nachgiebigkeit aufweist. Andere Faktoren sind Ungenauigkeiten bei der Positionierung des Werkstücks oder Toleranzen am Werkstück selbst. Zur Kompensation solcher Abweichungen werden Sensoren eingesetzt, mit denen der Roboter auf Basis der realen Situation an die korrekte Position geführt wird. Wann und welche Sensoren eingesetzt werden, wird im Rahmen der Off-line-Programmierung festgelegt und hängt hauptsächlich davon ab, für welche Aufgabe der Roboter eingesetzt wird.

6.6.4
RC-Verfahrenskette am Beispiel Bahnschweißen

Eines der Haupteinsatzfelder für Industrieroboter ist das Bahnschweißen [94]. Die Programmierung von Bahnschweißrobotern erfordert eine Reihe von verfahrensspezifischen Planungsfunktionen (Bild 6-20), auf die im folgenden eingegangen wird. Daneben werden die in Abschn. 6.6.3 erläuterten Standardfunktionen von Off-line-Programmiersystemen benötigt.

Zu den verfahrensspezifischen Planungsfunktionen gehören die Planung der Aufspannung und der Tischstellungen, die Ermittlung des Nahtaufbaus, die Planung der Brennerorientierung, die Festlegung der Prozeßparameter, die Ermittlung der Schweißfolge und die Planung des Sensoreinsatzes. Diese Funktionen werden hauptsächlich interaktiv vom Planer durchgeführt.

Die Planung der Aufspannung ist der erste Schritt im Rahmen der Planung des Programmablaufs. In diesem Schritt wird zunächst festgelegt, in welcher Position und Orientierung die Schweißbaugruppe auf dem Schweißtisch aufgespannt wird. In vielen Schweißzellen ist als Positionierer ein Drehkipptisch integriert, der einen Wechsel der Positionierung der Schweißbaugruppe ohne Änderung der Aufspannung erlaubt. Ist ein solcher Positionierer vorhanden, schließt sich an die Auslegung der Vorrichtung die Ermittlung der Tischstellungen an. Die Festlegung von Orientierung und Position der Schweißbaugruppe erfolgt mit dem Ziel, die hinsichtlich der Kriterien Zugänglichkeit der Schweißnähte, Schweißposition und Stabilität der Aufspannung günstigste Spannlage zu ermitteln.

Im Rahmen der Nahtaufbauermittlung wird die Lagen- und Raupenzahl für jede Schweißnaht festgelegt. Der Nahtaufbau wird im wesentlichen von der Nahtdicke, die durch den Konstrukteur vorgegeben ist, und von der erzielbaren Raupenquerschnittsfläche bestimmt. Die erzielbare Raupenquerschnittsfläche hängt hauptsächlich von der während der Aufspannungs- und Tischstellungsplanung festgelegten Schweißposition ab.

Wenn Nahtaufbau und Tischposition festgelegt sind, können die Brennerorientierung und die Prozeßparameter ermittelt werden. Bei der Ermittlung der Brennerorientierung steht neben der Berücksichtigung von technologi-

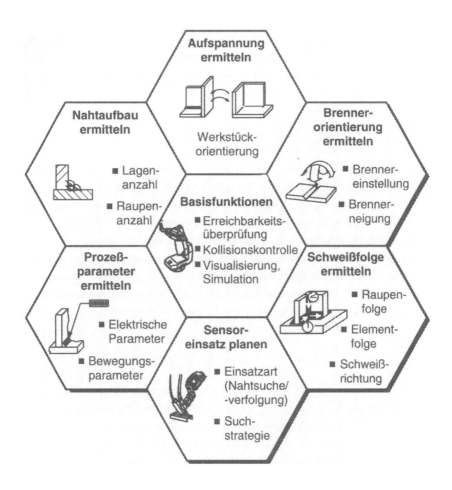

Bild 6-20. Planungsfunktionen für die Programmierung von Bahnschweißrobotern

schen Anforderungen, wie z. B. dem sicheren Aufschmelzen der Flanken, hauptsächlich die Vermeidung von Kollisionen bei schlecht zugänglichen Schweißnähten im Vordergrund. Die Prozeßparameter umfassen die elektrischen und mechanischen Parameter zur Steuerung des Schweißprozesses (Schweißspannung, Drahtgeschwindigkeit, Schweißgeschwindigkeit, Hilfsstoffzufuhr). Die Werte dieser Parameter werden von der zur Verfügung stehenden Schweißquelle, den geometrischen Bedingungen der Schweißnaht und der Schweißposition beeinflußt. Oft stehen betriebsspezifische Erfahrungswerte zur Verfügung oder es wird auf Tabellenwerte zurückgegriffen.

Wesentlichen Einfluß auf die Qualität des Roboterprogramms hat die Ermittlung der Schweißfolge. Hier werden zwei Ziele verfolgt. Einerseits muß die Schweißfolge so gewählt werden, daß der Verzug und Eigenspannungen minimiert werden, z.B. durch eine günstige Wärmeführung. Andererseits ist darauf zu achten, daß die Verfahrwege zwischen den Schweißnähten möglichst kurz sind, um eine geringe Programmlaufzeit zu erhalten.

Gerade beim Bahnschweißen kommt dem Sensoreinsatz besondere Bedeutung zu, z.B. wenn das Werkstück ungenau geheftet ist. Prinzipiell wird zwischen Nahtanfangssuche und Nahtverfolgung unterschieden. Die gebräuchlichsten Sensoren sind der Gasdüsensensor zur Nahtanfangssuche und der Lichtbogensensor zur Nahtverfolgung. Im Rahmen der Off-line-Programmierung wird festgelegt, welche Nähte mit Sensor gesucht bzw. verfolgt werden sollen. Dabei werden geeignete Suchstrategien bestimmt und die daraus resultierenden Bewegungen auf Kollisionsfreiheit und Ausführbarkeit getestet.

6.7
Betriebsmittelverwaltungssysteme

Bei *Betriebsmittelverwaltungssystemen* handelt es sich um EDV-Systeme, die zur Verwaltung von Betriebsmitteln bzw. im erweiterten Sinne zum Management von Fertigungsressourcen zum Einsatz kommen. Bevor im Rahmen dieses Kapitels Betriebsmittelverwaltungssysteme für spezielle Anwendungsfelder aus dem Bereich der Arbeitsvorbereitung beschrieben werden, werden einleitend zunächst die Aufgaben bzw. die Teilfunktionen des *Ressourcenmanagements* erläutert.

Das Ressourcenmanagement umfaßt alle Aufgaben von der Planung über den Einsatz in der Produktion bis zum Abbau von Ressourcen. Dazu gehören u.a. die Planung und Beschaffung des Ressourcenbestands, die Verwaltung und Bereitstellung von Daten über Ressourcen und die Versorgung der Produktion mit Ressourcen [8]. Bild 6-21 liefert eine Übersicht über die Aufgaben des Ressourcenmanagements.

Anhand von Bild 6-20 wird deutlich, daß sich die Aufgaben des Ressourcenmanagements nicht eindeutig den einzelnen Aufgabenbereichen der Arbeitsvorbereitung zuordnen lassen, sondern daß das Ressourcenmanagement vielmehr eine Querschnittsfunktion der Arbeitsvorbereitung darstellt. So zählt z.B. die Planung des Ressourceneinsatzes zu den Aufgaben der Arbeitsablaufplanung. Im Rahmen der Prozeßplanung erfolgt z.B. die

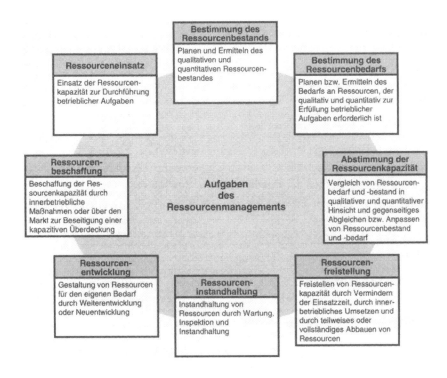

Bild 6-21. Aufgaben des Ressourcenmanagements [62]

Fertigungsmittelauswahl für einzelne Arbeitsvorgänge (vgl. Abschn. 2.4.3). Hierfür müssen die Daten der Fertigungsmittel, z. B. die Maschinenleistung oder Arbeitsraummaße der Maschinen, bekannt sein. Dies gilt analog für die Verfügbarkeit von geometrischen und technologischen Werkzeugdaten zur Werkzeugauswahl im Rahmen der Operationsplanung (vgl. Abschn. 2.5). Die Aufgabe der auftrags- bzw. produktbezogenen Ressourcenentwicklung liegt ebenfalls im Bereich der Arbeitsablaufplanung (vgl. Abschn. 2.8). Die langfristige, produktionsprogrammbezogene Ressourcenentwicklung sowie die qualitative Bestimmung des Ressourcenbedarfs ist Gegenstand der Arbeitssystemplanung (vgl. Abschn. 3). Ein Großteil der Aufgaben des Ressourcenmanagements entfällt auf den Bereich der Arbeitssteuerung (vgl. Abschn. 4). Hierzu zählen insbesondere die quantitative Ressourcenplanung, z. B. die Ressourcenbeschaffung oder die Abstimmung der Ressourcenkapazität, sowie die Ressourceninstandhaltung [vgl. 8].

Entsprechend der Verteilung der Aufgaben des Ressourcenmanagements auf die verschiedenen Aufgabenfelder der Arbeitsvorbereitung werden auch

6.7 Betriebsmittelverwaltungssysteme

Teilfunktionen des Ressourcenmanagements von EDV-Systemen abgedeckt, die nicht speziell bzw. ausschließlich auf die Betriebsmittelverwaltung ausgelegt sind. So ist z. B. die Teilfunktion Fertigungsmittelauswahl im Funktionsumfang rechnerunterstützter Arbeitsplanerstellungssysteme enthalten (vgl. Abschn. 6.3). Die Voraussetzung hierfür ist, daß die Fertigungsmitteldaten Bestandteil der Planungsbasis des CAPP-Systems sind. Die Aufgaben des Ressourcenmanagements, die in den Bereich der Arbeitssteuerung fallen, werden zu einem wesentlichen Teil vom Funktionsumfang marktgängiger PPS-Systeme abgedeckt (vgl. Abschn. 6.8). Hierzu zählen u.a. Funktionen zur Betriebsmitteldisposition sowie Funktionen zur Kapazitätsplanung.

Darüber hinaus kommen in der Praxis EDV-Systeme zur Anwendung, die ausschließlich und aufgabenübergreifend die Grundfunktionen der Betriebsmittelverwaltung abdecken. Diese Systeme und deren spezielle Ausprägungen werden in den folgenden Abschnitten vorgestellt.

6.7.1
Grundfunktionen von Betriebsmittelverwaltungssystemen

Wie bereits eingangs erwähnt, werden von Betriebsmittelverwaltungssystemen eine Vielzahl von Betriebsmitteldaten unterschiedlichen Typs archiviert und für die o. g. Aufgaben des Ressourcenmanagements bereitgestellt. Des weiteren erfüllen Betriebsmittelverwaltungssysteme zahlreiche Teilfunktionen des Ressourcenmanagements. Betriebsmitteldaten lassen sich sowohl anhand geometrischer, technologischer, organisatorischer oder statistischer Kriterien als auch nach zeitlichen Aspekten klassifizieren. Eine

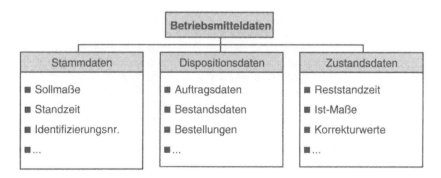

Bild 6-22. Klassifizierung der Betriebsmitteldaten

Klassifizierung in konstante, periodisch konstante und variable Betriebsmitteldaten führt zu einer Unterteilung, die den unterschiedlichen Aufgaben des Ressourcenmanagements gerecht wird (s. Bild 6-22).

Stammdaten stellen konstante Daten dar, die ein Betriebsmittel bez. Geometrie und Technologie vollständig beschreiben. Dispositionsdaten werden auftragsbezogen für ein Betriebsmittel erstellt und bleiben lediglich für den Auftragszeitraum periodisch konstant. Die Zustandsdaten sind in Abhängigkeit vom Betriebsmitteleinsatz variabel und unterliegen damit einem ständigen Aktualisierungsprozeß. Die o.g. Klassifizierung der Betriebsmitteldaten hat sowohl für Werkzeuge und Vorrichtungen als auch für Meß- und Prüfmittel Gültigkeit. Bild 6-23 zeigt die betriebsmittelspezifischen informations- und materialflußtechnischen Beziehungen, die bei der Konzeption eines Betriebsmittelverwaltungssystems berücksichtigt werden müssen.

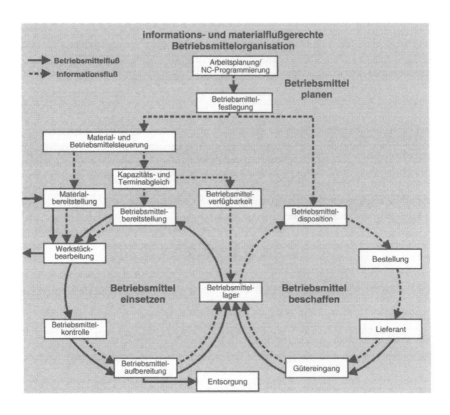

Bild 6-23. Betriebsmittelbezogener Informations- und Materialfluß [nach 91]

Besonders ausgeprägt sind die in Bild 6-23 dargestellten Informations- und Materialflußbeziehungen in bezug auf die Verwaltung von Werkzeugen für die zerspanenden Fertigungsverfahren *(Tool-Managementsysteme).*

6.7.2
Tool-Managementsysteme

Im folgenden soll speziell auf die Funktionalität und den Aufbau von EDV-Systemen für diesen speziellen Teilbereich des Ressourcenmanagements, der in der Regel als Tool-Management bezeichnet wird, eingegangen werden. *Tool-Managementsysteme (TMS)* bieten sowohl für die *Werkzeugdisposition* als auch für die *Werkzeugeinsatzplanung* eine geeignete EDV-Unterstützung. Die Werkzeugdisposition ist grundsätzlich mit der Materialdisposition vergleichbar und beinhaltet analoge Teilfunktionen, die in Abschn. 4.3 ausführlich beschrieben werden. Die Grundlagen für die Werkzeugdisposition bilden die im Tool-Managementsystem verwalteten Dispositionsdaten. Von großer Bedeutung in bezug auf die Funktionalität von Tool-Managementsystemen ist die Unterstützung der Werkzeugeinsatzplanung. Dabei handelt es sich im wesentlichen um die Suche nach einem oder mehreren für eine Bearbeitungsaufgabe geeigneten Werkzeugen aus einem verfügbaren Werkzeugbestand. Die Anforderungen der Bearbeitungsaufgabe dienen als Suchkriterien für Schneidwerkzeuge, die über ihre charakteristischen Geometrie- und Technologiemerkmale beschrieben werden. In Tool-Managementsystemen werden zur Werkzeugbeschreibung in der Regel die nach DIN 4000 genormten *Sachmerkmale*, die alle relevanten Geometrie- und Technologiemerkmale umfassen und in sogenannten *Sachmerkmal-Leisten* gruppiert werden, verwendet [92]. Bild 6-24 zeigt die Architektur eines Tool-Managementsystems.

Die Benutzungsoberfläche stellt die Schnittstelle zwischen Benutzer und Anwendungssystem dar. Im Anwendungssystem ist die Systemfunktionalität implementiert. Über die Sachmerkmal-Leisten erfolgt der Zugriff auf die in der Datenbank gespeicherten Werkzeugdaten. Erheblicher Aufwand bei der Nutzung von Tool-Managementsystemen resultiert aus der Eingabe der geometrischen und technologischen Sachmerkmale.

Zur Reduzierung des Eingabeaufwands kommen bereits Lösungen zum Einsatz, die die automatische Übernahme von Werkzeugdaten aus einem elektronischen Werkzeugkatalog, der vom Werkzeughersteller bereitge-

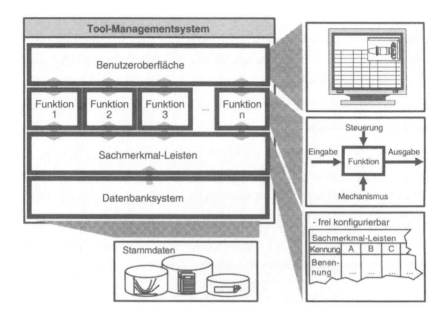

Bild 6-24. Architektur eines Tool-Managementsystems auf der Basis von Sachmerkmal-Leisten

stellt wird, in Tool-Managementsysteme unterstützt. Voraussetzung für die Datenübernahme ist ein einheitliches Austauschformat, auf das sich Werkzeughersteller und Anbieter von Tool-Managementsystemen geeinigt haben und das ebenfalls auf Sachmerkmal-Leisten nach DIN 4000 basiert [90, 92].

6.8
PPS-Systeme

Produktionsunternehmen setzen seit Beginn der achtziger Jahre verstärkt EDV-gestützte *Systeme zur Produktionsplanung- und -steuerung* (PPS-Systeme) ein. Die Einführung und organisatorische Integration eines PPS-Systems berührt nahezu alle Bereiche der betrieblichen Auftragsabwicklung und verursacht erhebliche interne und externe Kosten. Im folgenden werden die Systemtechnik und das Leistungsspektrum sowie eine Vorgehensweise zur Einführung von PPS-Systemen beschrieben.

6.8 PPS-Systeme

6.8.1
Übersicht

Unter einem PPS-System versteht man ein EDV-System für die Planung, Steuerung und Überwachung der Produktionsabläufe von der Angebotsbearbeitung bis zum Versand unter Mengen-, Termin- und Kapazitätsaspekten. PPS-Systeme bieten den Benutzern und Entscheidungsträgern Unterstützung durch die Bereitstellung von Informationen und Dispositionsvorschlägen, insbesondere über die zu beschaffenden und zu produzierenden Mengen, die Termine, die Kapazitätsbelegung und die Kosten. Mit dem Einsatz von PPS-Systemen werden gemeinhin folgende Ziele verfolgt [101]:
- kurze Durchlaufzeiten,
- hohe Flexibilität,
- hohe Termintreue,
- geringe Kapitalbindung durch niedrige Bestände,
- hohe und gleichmäßige Kapazitätsauslastung,
- hohe Auskunftbereitschaft,
- hohe Planungssicherheit (s. Abschn. 4).

Die ersten PPS-Systeme entstanden in den sechziger Jahren. Sie waren zumeist auf Großrechneranlagen implementiert und zielten auf die Einzeloptimierung von abgegrenzten Bereichen ab [103]. Die benötigten Daten wurden in regelmäßigen Abständen, oft nur wöchentlich, im Batch-Betrieb über Lochkarten eingelesen. Aufgrund ihrer starren Algorithmen waren diese Systeme sehr unflexibel und daher nur für die Großserienfertigung geeignet.

Durch den steigenden Konkurrenzdruck und den daraus resultierenden Anforderungen an Unternehmen sind PPS-Systeme heutzutage in fast allen produzierenden Unternehmen zu finden. Durch die gestiegene Rechnerleistung, die Verwendung von Datenbanken sowie dem Wunsch nach integrierten Systemen zur Unterstützung der Auftragsabwicklung bieten heutige PPS-Systeme eine umfassende Funktionalität, die über die Kernbereiche der Mengen-, Termin- und Kapazitätsplanung in der Produktion hinaus auch in die Beschaffung und den Vertrieb hineinreicht.

Zur Zeit werden am deutschen Markt etwa 250 Systeme angeboten, von denen etwa 80 bis 130 die Aufgaben der Produktionsplanung und -steuerung weitgehend abdecken [85]. In Bild 6-25 wird verdeutlicht, daß die Anzahl auf dem Markt verfügbarer Systeme weiter steigt. Bei der Auswahl eines PPS-

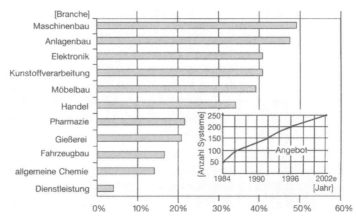

Bild 6-25. Branchenausrichtung und Marktangebot von PPS-Systemen

Systems ist jedoch zu beachten, daß eine Vielzahl der angebotenen Systeme sich nicht über einen längeren Zeitraum behaupten können oder nur in Nischenmärkten angeboten werden. Ein Indikator für den zunehmend breiteren Funktionsumfang von Standard-PPS-Systemen über den Maschinenbau hinaus ist der hohe Prozentsatz der Systeme, die eine Referenzinstallation in den Branchen Pharmazie, Chemie oder Dienstleistung vorweisen können.

6.8.2
Systemtechnik von PPS-Systemen

PPS-Anwendungssoftware ist zumeist modulweise aufgebaut. Dabei umfaßt ein Modul jeweils einen fest definierten Funktionsumfang (z. B. Lagerwesen). Der Informationsaustausch zwischen den Modulen findet über die Datenbank statt.

Trends in Richtung *„Client-Server-Architekturen"*, „dezentrale Unternehmensstrukturen" sowie dem Einsatz von Windows als Benutzeroberfläche und die ständig steigende Leistungsfähigkeit von PCs führen dazu, daß immer häufiger PC-Netzwerke die Basis für PPS-Systeme bilden (Bild 6-26).

Den größten Marktanteil besitzt das Betriebssystem Windows NT mit über 85%. Fast 80% der Systeme werden unter UNIX angeboten. Vorteile von UNIX und Windows NT-Systemen sind günstige Hardwarepreise bei sehr hoher Prozessorleistung. Einen deutlichen Marktanteil zeigen auch die

6.8 PPS-Systeme

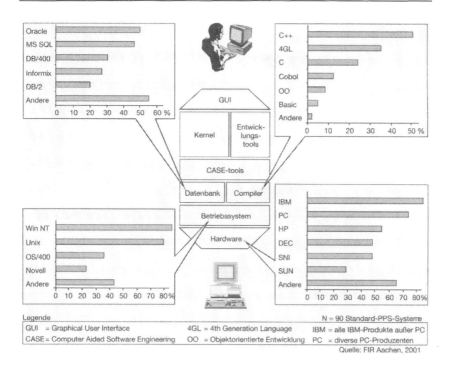

Bild 6-26. Systemtechnik von PPS-Systemen

Betriebssysteme OS/400 und die Novell Netware. Auch sie profitieren von den stark gestiegenen PC-Prozessorleistungen und den sinkenden Preisen.

Beim Datenbankkonzept sind heute nahezu ausschließlich relationale Datenbanken vertreten. PPS-Systemen ohne relationale Datenbank liegt ein Netzwerk-Datenmodell zugrunde, welches sich lediglich für kleine Mengen einfach strukturierter Daten eignet und den Anforderungen moderner PPS-Systeme, insbesondere „Client-Server-Architekturen", nicht mehr genügt. Sie spielen daher heute kaum noch eine Rolle.

Während früher Cobol die meist verbreitete Programmiersprache für die PPS-Systementwicklung war, werden heute verstärkt 4GL-Sprachen *(4th Generation Language)* der verschiedenen Datenbankanbieter verwendet. Bei der Verwendung von 4GL-Sprachen müssen Datenbankfunktionen nicht eigenständig programmiert werden. Außerdem stehen Werkzeuge zur Gestaltung von graphischen Benutzeroberflächen („GUI" = *Graphical User Interface*) zur Verfügung. Objektorientierte Entwicklungswerkzeuge werden bisher nur zu einem geringen Anteil verwendet.

258　　　　　　　　　　　　　　6　EDV-Systeme in der Arbeitsvorbereitung

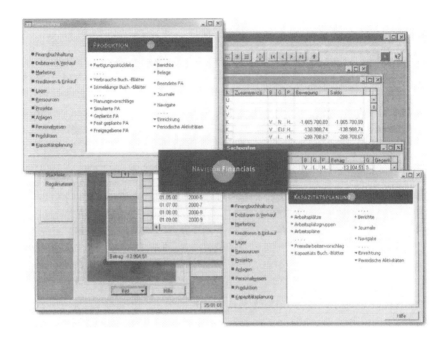

Bild 6-27. Moderne Oberflächen von PPS-Systemen

Auch bei PPS-Systemen hat sich Windows als Standard-Benutzeroberfläche durchsetzen können. In dem Bildschirmausschnitt eines modernen PPS-Systems in Bild 6-27 ist eine Übersicht über die enthaltenen Module zu sehen. Ein Vorteil moderner Systeme ist die Anpaßbarkeit an die Anforderungen der Anwender. Da kaum ein Anwender alle gezeigten Module zur Bewältigung seiner Aufgaben benötigt, wird im Rahmen der Systemeinführung ein übersichtliches Fenster mit den relevanten Funktionen für den Anwender erstellt.

6.8.3
Leistungsumfang von PPS-Systemen

Neben dem allgemeinen Wachstum des Umfangs an klassischen PPS-Funktionen war seit einigen Jahren eine Ausdehnung des Leistungsumfangs auf die der PPS angegliederten Bereiche zu beobachten. Fast alle PPS-Systeme unterstützen heute die betriebswirtschaftlichen Aufgaben der

6.8 PPS-Systeme

Auftragsabwicklung (Bild 6-28) und verfügen über eigene Module für die Bereiche Einkauf und Vertrieb. Das Rechnungswesen ist bei der Hälfte aller PPS-Systeme integriert. Bei PPS-Systemen, die diese Module nicht besitzen, sind *Schnittstellen* zu den betriebswirtschaftlichen Informationssystemen standardmäßig realisiert.

Größere Veränderungen finden heute im Bereich der Eigenfertigungsplanung und -steuerung statt. Neue Fertigungsorganisationskonzepte wie *Gruppenarbeit* oder *Kanban* führen zu Bestrebungen, verteilte PPS-Systeme zu konzipieren und einzusetzen. Anstatt wie bisher alles zentral und exakt zu planen, werden nun grobe Vorgaben in die Produktion gegeben: Das PPS-System muß Instrumente bereitstellen, die kurzfristig und flexibel Entscheidungen vor Ort unterstützen. Dabei sollen bisher zentral ausgeführte PPS-Aufgaben wie die Arbeitsplanerstellung oder der Materialabruf nunmehr dezentral EDV-gestützt durchgeführt werden können.

Zur Realisierung eines durchgängigen Informationsflusses zwischen allen an der Auftragsabwicklung beteiligten Bereichen werden PPS-Systeme häufig mit den technisch-orientierten Systemen der CAx-Bereiche gekoppelt. Das Hauptproblem bei der Integration von PPS- und CAx-Systemen liegt darin, daß noch kein einheitliches Nachrichtenformat für den Datenaustausch existiert. Die ISO-Norm 10303 (*STEP* – Standard for the Exchange of Product Model Data) bietet neue Perspektiven für die Kopplung beteilig-

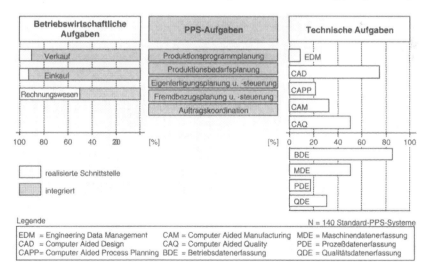

Bild 6-28. Leistungsstand von PPS-Systemen

ter Systeme (z.B. EDM, CAD, CAE, CAPP, CAQ, PPS) durch die Normierung eines den gesamten Produktlebenszyklus umfassenden Produktdatenmodells und durch Normierung einer Zugriffsschnittstelle für Produktdaten. Die in der Grafik angegebenen realisierten Schnittstellen beruhen zum größten Teil auf systemspezifischen Kopplungen.

Zur Durchsetzung der Planungsergebnisse aus dem PPS-System in die operativen Bereiche werden *Leitstände* und *Leitsysteme* verwendet. Die wesentlichen Funktionsbereiche können Bild 6-29 entnommen werden. Als Kernfunktionalität eines Leitstands wird die elektronische Plantafel angesehen. Mit ihr wird die Ressourcenbelegungsplanung unterstützt (s. Abschn. 4.4.3). Der Unterschied zwischen Leitständen und Leitsystemen besteht in den leittechnischen Funktionen, die die Integration der technischen Komponenten in der Fertigung, wie z.B. die Anbindung einer Hochregalsteuerung, leisten.

Der Einsatz von Leitständen erfolgt meist im Rahmen einer Ressourcenbelegungsplanung. Er ist aber nicht zwingend an Werkstattsteuerungsverfahren gebunden. Alle Leitstandseinsätze dienen der EDV-Unterstützung von Feinplanungsaktivitäten. Die Einsatzmöglichkeiten und die Vorgehensweisen zur Auswahl und Einführung von Leitständen sind Gegenstand der Forschung. Potentiale werden hier in der Flexibilisierung der Software sowie in neuen Koordinations- und Kommunikationskonzepten in der Fertigung gesehen.

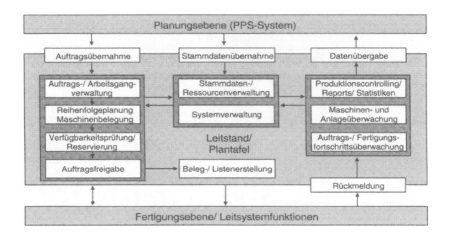

Bild 6-29. Leitstände/ Leitsysteme [86]

6.8.4
Auswahl und Einführung von PPS-Systemen

Die Auswahl und Einführung von PPS-Systemen stellt für die meisten Unternehmen ein Problem dar, zu dessen Lösung eine strukturierte Vorgehensweise erforderlich ist. Zunächst ist eine Reorganisation der Auftragsabwicklung durchzuführen, da vielfach eine unzweckmäßige und aufwendige Abwicklung ohne Nutzung der Vorteile EDV-gestützter Systeme in den Unternehmen zu beobachten ist. Erst auf Basis eines Soll-Konzepts der Auftragsabwicklung kann ein anforderungsgerechtes PPS-System so ausgewählt werden, daß sich Rationalisierungspotentiale umfassend erschließen lassen.

Eine bewährte Projektstruktur umfaßt die drei Phasen Reorganisation, Systemauswahl und Realisierung [110] (Bild 6-30). Gegenstand der Phase „Reorganisation" ist zunächst die formale und organisatorische Einrichtung des Projekts. Eine anschließende Ist-Analyse ermittelt den gegenwärtigen Ablauf der Geschäftsprozesse und liefert ein Bild der vorhandenen Schwachstellen. Die abschließende Festlegung des Soll-Konzepts erfaßt die Anforderungen an die Gestaltung der zukünftigen Auftragsabwicklung und die daraus abgeleiteten funktionalen Anforderungen an die EDV-Unterstützung.

Die Phase „Systemauswahl" umfaßt die Bereiche Vorauswahl, Endauswahl und Vertragsabschluß. Ziel der Vorauswahl ist es, möglichst schnell das Gesamtangebot relevanter PPS-Systeme auf eine kleine Gruppe von Favoriten zu reduzieren. Dafür ist aber die sorgfältige Erkundung des Markt-

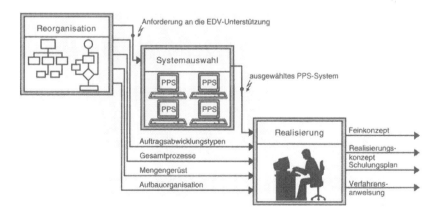

Bild 6-30. Projektstruktur

angebots nötig. Die Marktsituation ist jedoch aufgrund der Fülle von Merkmalen sehr unübersichtlich und scheint einen Überblick kaum zuzulassen. Dennoch sollte gerade der Vorauswahlphase besondere Aufmerksamkeit gewidmet werden, da die Folgekosten für ein ausgewähltes, ungeeignetes PPS-System den finanziellen Projektrahmen leicht überschreiten können.

Die Endauswahlphase besteht im wesentlichen aus Anbieter- und Anwendertests, in denen die Systeme der Favoritengruppe aufgrund von unternehmensspezifischen Testfahrplänen genau getestet werden. Mit der Auswertung der Tests sowie der Erstellung des Pflichtenhefts sind die Grundlagen für die Vertragsverhandlungen mit dem PPS-Anbieter sowie dem Hardwarelieferanten für das ausgewählte System geschaffen. Vertragselemente sind neben Hard- und Softwareverträgen auch die Systeminstallation, Anpassung, Wartung sowie Schulung von Personal.

Während der Realisierungsphase wird zunächst die Einführung des ausgewählten PPS-Systems organisatorisch vorbereitet. Hierzu sind die Abläufe der Auftragsabwicklung unter Berücksichtigung der softwaretechnischen Realisierbarkeit durch das ausgewählte PPS-System zu spezifizieren.

Im Rahmen der Realisierungsplanung werden alle Arbeitsschritte bis zum umfassenden Betrieb des neuen PPS-Systems detailliert festgelegt, terminiert und den Projektteammitgliedern zugewiesen. Von großer Bedeutung ist bei dieser Planung, ob es sich bei der Einführung des PPS-Systems um eine Ersteinführung oder eine Ablösung handelt, da bestehende Datenflüsse im alten PPS-System aufgebrochen werden müssen, die Qualität der Daten im abzulösenden PPS-System ungewiß ist und die Stabilität des Produktionsprozesses während der Ablösung von der Lauffähigkeit beider Systeme abhängt.

Im Anschluß an die Realisierungsplanung stellt die intensive Schulung und Einweisung der Anwender einen Projektschwerpunkt dar. Als Ausgangspunkt für die systemspezifische Qualifikation sollte eine grundlegende PPS-Qualifikation bereits vorhanden sein. Die Schulung der Mitarbeiter sollte möglichst vor der Installation des PPS-Systems abgeschlossen sein, damit die Mitarbeiter im Rahmen des Testbetriebs erste praktische Erfahrungen mit dem neuen System sammeln können.

Bei der Systemkonfiguration im Rahmen der Systeminstallation müssen die Systemparameter auf die Erfordernisse der Unternehmensabläufe eingestellt sowie die Benutzungsoberfläche angepaßt werden. Die speziellen Erfordernisse eines Unternehmens wird eine Standardsoftware nur in den seltensten Fällen ohne zusätzliche Anpassungen erfüllen können. Da es sich hierbei um individuelle Festlegungen handelt, ist es wichtig, die möglichst geringen, notwendigen Abweichungen vom Standard ausreichend zu dokumentieren.

Ist das PPS-System installiert und lauffähig, kann die Inbetriebnahme erfolgen. Dabei wird mit der Eingabe von Stammdaten bzw. der Übernahme von Daten aus dem alten PPS-System begonnen. Anschließend sollte die Erfüllung der gestellten Anforderungen durch das System im Testbetrieb geprüft werden. Die Einführung eines PPS-Systems ist abgeschlossen, wenn bei einer Ersteinführung die Auftragsabwicklung durchgängig durch das neue PPS-System unterstützt wird bzw. bei einer PPS-Ablösung alle Aufträge in dem neuen PPS-System abgewickelt werden und das alte PPS-System außer Betrieb genommen werden kann.

6.9
Integration von EDV-Systemen

Moderne Produktionsbetriebe sind heute durch einen vielfältigen Einsatz unterschiedlichster Rechnersysteme gekennzeichnet. Durch den abteilungsspezifischen Einsatz von Systemen läßt sich allerdings nur ein Teil der Rationalisierungsmöglichkeiten durch EDV-Systeme nutzen. Ein großes Potential liegt in der Umstellung der Kommunikation und der Realisierung eines durchgängigen Informationsflusses.

Computer Integrated Manufacturing (CIM) bezeichnet die integrierte Informationsverarbeitung für betriebswirtschaftliche und technische Aufgaben eines Industriebetriebs. Das bedeutet die Verwirklichung der Integrationsidee „EDV-Einsatz und rechnergestützter Informationsfluß in allen mit dem Fabrikbetrieb zusammenhängenden Bereichen".

6.9.1
Argumente für „Computer Integrated Manufacturing"

Die rechnerunterstützte Integration der Betriebsabläufe und Informationsflüsse kann die Leistungsfähigkeit und Wirtschaftlichkeit eines Unternehmens steigern. Strategische Ziele, die sich durch diese Integration erreichen lassen, sind:

- Steigerung der Wettbewerbsfähigkeit durch Flexibilität:
  - schnelleres Agieren am Markt,
  - anpaßbare Produktion,
  - Steigerung der Qualität und
  - termingerechtere Durchführung der Aufträge.
- Erhöhung der Produktivität durch:
  - kostenoptimale Produktion und
  - Transparenz des Betriebsgeschehens.

Unter Integration wird sowohl die *Daten- als auch die Vorgangsintegration* verstanden. *Datenintegration* bedeutet, daß dem gesamten betrieblichen Ablauf eine gemeinsame Datenbasis unterlegt wird. Diese ermöglicht eine konsistente und redundanzfreie Datenbereitstellung in allen Gliedern der Prozeßkette. Dadurch entfallen Informationsübertragungszeiten und es eröffnet sich die Möglichkeit, Abstimmungen direkt vorzunehmen. Die Abläufe können somit erheblich beschleunigt werden. *Vorgangsintegration* bedeutet die Reintegration von Teilfunktionen. Durch die funktionale Arbeitsteilung auf der Grundlage des Taylorismus wurden Vorgänge in mehrere Teilvorgänge untergliedert [13]. Dadurch ergeben sich Einarbeitungszeiten und lange Kommunikationswege, die ein erhebliches Rationalisierungspotential darstellen. Zusätzlich erschwert die Arbeitsteilung nach Taylor zielorientiertes Arbeiten, da der Gesamtprozeß nicht ausreichend bekannt ist. Durch die Unterstützung von Datenbanksystemen und benutzerfreundlichen Dialogverarbeitungssystemen besteht die Möglichkeit, komplexe Arbeitspakete transparenter zu machen. Damit entfallen Gründe, die zu einer konsequenten Arbeitsteilung führten, und es können Teilfunktionen an Arbeitsplätzen zusammengeführt werden. Beide Effekte, Datenintegration und Vorgangsintegration, bilden das Rationalisierungspotential von CIM [82].

Das wichtigste Kennzeichen der Integrationsidee ist der durchgängige rechnerunterstützte Informationsfluß zwischen den Abteilungen. Dieser Informationsfluß läßt sich in drei Schwerpunkte untergliedern (s. Bild 6-31).

In der *CIM-Kette* „Produkt" werden Daten zwischen den CAD-, CAPP-, CAM- und CAQ-Systemen ausgetauscht. Dabei handelt es sich um technische, produktbeschreibende Grunddaten. Die CIM-Kette „Produktionsplanung" verknüpft administrative Daten und Prozeßdaten. Die Daten numerisch gesteuerter Betriebsmittel in Fertigung und Montage werden der CIM-Kette „Produktion" zugeordnet. Wegen der Echtzeit-Anforderungen

6.9 Integration von EDV-Systemen

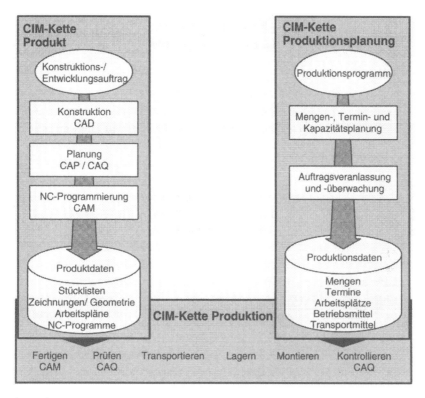

Legende:
CIM = Computer Integrated Manufacturing   CAM = Computer Aided Manufacturing
CAD = Computer Aided Design   CAQ = Computer Aided Quality Assurance
CAPP = Computer Aided Process Planning

Bild 6-31. CIM-Ketten im Produktionsbetrieb

dieser CIM-Kette ergibt sich die Notwendigkeit, die Daten der CIM-Kette „Produktionsplanung" sehr schnell zu übertragen, damit auf Ablaufstörungen reagiert werden kann. Die genannten Funktionsketten von CIM sind nicht in allen Fällen klar zu trennen. Je nach Fertigungsart können z.B. Produktspezifikation und -herstellung eng beieinanderliegen oder sogar überlappt ablaufen [75].

Ein durchgehender Informationsfluß hat zur Folge, daß die Produktinformationen in vielen Unternehmensbereichen als rechnerinterne Repräsentationen zur Verfügung stehen. Die klassischen Dokumente (z.B. Zeichnungen, Stückliste etc.) werden aus diesen Repräsentationen erzeugt. Im Bereich der Produktentwicklung und Konstruktion sind dies sogenannte rechnerinterne Modelle, auch als *Produktdatenmodelle* oder kurz *Produktmodelle* bezeichnet. Ein rechnerinternes Modell ist dabei die Menge an Informationen und ihre Beziehungen zueinander, die die Produkteigenschaften wiedergeben und die notwendigen Arbeitsoperationen zur Modellerstellung und -manipulation erlauben. Heutige Ansätze gehen davon aus, daß ein rechnerinternes Modell alle Informationen des gesamten Produktlebenslaufs, also von der Produktplanung bis hin zum Recycling, enthalten soll [15]. Dieses umfassende, integrierte und rechnerinterne Datenmodell stellt alle notwendigen Informationen über das Produkt (z.B. mechanische, elektrische Eigenschaften etc.) für die eingesetzten Anwendungen bereit. Die Anwendungsprogramme ermöglichen jeweils eine Sicht auf dieses Modell. Somit entfällt die Notwendigkeit, Daten weiterzugeben oder zu transformieren, da alle Rechnerapplikationen in den verschiedenen Abteilungen auf dasselbe integrierte Produktmodell zugreifen.

Durch diesen Integrationsansatz werden Produktinformationen strukturiert gespeichert und bereitgestellt. Außerdem kann der Zugriff auf diese Informationen gesteuert werden. Integrierte Systeme erlauben eine verteilte Produktdatenverarbeitung und erleichtern die Einführung von *Simultaneous Engineering*. Der gegenwärtige Stand der Technik ermöglicht eine solch umfassende Integration noch nicht, da die Spezifikation integrierter Produktmodelle noch nicht abgeschlossen ist und geeignete Datenbanken zur effizienten Speicherung komplexer technischer Objekte fehlen [15, 61].

6.9.2
Realisierung von CIM

CAx-Systeme besitzen heute weitgehend systemeigene rechnerinterne Modelle, deren genaue Datenstruktur von den Systemherstellern meist nicht offengelegt wird. Die Realisierung einer vollständigen Datenintegration ist daher mit erheblichem Aufwand verbunden. Bei den Bemühungen um Integration können vier Automatisierungsstufen unterschieden werden (s. Bild 6-32).

In Stufe 1 werden einzelne Aufgaben des Produktentstehungsprozesses (z.B. die Zeichnungserstellung in der Konstruktion) mittels EDV unterstützt [61]. Jedes Anwendungssystem hat seine eigene Datenhaltung. Mit Hilfe dieser Systeme werden die üblichen Unterlagen (Zeichnung, Stückliste etc.) erstellt. Änderungen der Daten werden nicht von einem System an das nächste durch-

6.9 Integration von EDV-Systemen

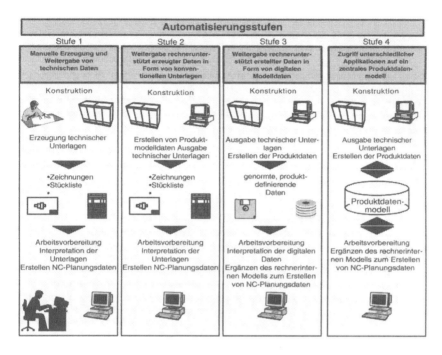

Bild 6-32. Automatisierungsstufen bei der Weitergabe technischer Daten [nach 15]

gereicht, für Konsistenz und Integrität ist der Anwender verantwortlich, was eine organisatorische Lösung erforderlich macht. Stufe 2 unterscheidet sich von Stufe 1 insofern, daß verstärkt Rechnersysteme in unterschiedlichen Bereichen eingesetzt werden. Es werden in diesen Unternehmensbereichen rechnerinterne Datenmodelle erzeugt, weitergegeben werden jedoch nach wie vor die üblichen Unterlagen wie Zeichnungen, Stückliste etc. Bezüglich Datenkonsistenz und Integrität unterscheiden sich die Stufen durch die Weitergabe von Modelldaten innerhalb der Bereiche. In Stufe 3 werden die Daten bereichsübergreifend digital weitergegeben. Dies kann entweder Offline, also in Form von Disketten oder Magnetbändern geschehen, oder On-line durch die Weitergabe von Dateien in einem Rechnernetz. Konventionelle Unterlagen werden zusätzlich erstellt und dienen der Dokumentation oder der Kommunikation zwischen Mitarbeitern. Stufe 4 stellt die System-Kopplung auf der Grundlage eines zentralen *Produktdatenmodells* dar, auf dessen Datenbestand unterschiedliche Applikationen zugreifen können. Dabei handelt es sich in der Regel um eine Datenbankapplikation, so daß der physikalische Transfer von Dateien vollständig entfällt.

Bei einer elektronischen Datenweitergabe sind die Schnittstellen zwischen den Systemen von großer Bedeutung. Datenaustausch im systemeigenen Datenformat kann fast nur zwischen Systemen gleicher Hersteller erfolgen. Diese Datenformate, z. B. das DXF-Format, stellen häufig einen „Quasi-Standard" dar. Eine Möglichkeit, um Datenaustausch auch zwischen Systemen unterschiedlicher Hersteller zu realisieren, bieten sogenannte applikationsspezifische Kopplungsprogramme. Ein solches Programm übersetzt das Datenformat des einen Systems in das des anderen. Da für jede Übertragungsrichtung ein Konverter notwendig ist, ist der Aufwand zur Verbindung einer größeren Anzahl von Systemen sehr hoch. Daher wurden eine Reihe genormter Datenformate entwickelt. Über diese standardisierten Schnittstellen können beliebige Systeme mit entsprechender Funktionalität miteinander gekoppelt werden. Bild 6-33 zeigt die vorhandenen Möglichkeiten des Datenaustauschs am Beispiel von CAD- und NC-Systemen.

Bereits in den 70er Jahren wurde mit der Entwicklung von standardisierten Schnittstellen begonnen. Heute verwendete Schnittstellen eignen sich für die Weitergabe geometrischer Daten, technischer Zeichnungen und anwendungsbezogener Repräsentationen, wie z. B. elektrotechnische oder pneumatische Schemadarstellungen. Die wichtigsten der derzeit existierenden Schnittstellen werden im folgenden kurz vorgestellt.

Die derzeit am weitesten verbreitete Schnittstelle für Gestaltinformationen ist das Standarddatenformat *IGES (Initial Graphics Exchange Specification)*. Es wurde in den USA entwickelt und dient der Weitergabe von rechnerinternen Modelldaten zwischen CAD-Systemen. Die Übertragung erfolgt in Form von Dateien. Dabei werden Elemente zur Organisation geometrischer und nichtgeometrischer Produkteigenschaften ausgetauscht [48, 61].

Die französische Norm *SET (Standard d'Echange et de Transfer)* wurde ebenfalls zur Weitergabe von produktdefinierenden Daten entwickelt und besitzt einen ähnlichen Funktionsumfang wie IGES. Alle Modelldaten, die in CAD-Systemen generiert werden, können mit Hilfe dieser Norm weitergegeben und in einer allgemeingültigen Datenbasis gespeichert werden.

VDA-FS ist die Bezeichnung für die Flächenschnittstelle des Verbands der deutschen Automobilindustrie. Diese Norm wurde speziell zur Übertragung geometrischer Daten entwickelt. Sie beschränkt sich auf die Übertragung von Freiformflächen und Kurven beliebigen Grads.

Neben den genannten standardisierten Schnittstellen gibt es noch zahlreiche weitere Schnittstellenformate für spezielle Anwendungsfälle, wie z. B. CL-

6.9 Integration von EDV-Systemen

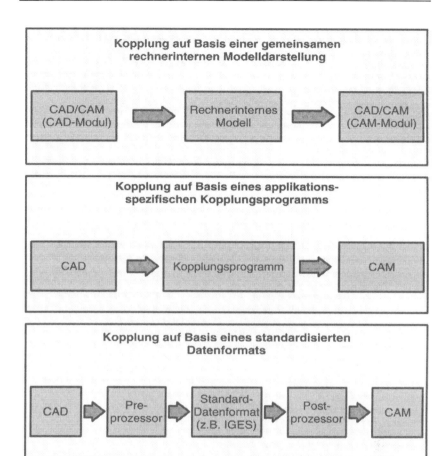

Bild 6-33. Möglichkeiten des Datenaustauschs zwischen CAD- und CAM-Systemen

DATA (Cutter Location Data), NCMES (Controlled Measuring and Evaluation System) und DMIS (Dimensional Measuring Interface Specification).

Die heute existierenden standardisierten Schnittstellen können nicht alle Anwendungsgebiete abdecken. Die Entwicklung der Normenreihe ISO 10303, „STEP" *(Standard for the Exchange of Product Model Data)*, die den Austausch von Produktdaten zwischen EDV-Systemen in allen Phasen des Produktlebenszyklus ermöglichen soll, ist Gegenstand der Forschung und wird in Abschn. 6.9.3 behandelt.

In den Integrationsstufen 1 und 2 sind den verwendeten Systemen eigene Datenbanken zugeordnet. In der Integrationsstufe 3 wird diese Datenorganisation mit zunehmendem Datenumfang sehr schwerfällig. In dieser Stufe müssen Informationen über den Bearbeitungszustand des jeweils durchgeführten Teilvorgangs übertragen werden. Zusätzlich entsteht Aufwand hinsichtlich mehrfacher Datenverwaltung, damit verbundener Redundanz, umständlicher Datenübertragung, sowie nur schwer einzuhaltender Konsistenzbedingungen [6]. Daher ist der Einsatz von Datenbanksystemen bzw. von Ingenieurdatenbanken sinnvoll. Für derartige Datenbanken werden synonym die Begriffe *Engineering Data Base (EDB)*, Product Data Management System (PDMS), Engineering Data Management System (EDMS) etc. gebraucht.

In Datenbanksystemen werden die Daten unabhängig von den Anwendungen, von denen sie benutzt werden, gespeichert und verwaltet. Dadurch wird eine kontrollierte Redundanz, Stabilität gegenüber Änderungen in der Dateiorganisation der verwendeten Rechner und Unabhängigkeit gegenüber Änderungen der Anwendungsprogramme gewährleistet. Der Zugriff auf die Bestände der Datenbank wird durch das Datenbankmanagement des Datenbanksystems geregelt. Aufgaben des Datenbankmanagements sind [61]:
- Einheitliche Verwaltung aller Daten,
- Strukturierung und Organisation der Verarbeitung durch ein Transaktionskonzept,
- Bereitstellung angemessener Handhabungskonzepte (Auswahl-, Speicherungs- und Zugriffsoperationen) auf große Datenmengen,
- Zugriffe auf Datenbeschreibungen („Datadictionary"),
- Durchführen von Integritätskontrollen,
- Kontrolle des Mehrbenutzerbetriebs,
- Mitführen von Protokollen,
- Konsistenzüberwachung,
- Synchronisation,
- Datenschutz und
- Datensicherung.

Ursprünglich wurde das Konzept einer zentralen Datenbasis verfolgt. Aufgrund der Nachteile, wie starke Abhängigkeit von der Verfügbarkeit einzelner Komponenten und schlechte Anpaßbarkeit an veränderte Anforderungen der Datenhaltung, wurden Konzepte mit verteilten Datenbanken entwickelt [120].

Als Standard-Datenbanken stehen hierarchische, relationale und objektorientierte Datenbanken zur Verfügung. Datenbanken, die auf einem relationalen Datenmodell basieren, werden derzeit am häufigsten, objektorientierte Datenbanken mit steigender Tendenz eingesetzt.

Trotz intensiver Entwicklung auf dem Bereich des Computer Integrated Manufacturing traten und treten in der Praxis Probleme auf. So existierte beispielsweise ein physisches Problem bei der Datenübertragung. Durch die Verständigung auf das Übertragungsprotokoll TCP/IP wurde dieses Problem gelöst. Ein heute noch bestehendes Problem ist, daß übertragene Daten logisch nicht zusammenpassen.

6.9.3
Integrationsschwerpunkte in der Forschung

Bei der Entwicklung zukünftiger EDV-Systeme werden verschiedene Konzepte zur Sicherstellung einer Integration verfolgt. Auf der Ebene des Datenaustauschs zwischen Systemen wird an der Standardisierung einer Produktdatenschnittstelle gearbeitet. Die Verknüpfung von Gestaltdaten mit technologischen und organisatorischen Informationen geschieht über die Definition sog. Features. Um zusätzlich die Erfahrungen aus der Produktion in den planenden Bereichen bereitzustellen, werden Regelkreismechanismen implementiert, die mittels einer Ingenieurdatenbank *(Engineering Database, EDB)* die verschiedenen Schritte innerhalb einer Prozeßkette direkt miteinander verbinden.

Unter den Einflüssen von bestehenden CAD-Schnittstellen (VDA-FS, SET, IGES etc.) und der Produktdatenschnittstelle PDES (Product Data Exchange Specification) wird in den internationalen Normungsgremien ISO (International Standardization Organization) die Schnittstelle „Standard for the Exchange of Product Model Data" entwickelt. Ziel des ISO-Gremiums ISO TC184 SC4 ist die Entwicklung einer internationalen Norm zur Definition eines Produktdatenmodells und zugehöriger Übertragungsformate, das alle im Produktlebenszyklus anfallenden Informationen und nicht nur die Verknüpfungen eines Teilbereichs der rechnerintegrierten Produktion umfaßt. Bild 6-34 zeigt die Anwendungsgebiete und Merkmale von Datenschnittstellen zum Austausch von produktdefinierenden Daten.

Aufgrund des großen Datenumfangs durch die Zielsetzung, den gesamten Produktlebenszyklus zu erfassen, wird das *STEP-Produktdatenmodell* in Partialmodelle aufgeteilt. Jedes Partialmodell spezifiziert die Informationen für ein abgegrenztes Sachgebiet. Die einzelnen Partialmodelle werden zu

	Austausch von Daten	IGES	SET	VDAFS	PDDI	CAD*I	STEP
Merkmale der Spezifikation	der Gestaltsdarstellung	●	●	●	●	●	●
	von Berechnungsergebnissen	●	●			●	●
	technische Zeichnungen	●	●				●
	schematische Darstellungen	●	●				●
	der Fertigungstechnik				●		●
	des Produktlebenszyklus						●
Anwendungsgebiete	formale Sprache				●	●	●
	Partialmodelle				●	●	●
	formal definiertes Dateiformat				●	●	●
	vorgegebene Prozessorarchitektur				●	●	●
	Softwarebausteine für Prozessoren				●	●	●
	definierte Systemschnitte				●	●	●

Legende:
IGES = Initial Graphics Exchange Specification
SET = Standard d'Echange et de Transfer
VDAFS = Verband der deutschen Automobilindustrie Flächenschnittstelle
PDDI = Product Definition Data Interface
CAD*I = Computer Aided Design Interface
STEP = Standard for the Exchange of Product Model Data

Bild 6-34. Alternative Datenaustauschformate [nach 15]

einem Gesamtmodell, „Integrated Product Information Model" (IPIM) genannt, zusammengefaßt. Neben den Partialmodellen gehören zum Gesamtkonzept von STEP noch die Spezifikationssprache EXPRESS sowie ein physikalisches Dateiformat inklusive der Abbildungsregeln von EXPRESS in dieses Format [120].

7 Zusammenfassung

Der vorliegende Band vermittelt grundlegende Kenntnisse über die Arbeitsvorbereitung, insbesondere über die auszuführenden Aufgaben und Tätigkeiten sowie über die wichtigsten Methoden und Hilfsmittel, die dabei zur Anwendung kommen. Vorrangiges Ziel der Ausführungen ist außerdem, bewährte Vorgehensweisen zu diskutieren und entsprechende Beispiele aufzuzeigen.

Die Arbeitsvorbereitung nimmt im Unternehmen eine zentrale Stellung ein. Sie verbindet die Konstruktion mit der Fertigung, indem sie auf Basis der in der Konstruktion erstellten Produktspezifikation die Produktherstellung plant. Der Unternehmensbereich *Arbeitsvorbereitung* kann in die Teilbereiche *Arbeitsplanung* und *Arbeitssteuerung* unterteilt werden. Während die Arbeitsplanung einmalige Planungstätigkeiten umfaßt, die den Fertigungsprozeß (Arbeitsablaufplanung) und die Fertigungsmittel (Arbeitssystemplanung) betreffen, beinhaltet die Arbeitssteuerung die Tätigkeiten der Auftragsabwicklung.

Unter dem Begriff der *Arbeitsablaufplanung* werden die kurz- bis mittelfristigen Aufgaben der Arbeitsplanung zusammengefaßt. Geplant werden die Schritte, die zur Fertigung, Prüfung und Montage der Produkte notwendig sind, beginnend mit der Prozeßplanung, also der Festlegung der Arbeitsvorgänge und ihrer Reihenfolge, über die weitere Detaillierung im Rahmen der Operationsplanung bis hin zur Montageplanung, Prüfplanung, NC/RC-Programmierung und Kostenplanung bzw. Kalkulation.

In der *Arbeitssystemplanung* werden aufbauend auf den Ergebnissen der Arbeitsablaufplanung die erforderlichen Fertigungs-, Lager- und Transportmittel festgelegt. Auf dieser Grundlage erfolgt dann die Planung des Personals und der Flächen und Gebäude. Überprüft wird das Ergebnis der Arbeitssystemplanung mit Methoden der Investitionsrechnung und Wirtschaftlichkeitsbewertung.

Die *Arbeitssteuerung* befaßt sich mit der Abwicklung konkreter Aufträge. Schwerpunkte bei der Arbeit sind die Produktionsprogrammplanung, also der Abgleich der Absatz- und der Produktionsmenge, die Produktionsbedarfsplanung, die mittelfristige Bestimmung der zur Produktion benötigten Ressourcen sowie die Planung von Fremdbezug und Eigenfertigung.

Die zentrale Stellung der Arbeitsvorbereitung im Unternehmen macht eine ablauf- und aufbauorganisatorische Integration mit Konstruktion und Fertigung notwendig. Ziel ist hierbei die integrierte Produkt- und Prozeßgestaltung mit enger Anbindung an die Fertigung. Dies erfordert neben organisatorischen Maßnahmen auch eine durchgängige EDV-technische Unterstützung der gesamten Prozeßkette.

8 Literaturverzeichnis

[1] *Otto, H.-G.*: Der Arbeitsplan als Datenträger für die Produktion. Industrial Engineering 2 (1972) Nr.1, S. 315.

[2] *Höth, H., Wienand, L.*: Rationalisierungsmethoden für die Arbeitsplanung, Teil 1. Hrsg. Rationalisierungskuratorium der Deutschen Wirtschaft (RKW) e.V. 1986.

[3] *Eversheim, W.*: Organisation in der Produktionstechnik, Band 1: Grundlagen. Düsseldorf: VDI Verlag 1996.

[4] *Minolla, W.*: Rationalisieren in der Arbeitsplanung, Schwerpunkt Organisation. Diss. RWTH Aachen 1975.

[5] *N. N.*: Handbuch der Arbeitsvorbereitung, Teil 1: Arbeitsplanung. Hrsg. Ausschuß für wirtschaftliche Fertigung (AWF) e.V./Rationalisierungskuratorium der Deutschen Wirtschaft (RKW) e.V. Berlin: Beuth Verlag 1968.

[6] *Eversheim, W., Bochtler, W., Humburger, R., Lenhart, M.*: Die Arbeitsplanung im geänderten produktionstechnischen Umfeld, Teil 1: Integration von Arbeitsplanung und Konstruktion. VDI-Z 137 (1995) Nr.3/4, S. 88–91.

[7] *N. N.*: Methodenlehre der Planung und Steuerung, Teil 1: Grundbegriffe. Hrsg. REFA-Verband für Arbeitsstudien und Betriebsorganisation e.V. München, Wien: Carl Hanser Verlag 1985.

[8] *Eversheim, W., Müller, G., Katzy, B. R.*: NC-Verfahrenskette. Berlin, Wien, Zürich: Beuth Verlag 1994.

[9] *Kief, H. B.*: NC/CNC Handbuch '95/96. München, Wien: Carl Hanser Verlag 1995.

[10] *Altmann, C.*: Dynamische Prozeßgestaltung in flexiblen Fertigungssystemen durch integrierte Arbeitsvorgänge. München: Carl Hanser Verlag 1991.

[11] *DIN 55 350*: Grundbegriffe des Qualitätsmanagements. Hrsg. Deutscher Normenausschuß. Ausg. 1992.

[12] *Eversheim, W.*: Organisation in der Produktionstechnik, Band 4: Fertigung und Montage. Düsseldorf: VDI-Verlag 1989.
[13] *Taylor, F. W.*: Die Grundsätze wissenschaftlicher Betriebsführung. München, Berlin: Oldenbourg-Verlag 1919.
[14] *Eversheim, W., Luczak, H. (Hrsg.)*: PPS-Jahrbuch '95/96. Köln: Verlag TÜV Rheinland 1995.
[15] *Eversheim, W., Schuh, G. (Hrsg.)*: Betriebshütte. Produktion und Management. 7. Neu bearb. Aufl. Berlin, Heidelberg, New York: Springer-Verlag 1996.
[16] *Eversheim, W., Cobanoglu, M., Jacobs, S.*: CAP für Automobilzulieferer. CIM Management 2/89, S. 4-9.
[17] *Eversheim, W., Bochtler, W., Humburger, R., Lenhart, M.*: Die Arbeitsplanung im geänderten produktionstechnischen Umfeld. Teil 2: Integration von Arbeitsplanung und Fertigung. VDI-Z 137 (1995), S. 54-57.
[18] *Eversheim, W.*: Organisation in der Produktionstechnik. Konstruktion. 3. Aufl. Berlin, Heidelberg, New York: Springer-Verlag 1997.
[19] *Pistorius, E.*: Informationsabbildungen für die automatisierte Arbeitsplanung. München, Wien: Carl Hanser Verlag 1985.
[20] *Arndt, W.*: Eine Lernmethode für automatisierte Arbeitsplanungssysteme. München, Wien: Carl Hanser Verlag 1980.
[21] *Diels, O. A.*: Systematischer Aufbau von Methodenbanken für die Arbeitsplanung dargestellt am Beispiel der Arbeitsplanerstellung und NC-Programmierung. Diss. RWTH Aachen 1989.
[22] *Ehrlich, H.*: Aufbau von inneren und äußeren Schnittstellen für die rechnerunterstützte Arbeitsplanung. Diss. Universität Hannover 1984.
[23] *Hellberg, K.*: Methoden zur automatischen Erzeugung von Arbeitsgangfolgen. Diss. Universität Hannover 1992.
[24] *N. N.*: Methodenlehre der Planung und Steuerung. Teil 3. Hrsg. REFA-Verband für Arbeitsstudien und Betriebsorganisation e. V. München: Carl Hanser Verlag 1985.
[25] *N. N.*: Product Data Representation and Exchange - Part 43: Integrated Generic Resources: Representation Structures; ISO 10303 - 43, 1994.
[26] *N. N.*: DIN 6789: Dokumentationssystematik. Berlin: Beuth Verlag 1990.
[27] *Eversheim, W., Marczinski, G., Cremer, R.*: Structured Modelling of Manufacturing Processes as NC-Data Preparation. In: Annals of the CIRP, Vol. 40/1/91.

[28] Hemgesberg, G.: Technische Materialplanung im Unternehmen mit Einzel- und Kleinserienfertigung – ein Beitrag zur Planung, Entwicklung und Realisierung neuer Fertigungskonzepte. Diss. RWTH Aachen 1975.
[29] Eversheim, W.: Arbeitsplanung, Handbuch der modernen Fertigung und Montage. München: Verlag Moderne Industrie 1975.
[30] N. N.: Methodenlehre der Betriebsorganisation, Arbeitsgestaltung in der Produktion. München: REFA-Verband 1991.
[31] Wiewelhove, W.: Automatische Detaillierung, Zeichnungs- und Arbeitsplanerstellung für Varianten. Diss. RWTH Aachen 1976.
[32] Herzog, H.-D.: Komplettbearbeitung auf einer Sechs-Achsen-Drehmaschine. In: wt Werkstattstechnik 80 (1990).
[33] Lehmann, W., Knupfer, S.: Drehverfahren und Drehmaschinen. In: VDI-Z 132 (1990), Nr. 9.
[34] Hügel, H.: Integration of laser material processing into metal cutting machine tools. In: Proceedings of „Laser Advanced Manufacturing Processes", Nagoaka, Japan 1992.
[35] Hügel, H. et al.: Integrierter Lasereinsatz erweitert Komplettbearbeitung in Drehzentren. In: VDI-Z 136 (1994), Nr. 4.
[36] Hager, D.: Konstruktion: Kosten gesenkt. In: Industrieanzeiger, Bd. 114 (1992), Heft 51.
[37] Bruckner, J., Ehrlenspiel, K.: Kosteninformationen für den Konstrukteur. In: VDI-Z 135 (1993), Nr. 11/12.
[38] Hemmerling, H.: Relativkosten in der Fertigungstechnik. In: AV 30 (1993) 2.
[39] Luczak, H.: Arbeitswissenschaft. Berlin u. a.: Springer-Verlag 1993.
[40] Hartmann, M.: Entwicklung eines Kostenmodells für die Montage – Ein Hilfsmittel zur Montageanlagenplanung. Diss. RWTH Aachen 1993.
[41] Womack, J.P., Daniel, T.J., Roos, D.: Die zweite Revolution in der Autoindustrie. 2.Aufl. Frankfurt/Main, New York: Campus Verlag 1991.
[42] AWF/REFA: Handbuch der Arbeitsvorbereitung – Teil1: Arbeitsplanung. Berlin, Köln: Beuth Verlag 1973.
[43] ISO 10303-1: Product data representation and exchange – Part 1: Overview and fundamental principles. Berlin u. a.: Beuth Verlag 1994.
[44] Cremer, R.: Informationsmodellierung für die integrierte Arbeitsplanung im Bereich der zerspanenden Fertigung. Diss. RWTH Aachen 1992.

[45] Rohr, M.: Automatisierte Technologieplanung am Beispiel der Komplettbearbeitung auf Dreh-/Fräszellen. Diss. Univ. Karlsruhe 1991.
[46] König, W.: Fertigungsverfahren, Bd. 1: Drehen, Fräsen, Bohren. Düsseldorf: VDI-Verlag 1981.
[47] Schäfer, G.: Integrierte Informationsverarbeitung bei der Montageplanung. Diss. Universität Erlangen-Nürnberg 1992.
[48] Gabriel, U., Dieckhoff, M. S.: CIM-Planung und -Einführung. Hrsg. H. Schulz. Berlin, Heidelberg, New York: Springer-Verlag 1990.
[49] Eversheim, W., Witte, K.-W., Peffekoven, K.-H.: Montage richtig planen. Fortschritt-Berichte VDI, Reihe 2, Nr. 45. Düsseldorf: VDI-Verlag 1981.
[50] Thaler, K.: Regelbasiertes Verfahren zur Montageablaufplanung in der Serienfertigung. Diss. Universität Stuttgart 1993.
[51] Park, H.-S.: Rechnerbasierte Montageplanung in der Mittelserienfertigung Fortschritt-Berichte VDI, Reihe 2, Nr. 256. Düsseldorf: VDI-Verlag 1992.
[52] Bullinger, H.J.: Systematische Montageplanung. München Wien: Carl Hanser Verlag 1986.
[53] N. N.: DGQ-Schrift Nr. 11-04. Begriffe zum Qualitätsmanagement. 5. Aufl. Hrsg. Deutsche Gesellschaft für Qualität e.V. Berlin: Beuth Verlag 1993.
[54] N. N.: DIN EN ISO 9001. Qualitätsmanagementsysteme. Modell zur Qualitätssicherung/QM-Darlegung in Design/Entwicklung, Produktion, Montage und Wartung. Berlin: Beuth Verlag 1994.
[55] Rinne, H.: Statistische Methoden der Qualitätssicherung. München, Wien: Carl Hanser Verlag 1989.
[56] Masing, W.: Handbuch Qualitätsmanagement. 3. Aufl. München, Wien: Carl Hanser Verlag 1994.
[57] N. N.: VDI/VDE/DGQ-Richtlinie 2619. Prüfplanung. Berlin: Beuth Verlag 1985.
[58] Pfeifer, T.: Qualitätsmanagement. Strategien, Methoden, Techniken. 2. Aufl.. München, Wien: Carl Hanser Verlag 1996.
[59] N. N.: DIN 8550: Fertigungsverfahren. Berlin: Beuth Verlag 1978.
[60] Hering, E., Triemel, J., Blank, H.-P.: Qualitätssicherung für Ingenieure. Düsseldorf: VDI Verlag 1993.
[61] Spur, G. (Hrsg.): Datenbanken für CIM. Berlin, Heidelberg, New York, London, Paris, Tokyo, Hong Kong, Barcelona, Budapest: Springer-Verlag 1992.

8 Literaturverzeichnis

[62] N. N.: Methodenlehre der Planung und Steuerung. Teil 2: Planung. Hrsg. REFA-Verband für Arbeitsstudien und Betriebsorganisation e. V. München: Carl Hanser Verlag 1991.

[63] N. N.: VDI-Richtlinie 2815, Blatt 5: Betriebsmittel. Düsseldorf: VDI Verlag 1978.

[64] N. N.: VDI-Richtlinie 3320: Werkzeugnummerung – Werkzeugnormung. Düsseldorf: VDI Verlag 1978.

[65] *Warnecke, H.-J., Dutschke, W.:* Fertigungsmeßtechnik. Berlin: Springer-Verlag 1984.

[66] *DIN 66215-1:* Programmierung numerisch gesteuerter Arbeitsmaschinen. CLDATA. Allgemeiner Aufbau und Satztypen. Berlin: Beuth Verlag 1974.

[67] *DIN 66215-2:* Programmierung numerisch gesteuerter Arbeitsmaschinen. CLDATA. Nebenteile des Satztyps 2000. Berlin: Beuth Verlag 1982.

[68] *DIN 66025-1:* Programmaufbau für numerisch gesteuerte Arbeitsmaschinen. Allgemeines. Berlin: Beuth Verlag 1983.

[69] *DIN 66025-2:* Industrielle Automation. Programmaufbau für numerisch gesteuerte Arbeitsmaschinen. Wegbedingungen und Zusatzfunktionen. Berlin: Beuth Verlag 1988.

[70] *DIN 66217:* Koordinatenachsen und Bewegungsrichtungen für numerisch gesteuerte Arbeitsmaschinen. Berlin: Beuth Verlag 1975.

[71] *Firmenschrift CAM-I Computer Aided Manufacturing International Inc.:* Dimensional Measuring Interface Specification. Version 2.1 Tex. 1989.

[72] *Hartmann, F., Hoppe, U., Schmidt, U., Steger, W.:* DMIS – Dimensional Measuring Interface Specification. wt Werkstattstechnik (80) 1990. S. 255–258.

[73] *DIN 66312-1:* Industrieroboter. Industrial Robot Language (IRL). Berlin: Beuth Verlag 1983.

[74] *Bernhardt, R., Landvogt, W., Schreck, G., Leichsenring, O.:* Bahnschweißen mit Industrierobotern bei den Automobilzulieferern. Zeitschrift für wirtschaftliche Fertigung Band 89 Heft 4. 1994. S 419–422.

[75] *Kirsch, J., Müller, A.:* CIM-Strategie als Teil der Unternehmensstrategie. Hrsg. A.-W. Scheer. Berlin, Heidelberg, New York: Springer-Verlag 1990.

[76] *Eversheim, W., Humburger, R., Pollack, A.:* Wirtschaftlicher Verfahrensvergleich mit prozeßorientierter Kalkulation. In: io Management Zeitschrift 63 (1994) Nr. 5, S. 41–46.

[77] *Troßmann, E., Trost, S.*: Was wissen wir über steigende Gemeinkosten? – Empirische Belege zu einem vieldiskutierten betrieblichen Problem. In: krp 40 (1996) H. 2, S. 65–73.

[78] *Horváth, P., Renner, A.*: Prozeßkostenrechnung. In: FB/IE 39 (1990), 3, S. 100–107.

[79] *Eversheim, W., Kümper, R., Gupta. C.*: Verursachungsgerechte Vorkalkulation. In: krp (1994) 4, S. 239–243.

[80] *REFA*: Methodenlehre des Arbeitsstudiums, Teil 1 Grundlagen, 7. Aufl. München: Carl Hanser Verlag 1984.

[81] *REFA*: Methodenlehre des Arbeitsstudiums, Teil 3 Kostenrechnung Arbeitsgestaltung, 7.Aufl. München: Carl Hanser Verlag 1985.

[82] *Scheer, A.-W.*: CIM Der computergesteuerte Industriebetrieb. Berlin, Heidelberg, New York, London, Paris, Tokyo, Hong Kong, Barcelona, Budapest: Springer-Verlag 1992.

[83] *Hackstein, R., Heeg, F.-J., v.Below, F. (Hrsg.)*: Arbeitsorganisation und Neue Technologien. Berlin: Springer Verlag 1986.

[84] *Backhaus, K., Erichson, B., Plinke, W., Weiber, R.*: Multivariante Analysemethoden – Eine anwendungsorientierte Einführung. Berlin: Springer-Verlag 1990.

[85] *Kampker, R., Wienecke, K.*: Produktionsprogrammplanung mit PPS/ERP-Systemen – aktuelles Marktangebot und Entwicklungstendenzen bei Standard-PPS-/ERP-Systemen. FB/IE 50 (2001) 2, S. 52–64

[86] *Hoff, H., Reinhart, U., Hammer, H.-J.*: Leitstände/Leitsysteme. HIR – Marktstudie. Ausgabe 1993/94.

[87] *Göttker, A.*: Untersuchung rechnergestützter Verfahren zur Teilefamilienbildung. Diss. Universität Dortmund 1990.

[88] *Künzel, R.*: Strukturierung von großen Werkstückspektren mit Verfahren der klassischen und unscharfen Datenanalyse. Aachen: Shaker-Verlag 1996.

[89] *Opitz, H.*: VDW-Forschungsbericht -Entwicklung eines werkstückbeschreibenden Klassifizierungssystems. Verein deutscher Werkzeugmaschinenfabriken, 1966.

[90] *N. N.*: Informationsmaterial zum elektronischen Werkzeugdatenaustausch mit ToolBase. Aachen: CIM GmbH.

[91] *N. N.*: Anwendungsdokumentation EXAPT Betriebsmittelorganisation. Aachen: EXAPT Systemtechnik GmbH.

[92] *N. N.*: DIN 4000 – Sachmerkmal-Leisten. Berlin: Beuth Verlag 1991.

[93] Warnecke, H.-J., u.a.: Wirtschaftlichkeitsrechnung für Ingenieure. München: Carl Hanser Verlag 1991.
[94] N. N.: Wachstum gestoppt. Roboter – Portrait einer Branche. Sonderpublikation der Zeitschrift Roboter. 1993. S. 8–17.
[95] Hackstein, R.: Produktionsplanung und -steuerung – Ein Handbuch für die Betriebspraxis. Düsseldorf: VDI Verlag 1989.
[96] Hornung, V., Laakmann, J., Much, D., Nicolai, H., Schotten, M.: Aachener PPS-Modell – Das Aufgabenmodell. Sonderdruck 6/94 des Forschungsinstituts für Rationalisierung -fir-. 1. Auflage, Aachen 1994.
[97] Zimmermann, G.: Produktionsplanung variantenreicher Erzeugnisse mit EDV. Berlin: Springer-Verlag 1988.
[98] Luczak, H.: Rationalisierung und Reorganisation. Skript zur Vorlesung. Aachen: Eigendruck 1996.
[99] Kurbel, K.: PPS – Methodische Grundlagen von PPS-Systemen und Erweiterungen. München, Wien: Oldenbourg Verlag 1993.
[100] Wiendahl, H.-P.: Betriebsorganisation für Ingenieure. München, Wien: Carl Hanser Verlag 1989.
[101] Much, D., Nicolai, H.: PPS-Lexikon. Berlin: Cornelsen Verlag 1995.
[102] Dorninger, Chr., Janschek, O., Olearczik, E.: PPS – Produktionsplanung und -steuerung. Konzepte, Methoden, Kritik. Wien: Carl Ueberreuter 1990.
[103] Kernler, H.: PPS der 3. Generation: Grundlagen, Methoden, Anregungen. Heidelberg: Hüthig Buch Verlag 1993.
[104] Hartmann, H.: Materialwirtschaft – Organisation, Planung, Durchführung, Kontrolle. Gernsbach: Deutscher Betriebswirte Verlag 1993.
[105] Rommel, G., Brück, F., Diederichs, R., Kempis, R.-D., Kluge, J.: Einfach überlegen. Das Unternehmenskonzept, das die Schlanken schlank und die Schnellen schnell macht. Stuttgart: Schäffer-Poeschel Verlag 1993.
[106] Burger, C.: Verteilte Produktionsregelung mit simulations- und wissensbasierten Informationssystemen. Berlin, Heidelberg: Springer-Verlag 1992.
[107] Glaser, H., Geiger, W., Rohde, V.: PPS – Grundlagen-Konzepte-Anwendungen. Wiesbaden: Gabler Verlag 1991.
[108] Scheer, A.-W.: Wirtschaftsinformatik. München, Heidelberg: Springer-Verlag 1994.
[109] Fandel, G., Francois, P., Gubitz, K.-M.: PPS-Systeme – Grundlagen-Methoden-Software-Marktanalyse. Berlin u. a.: Springer-Verlag 1994.

[110] *Grünewald, Chr., Schotten, M.*: Marktspiegel PPS-Systeme auf dem Prüfstand. Überprüfte Leistungsprofile von Standard EDV-Systemen für die Produktionsplanung und -steuerung. Hrsg. H. Luczak, W. Eversheim. Köln: TÜV Rheinland 1994.
[111] *Horvath, P.*: Controlling. München: Vahlen Verlag 1994.
[112] *Sames, G., Büdenbender, W.*: Aachener PPS-Modell – Das morphologische Merkmalsschema. Aachen: Sonderdruck 4/90 des Forschungsinstituts für Rationalisierung -fir-. 4. Auflage, 1995.
[113] *Hornung, V., Laakmann, J., Heiderich, T., Much, D., Schotten, M.*: Aachener PPS-Modell – Das Prozeßmodell. Aachen: Sonderdruck 10/95 des1 Forschungsinstituts für Rationalisierung -fir-. 2. Auflage, 1996
[114] *Böhmer, D.*: Einrichtung von Auftragsleitstellen auf der Grundlage eines Referenzmodells. Diss. RWTH Aachen. Verlag Shaker 1994.
[115] *Büdenbender, W.*: Ganzheitliche Produktionsplanung und -steuerung. Diss. RWTH Aachen 1991. Berlin, Heidelberg: Springer-Verlag 1991.
[116] *Sander, U.*: Simultane Kapazitäts- und Reihenfolgeplanung bei variantenreicher Serienfertigung. Diss. RWTH Aachen. Aachen: Verlag der Augustinus Buchhandlung 1994.
[117] *Corsten, H. (Hrsg.)*: Handbuch Produktionsmanagement. Wiesbaden: Gabler Verlag 1994.
[118] *N. N.*: Product Data Representation and Exchange – Part 42: Integrated Resources: Geometric and Topological Representation; ISO 10303 – 42, 1994.
[119] *N. N.*: Product Data Representation and Exchange – Part 41: Integrated Generic Resources: Fundamentals of Product Description and Support; ISO 10303 – 41, 1994.
[120] *Marczinski, G.*: Verteilte Modellierung von NC-Planungsdaten: Entwicklung eines Datenmodells für die NC-Verfahrenskette auf Basis von STEP (Standard for the Exchange of Product Model Data). Diss. RWTH Aachen 1993.
[121] *Wildemann, H. (Hrsg.)*: Flexible Werkstattsteuerung durch Integration von Kanban-Prinzipien. München: CW-Publikationen 1984.
[122] *Weck, M.*: Werkzeugmaschinen, Fertigungssysteme, Band 3. Düsseldorf: VDI-Verlag 1989.
[123] *N. N.*: Qualitätssicherung. Band 7 der Reihe Rechnerintegrierte Konstruktion und Produktion. Hrsg. VDI-Gemeinschaftsausschuß CIM. Düsseldorf: VDI Verlag 1992.

8 Literaturverzeichnis

[124] *Wiendahl, H.-P.*: Belastungsorientierte Fertigungssteuerung. Grundlagen, Verfahrensaufbau, Realisierung. München, Wien: Carl Hanser Verlag 1987.

[125] *Beier, H. H., Schwall, E.*: Fertigungsleittechnik. München, Wien: Carl Hanser Verlag 1991.

[126] *Brankamp, K.*: Planung und Entwicklung neuer Produkte. Berlin: Walter de Gruyter & Co. Verlag 1971.

[127] *VDI-Gemeinschaftsausschuß Produktplanung*: Arbeitshilfen zur systematischen Produktplanung. VDI-Taschenbuch T 79. Düsseldorf: VDI Verlag 1978.

[128] *Bochtler, W.*: Modellbasierte Methodik für eine integrierte Konstruktion und Arbeitsplanung. Ein Beitrag zum Simultaneous Engineering. Diss. RWTH Aachen 1996.

[129] *Saretz, B.*: Entwicklung einer Methodik zur Parallelisierung von Planungsabläufen. Diss. RWTH Aachen 1993.

[130] *Krause, F.-L., Hayka, H., Jansen, H.*: Produktmodellierung als Basis für eine wettbewerbsfähige Produktentwicklung. In: Produktdatenmodellierung und Prozeßmodellierung als Grundlage neuer CAD-Systeme. Hrsg. J. Gausemeier. Tagungsband Fachtagung der Gesellschaft für Informatik e.V., 17. – 18.03.1994. München, Wien: Carl Hanser Verlag 1994.

[131] *Eversheim, W., Bochtler, W., Laufenberg, L.*: Simultaneous Engineering – von der Strategie zur Realisierung. Erfahrungen aus der Industrie für die Industrie. Heidelberg: Springer-Verlag 1995.

[132] *Sessenhausen, H.*: Zusammenarbeit Konstruktion – Arbeitsplanung. In: VDI-Bericht 995: Arbeitsplanung – das Bindeglied zwischen Konstruktion und Fertigung. Tagung München, 22. U. 23. Okt. 1992. Tagungsband, S. 1 – 18. Düsseldorf: VDI Verlag 1992.

[133] *Stuffer, R.*: Planung und Steuerung der integrierten Produktentwicklung. Diss. TU München 1994.

[134] *Albers, A.*: Simultaneous Engineering, Projektmanagement und Konstruktionsmethodik – Werkzeuge zur Effizienzsteigerung. In: VDI-Berichte 1120: Entwicklung und Konstruktion im Strukturwandel, S. 73 – 105. Düsseldorf: VDI Verlag 1994.

[135] *ElMaraghy, W.H., ElMaraghy, W.*: Bridging the Gap between Process Planning and Production Planning and Control. 24th CIRP Seminar on Manufacturing Systems, Kopenhagen, Juni 1992. Bern: Hallwag-Verlag 1992.

[136] *Beckendorf, U.*: Reaktive Belegungsplanung für die Werkstattfertigung. Diss. Universität Hannover 1991.

[137] *Schneewind, J.*: Entwicklung eines Systems zur integrierten Arbeitsplanerstellung und Fertigungsfeinplanung und -steuerung für die spanende Fertigung. Diss. RWTH Aachen 1994.

[138] *Dilthey, U., Stein, L.*: Robotersysteme zum Lichtbogenschweißen – Stand und Entwicklungstendenzen. Schweißen und Schneiden Band 44 Heft 8 1992. S. 436–440.

[139] *Eversheim, W.*: Prozeßorientierte Unternehmensorganisation. Berlin, Heidelberg, New York: Springer-Verlag 1995.

[140] *Grayer, A.R.*: A Computer Link between Design and Manufacturing. Ph.D. Thesis. U.K.: University of Cambridge 1976.

[141] *N. N.*: ISO 10303-1 Product Data Representation and Exchange -Part 1: Overview and Fundamental Principles. ISO TC 184 SC 4. 1993.

[142] *Krause, F.-L., Ciesla, M., Rieger, E., Stephan, M., Ulbrich, A.*: Features als semantische Objekte. Teil I und II. In CAD-CAM Report (1994) Nr. 7 und 8, S. 80 ff. und S. 68 ff.

[143] *Zeller, P.*: Automatisierte Prüfplanerstellung und Zeichnungsgenerierung. Diss. RWTH Aachen 1990.

[144] *Rieger, E.*: Semantikorientierte Features zur kontinuierlichen Unterstützung der Produktgestaltung. Diss. Technische Universität Berlin 1994.

[145] *Shah, J. J., Mäntylä, M.*: Parametric and Feature-Based CAD/CAM. New York et al.: John Wiley & Sons 1995.

[146] *N. N.*: Integrierter EDV-Einsatz in der Produktion – Begriffe, Definitionen, Begriffszuordnungen, AWF. Eschborn 1985.

[147] *Züst, R.*: Wie läßt sich die Arbeitsvorbereitung automatisieren?. In: Management Zeitschrift 59 (1990) Nr. 11.

[148] *Eversheim, W., Schneewind, J.*: CAP-Einführung. Leitfaden mit Arbeitsmitteln für den Maschinenbau. Eschborn: RKW-Verlag 1993.

[149] *Grenz, J.*: CAP-System ermöglicht einfache Arbeitsplanerstellung: Weniger Reklamationen bei halber Durchlaufzeit. In: Industrieanzeiger 28/95.

[150] *Hamelmann, S.*: Rechnerunterstützte Arbeitsplanung – was gibt der Markt her?. In: AV 30 (1993) 2.

[151] *Hamelmann, S.*: So machen es andere. In: AV 31 (1994) 5.

[152] *Haasis, S.*: Grundlage: Technologieorientierte CAD-Funktionselemente. In: wt-Produktion und Management 84 (1994).

[153] *Haasis, S., Mischkolin, F., Züfle, J.*: Kopplung eines featurebasierten CAD-Systems mit einem wissensbasierten System. In: ZwF 89 (1994) 11.
[154] *Meyhak, H.*: Entscheidungstabellentechnik. Heidelberg: Sauer-Verlag 1975.
[155] *Haacke, U. v., Hannen, C., Lindemann, T., Mischke, B.*: Marktspiegel CAQ-Systeme. Untersuchung von Computer Aided Quality Management Systemen. Köln: Verlag TÜV Rheinland 1995.
[156] *Hartung, S.*: EDV-gestützte Prüfplanung auf Basis des Programmsystems QUAPLA-PC. In: Seminarunterlagen Prüfplanung. Düsseldorf: VDI-Bildungswerk 1991.
[157] *N. N.*: DGQ-Schrift Nr. 14-20. Rechnerunterstützung in der Qualitätssicherung (CAQ). Hrsg. Deutsche Gesellschaft für Qualität e. V. Berlin: Beuth Verlag 1987.

9 Sachwortverzeichnis

ABC-Analyse 130
Ablaufmodell 165
Abruf, produktionssynchron 175
Absatzlager 158
Absatzplanung 126, 128ff.
Absatzprognose 129
Absatzprogramm 177
Abschreibung 115
Ähnlichkeit, fertigungstechnisch 18
Amortisationsdauer 116
Analyse, Information 217
Analyse, Tätigkeit 217
Analyse, Werkstück 217
Anfragebewertung 154
Angebotsbearbeitung 153ff.
Angebotsbewertung 151
Angebotseinholung 151
Angebotskalkulation 154
Anlagenbau 166
Annuität 119
Anordnungsstruktur 100
Anpassungsplanung 19
Anteilsfaktoren 182
Arbeitsablaufplanung 7ff.
Arbeitsaufgabe 98
Arbeitsgestaltung 98
Arbeitsplan 24, 138, 170

Arbeitsplanerstellung 24
Arbeitsplanerstellungssysteme 214
Arbeitsplanung 3, 24
Arbeitsplanung, Rationalisierung 215
Arbeitsplanungsarten 18ff.
Arbeitsplatzfläche 113
Arbeitssteuerung 3, 13ff.
Arbeitssteuerung, Ausprägungen 165ff.
Arbeitssystemcontrolling 162
Arbeitssystemgestaltung 98
Arbeitssystemplanung 11ff., 97ff.
Arbeitsvorbereitung 3f.
Arbeitsvorgangsfolgeermittlung 214
Auftragsabwicklung 5
Auftragsauslösungsart 165
Auftragserfassung 153
Auftragsfertiger 165, 167ff.
Auftragsfreigabe 148
Auftragsfreigabe, belastungsorientiert 148, 194ff.
Auftragsführung 156
Auftragsgrobterminierung 155
Auftragsklärung 153, 155
Auftragskoordination 124, 152ff.

Auftragsleitstelle 170
Auftragsnetzcontrolling 162
Auftragsüberwachung 148
Ausgangsteilbestimmung 25
Auslieferungslager 158
Außenmontage 172
Automatisierbarkeit 214
Automatisierung 215, 218
Automatisierungsgrad 226
Automobilzulieferer 173

Baukastenvorrichtung 75
Bearbeitung, integrierte 31
Bearbeitung, sequentielle 31
Bearbeitungszeit 144
Bedarfsermittlung 130
Bedarfsermittlung, stochastisch 135
Belegungszeit 138
Bereitstellungsfläche 113
Bereitstellungslager 107, 158
Beschaffungsart 134
Beschaffungsartzuordnung 137
Beschaffungskosten 151
Beschaffungslager 158
Beschaffungsprogramm 133
Beschickungszeit 108
Bestandssteuerung 157, 158f.
Bestellfreigabe 152
Bestellmenge, wirtschaftlich 150
Bestellrechnung 150, 152
Bestellüberwachung 152
Betriebmittelverwaltungssystem 249
Betriebsdatenerfassung 149
Betriebsmittel 69
Betriebsmittelplanung 70

Bevorratung 130
Bevorratungsebene 127, 130
Bindeglied zwischen Konstruktion und Fertigung 199
Boundary-Representation-Modell (B-Rep-Modell) 239
Bruttoprimärbedarf 131
Bruttosekundärbedarf 134
Bruttosekundärbedarfsermittlung 134
Buchbestand 161

CAD / CAM-Systeme 85
CAQ-Elemente 231
CA-System 213
Chargenverwaltung 157, 160
CIM-Kette 265
CLDATA 79
Client-Server-Architekturen 256
Clusteranalyse 102
Computer Aided Planning (CAP) 225
Computer Aided Process Planning Systeme (CAPP) 219, 225
Computer Aided Quality Assurance Systeme (CAQ) 219
Computer Aided Quality Management Systeme (CAQ) 231
Computer Integrated Manufacturing (CIM) 263

Datenaustausch 219
Datenbank, relational 257
Datenintegration 264
Datenverdichtung 127
Dialogplanung 214

Dispositionsparameter 130
Dispositionsstrategie 130
Dispositionsstufe 135
Dispositionsstufenverfahren 135
Durchlaufterminierung 137
Durchlaufzeit 124, 187
Durchlaufzeit, mittel gewichtet 195
Durchlaufzeitverkürzung 145
Durchschnittsgewinn 115

Ecktermine 140
EDV-Einführung 218
EDV-Einsatz 213
EDV-Systeme 213, 218
EDV-Systeme, Einführung 219
EDV-Systeme, Feinauswahl 221
EDV-Systeme, Grobauswahl 220
EDV-Systeme, Marktübersicht 220
EDV-Unterstützung 213
Eigenfertigungsplanung 124
Eigenfertigungsplanung und -steuerung 140
Eigenfertigungssteuerung 124
Einkauf 127
Einmalfertiger 165
Einmalfertigung 168
Einzelarbeit 111
Einzelauftragsfertiger 127
Einzelfertigung 168, 180
Endwert 117
Engineering Data Base (EDB) 270, 271
Entnahme, geplant 159
Entscheidungstabelle 230
Erstellungsaufwand 18
Erzeugnis 126

Erzeugnisspektrum 179
Expertensystem 214

Features 219
Feature-Technologie 221
Fehlermöglichkeits- und Einflußanalyse (FMEA) 63
Feinabruf 175
Feinterminierung 144
Fertigungsdurchlaufzeit 127
Fertigungsfeature 222
Fertigungskapazitäten 139
Fertigungslose 144
Fertigungsmittel 70
Fertigungsmittelauswahl 33
Fertigungsmittelplanung 99ff.
Fertigungsstufe 135
Fertigwarenlager 158
First In First Out (FIFO) 142, 171
Fläche, Zwischenlager 113
Flächenplanung 60, 112ff.
Flexibilität 124, 187
Fließfertigung 176, 183
Fließmontage 176, 183
Fortschrittszahlenkonzept 173, 193ff.
Fortschrittszahlentechnik 194
4th Generation Language (4GL-Sprache) 257
Freigaberegeln 148
Fremdbezugsplanung 124, 149
Fremdbezugssteuerung 124, 149
Führungsaufgabe 112

Gantt-Diagramm 60
Gewinnvergleichsrechnung 116

Graphical User Interface (GUI) 257
Grobarbeitsplan 132, 139
Grobterminierung 154
Grundkonstruktion 167
Gruppenarbeit 111, 259
Gruppenmontage 176, 180

Halbteilelager 183
Handhabungskosten 110
Hohlformwerkzeug 73

IGES (Initial Graphics Exchange Specification) 235, 268
Informationsaufbereitung 162f.
Informationsbewertung 162, 163f.
Informationskonfiguration 162, 164
Inselfertigung 168, 176, 180
Integration, datentechnisch 202
Integrationsansätze, organisatorisch 201
Integrierend wirkende Methoden 202
Inventur 157, 161
Inventurerfassungsliste 161
Inventurumfang 161
Investitionsprojekt 117

Just-in-Time-Prinzip (JiT) 189, 192

Kanban 191, 259
Kanban-Konzept 189

Kanbanlosgrößen 186
Kanbanpuffergrößen 186
Kanbansteuerung 183
Kapazitätsabgleich 140, 146
Kapazitätsabstimmung 139, 146
Kapazitätsangebot 139, 146
Kapazitätsanpassung 140
Kapazitätsauslastung 123, 187
Kapazitätsbedarf 139, 146
Kapazitätsbedarfsplan 139
Kapazitätsbelegung 148
Kapazitätsdeckungsrechnung 132, 156
Kapazitätsprofil 132, 139
Kernaufgabe 124
Kleinserienfertigung 168, 180
Kommissionierlager 107
Komponente 126
Konstruktionsberatung 21, 202
Konstruktionsfeature 222, 223
Konto, dispositiv 159
Kontrollblock 193
Kontrollzeit 138
Kostenplanung 89
Kostenvergleichsrechnung 116
Kundenänderungseinflüsse 187
Kundenspezifikation 167

Lager, Bedienart 108
Lageraufgaben 106
Lagerausführung 108
Lagerbestand 187
Lagerbestand, physisch 159
Lagerbestand, Reichweite 130
Lagerbewegungen 158
Lagerbewegungsführung 157, 158
Lagerfertiger 165, 167, 183ff.

9 Sachwortverzeichnis

Lagerfrequenz 108
Lagerfunktion 107
Lagergut 107
Lagerhilfsmittel 108
Lagerkennlinien 130
Lagerkontrolle 157, 160
Lagerkonzept 107
Lagerkosten 110, 151
Lagerorganisation 108
Lagerort 107, 158
Lagerortbewegung 157
Lagerortverwaltung 159
Lagerplanung 99
Lagerplatz 158
Lagerplatzbewegung 157
Lagerplatzverwaltung 159
Lagersystem 106
Lagerwesen 124, 157ff.
Laufkarte 148
Leitstand 189, 260
Leitsystem 260
Lieferabruf 177
Lieferantenauswahl 151, 172
Lieferantenbewertung 152
Lieferterminplanung 154
Lohnart 42f.
Lohnschein 148
Losaufteilung 145
Losgrößenrechnung 144
Loszusammenfassung 145

Make-or-Buy-Entscheidung 95
Management Requirements Planning (MRP II) 190
Management Resources Planning 190ff.
Maschinenauswahl 33ff.

Maschinengrundfläche 113
Massenfertigung 173, 183
Material Requirements Planning (MRP I) 190
Material, chargenpflichtig 160
Materialannahme 158
Materialbedarfsplanung 59
Materialbereitstellung 60
Materialbestandslisten 160
Materialdeckungsrechnung 132, 156
Materialprofil 132
Materialschein 148
Materialwirtschaft 133
Mehrmaschinenbedienung 111
Mengenprüfung 158
Merkmalschema, morphologisch 165
Meß- und Prüfmittel 70
Meßmaschinenprogrammierung 87
Mittelpunktterminierung 138, 145
Montageablaufplanung 57ff.
Montageablaufplanung, auftragsneutrale 59
Montageablaufplanung, auftragsspezifische 58
Montageanlagenplanung 57ff.
Montagearbeitsplan 59
Montageplan 59
Montagereihenfolge 59
Morphologie 165

NC-/ RC-Programmierung 78ff.
NC-Programmiersystem 85, 237ff.
NC-Programmierung, rechnerunterstützt 235

NC-Prozessor 79
NC-Steuerprogramm 78
NC-Verfahrenskette 222, 234ff.
Nettoprimärbedarf 131
Nettoprimärbedarf 132, 150
Nettosekundärbedarf 135, 150
Nettosekundärbedarfsermittlung, verbrauchsorientiert 136
Netzplantechnik 60
Netzterminierung 145
Neuigkeitsgrad 18, 20
Neuplanung 18

Off-line Verfahren 242
Off-line-Programmiersysteme 89
On-line Verfahren 242
On-line-Programmierverfahren 87
Operationsfeature 224
Operationsplanung 50ff.
Optimized Production Technology 195ff.
Organisationsform 205
Organisationsstruktur 110

Periodengewinn, durchschnittlich 115
Personalbedarf 110
Personalbeschaffungsmaßnahmen 110
Personalplanung 99
Personalqualifikation 110
Planungsperiode 126
Planung, rollierend 126
Planungsaufgabe 6, 206
Planungshorizont 125f., 133

Planungsort 206
Planungsraster 133
Planungstiefe 18
Planungsumfang 206
Planungsvorbereitung 20
Planungszeitpunkt 206
Polylemma der Ablaufplanung 188
Postprozessor 79
PPS-Controlling 124, 161
PPS-Systeme, Auswahl und Einführung 261
PPS-Systeme, Leistungsumfang 258ff.
PPS-Systeme, Systemtechnik 256
Primärbedarf 126, 128
Primärbedarf 134
Primärbedarfsplanung 131
Prioritätsregeln 142
Produkt- und Prozeßparameter, abgestimmt 200
Produktdatenmodell 227, 265, 267
Produktdatentechnologie 221
Produktentwicklung 4
Produktentwicklung, integriert 200
Produktgruppenbedarf 182
Produkthaftungsgesetz 160
Produktionsbedarfsplanung 124, 132
Produktionsfaktoren 134
Produktionsplan 126, 128
Produktionsplanung und Steuerung (PPS) 123
Produktionsplanungs- und Steuerungssysteme (PPS) 219, 254ff.
Produktionsprogramm 126, 170
Produktionsprogrammplanung 124

9 Sachwortverzeichnis

Produktionsprogrammvorschlag 132
Produktmodell 265
Produktnetzcontrolling 162
Prognosemethode 129
Programmierumgebungen 229
Programmierung, werkstattorientiert (WOP) 86
Prozeß 27
Prozeßelementemethode 217
Prozeßfeature 224
Prozeßfolge 27
Prozeßfolgeermittlung 27ff.
Prozeßkettencontrolling 162
Prozeßkostenrechnung, ressourcenorientiert 93
Prozeßplan 25
Prozeßplanerstellung 23
Prozeßplanerstellung, rechnerunterstützt 226
Prozeßplanung 24
Prozeßplanungssystem 225
Prüfdatenauswertung 232
Prüfmittelplanung 76ff.
Prüfplananpassung 232
Prüfplanerstellung 232
Prüfplanung 61ff., 231
Prüfskizzenerstellung 232
Prüfskizzenverwaltung 232
Prüfzeichnung 69
Pufferauslegung 183, 187
Pufferführung 183, 187
Pufferlager 191
Puffersteuerung 183, 187
Pull-Prinzip 189
Push-Prinzip 189

Qualifikationsprofil 112
Qualitätsgrenzlage, annehmbar 68
Qualitätsmanagement 62
Qualitätsmerkmale 63
Qualitätsregelkarte 67
Qualitätsregelkreis 63
Quality Function Deployment (QFD) 63
Quellprogramm 79
Querschnittsaufgabe 124

Rahmenauftragsfertiger 165, 166, 173ff.
Rahmenvereinbarungen 166
Rationalisierung 213, 216
Rationalisierungskonzept 218
Rationalisierungsmaßnahmen 217
Regelkreis, selbststeuernd 191
Reihenfertigung 176, 180, 183
Reihenfolgeplanung 147
Reihenmontage 176, 180, 183
Relativkostenkatalog 26
Rendite 115
Rentabilität 115
Reservierung 159
Ressourcenabstimmung 132, 156
Ressourcenbelegungsplan 147, 186
Ressourcenfeinplanung 140, 145
Ressourcengrobplanung 132, 156
Ressourcenmanagement 249
Ressourcensystemcontrolling 162
Ressourcenüberwachung 149
Ressourcenverfügbarkeit 140
Return on Investment (RoI) 115
Roboterprogrammierung 87
Roboterzelle 242

Rohteilart 25
Rohteilkosten 26
Rückmeldeschein 148
Rückwärtsterminierung 138, 145
Rüst- und Bearbeitungszeit 138
Rüstkosten 144
Rüstzeit 144

Sachmerkmale 253
Sachmerkmal-Leisten 253
Schlupfzeitregel 143
Schlüsselsysteme 102
Schnittstelle 219, 259
Schnittstrategie 54ff.
Schnittwertermittlung 56
Sekundärbedarf 134, 136
Serienfertigung 173, 180, 183
SET (Standard d´Echange et de Transfer) 268
Sicherheitsbestände 130
Sicherheitsfläche 113
Simulation 246
Simultaneous Engineering 200, 203, 266
Skip-Lot-Stichprobenprüfung 68
Software-Schnittstelle 233
Soll-/ Ist-Vergleich 148
Sondermaschinenbau 166
Spannlagenbestimmung 53
Splitten von Losen 145
Standardbaugruppen 167
Standarderzeugnis 132
Statistical Process Control (SPC) 65
Stellenbeschreibung 112
STEP 219, 224, 237, 259, 269
STEP-Produktdatenmodell 271

Stückliste 21, 170
Stückliste, Arten 22
Stückliste, Verarbeitung 22
Stücklistenauflösung, deterministisch 135
Systematisierung 215
Systemlieferanten 173

Teach-In-Programmierung 87
Teile, fertigungstechnisch ähnliche 20
Teilefamilienbildung 101
Termintreue 123, 187
Tertiärbedarf 134
Tool-Managementsysteme 253
Transportaufgabe 109
Transportbereich 109
Transportfrequenz 110
Transportgut 109
Transportkosten 110
Transportmitteleinsatz 109
Transportorganisation 109
Transportzeit 110
Transportfläche 113
Transportmatrix 105
Transportmittelnutzung 160
Transportplanung 99
Transportsystem 106
Transportzeit 138

Übergangsmatrizen 138
Übergangszeit 138, 144
Überlappen von Losen 145
Überwachungsaufgabe 112
Umplanung 142
Umschlagshäufigkeit 160

9 Sachwortverzeichnis

Variante, kundenspezifisch 167
Variantenbaugruppen 181
Variantenfertiger 165, 166, 179 ff.
Variantenplanung 19
VDA-FS 235, 268
Verbrauchsmodell 130
Verfahrensvergleich 90
Verfügbarkeitsprüfung 147
Verkehrsfläche 113
Versandabwicklung 153, 170
Vorabdisposition 156
Vorfertigung, kundenanonym 181
Vorgabezeitermittlung 39 ff., 214
Vorgangsintegration 264
Vorranggraph 60
Vorrichtungsplanung 38
Vorrichtungsplanung 74 ff.
Vorwärtsterminierung 138, 145

Wareneingang 152
Warteschlange 142
Wartezeit 138

Werkstattbestände 124, 187
Werkstattfertigung 168, 180
Werkstattprogramm 147
Werkzeugauswahl 37
Werkzeugdisposition 253
Werkzeugeinsatzplanung 253
Werkzeugplanung 72 ff.
Wiederholplanung 19
Wiederholteil 20
Wirtschaftlichkeitsbewertung 91
Wissensmodell 227

XYZ-Analyse 130

Zeitreihenanalyse 130
Zeitwirtschaft 133
Zielgröße, logistisch 123
Zinsfuß, intern 121
Zugänge, geplant 159
Zwischenlager 158
Zwischenlagerung 107

Printed in Germany
by Amazon Distribution
GmbH, Leipzig